U0180943

中 国 植 物 园 图 鉴 系 列

中国科学院西双版纳热带植物园导赏图鉴

朱仁斌　莫海波　著

重庆大学出版社

图书在版编目（CIP）数据

中国科学院西双版纳热带植物园导赏图鉴 / 朱仁斌，莫海波著. --重庆：重庆大学出版社，2024.1
（好奇心书系. 中国植物园图鉴系列）
ISBN 978-7-5689-4066-5

Ⅰ.①中… Ⅱ.①朱… ②莫… Ⅲ.①热带植物—植物园—西双版纳—图集 Ⅳ.①Q94-339

中国国家版本馆CIP数据核字(2023)第175992号

中国科学院西双版纳热带植物园导赏图鉴

ZHONGGUO KEXUEYUAN XISHUANGBANNA
REDAI ZHIWUYUAN DAOSHANG TUJIAN

朱仁斌 莫海波 著
策划编辑：梁 涛
策 划：鹿角文化工作室
责任编辑：陈 力 文 鹏 张红梅 版式设计：周 娟 刘 玲
责任校对：谢 芳 责任印刷：赵 晟

*

重庆大学出版社出版发行
出版人：陈晓阳
社址：重庆市沙坪坝区大学城西路21号
邮编：401331
电话：(023) 88617190 88617185（中小学）
传真：(023) 88617186 88617166
网址：http://www.cqup.com.cn
邮箱：fxk@cqup.com.cn（营销中心）
全国新华书店经销
重庆巨鑫印务有限公司印刷

*

开本：787mm × 1092mm 1/16 印张：43.5 字数：1504千
2024年1月第1版 2024年1月第1次印刷
印数：1—4 000
ISBN 978-7-5689-4066-5 定价：299.00元

前　言

中国科学院西双版纳热带植物园（简称“版纳植物园”）由我国著名植物学家蔡希陶教授创建于1959年，位于云南省西双版纳傣族自治州勐腊县勐仑镇，坐落在由澜沧江支流罗梭江环绕而成的葫芦形半岛上。经过60余年的发展，目前已建成树木园、南药园、百花园、棕榈园、藤本园、荫生植物园、民族森林文化园等39个各具特色的植物专类园区，收集保存高等植物13 000余种，先后获得“全国科普教育基地”“全国青少年科技教育基地”“全国青少年走进科学世界科技活动示范基地”“国家环保科普基地”和首批“全国野生植物保护科普教育基地”等称号，被认证为“国家AAAAA级旅游景区”，并于2016年获得中国植物园界首个中国最佳植物园“封怀奖”。随着时代的变迁、国际国内自然环境的变化，特别是面对人类活动造成生物多样性快速丧失的局面，版纳植物园的建园理念也与时俱进地发生了转变，“保护型植物园”已成为版纳植物园一个新的起点和追求，目标也更加卓越而高远。

西双版纳位于东南亚热带地区的北缘，受西部季风气候的影响，具有明显的旱季和雨季变化。这里年均温度21 ℃左右，年降雨量达1 500 mm，虽然旱季降水骤然减少，但常有浓雾，弥补了降水的不足，因而在低海拔地区形成了热带湿润气候，具有热带雨林发育，表现为一种热带雨林与热带半常绿季节林和热带山地常绿阔叶林镶嵌的植被分布格局。

版纳植物园分为东、西两大游览区，在西游览区主要欣赏由来自世界各地引种栽培的野生和园艺植物构成的园林景观，在东游览区则可以领略到西双版纳自然分布的保存完好的热带沟谷雨林和热带山地季雨林的原始风貌。

随着自然爱好者群体的不断发展壮大以及自然教育行业的日渐兴盛，国内植物爱好者和自然教育从业者对专业性的植物知识需求量日益增加，植物园中展示给公众的植物挂牌信息以及科普介绍牌很难覆盖全面，而当下又处于植物分类学信息快速变化的时代，为能更好地帮助公众了解植物园内的植物，我们将多年来记录到的部分植物整理成册，希望这本图鉴能带给大家更多有用的图文知识。

本书按照版纳植物园设置的主要专类园区进行介绍，由于篇幅所限，一些在地理位置上比较偏僻、无标牌指引不容易到达、植物观赏性不强的园区在此略过不表，如裸子区、藤黄区、油料区、滇南区、河漫滩区、咖啡品种园、速生木材区、中国热带种质资源收集区等均未在此书中展示。

本书采用的植物中文名以及形态描述大部分参照专业的植物志书，如《中国植物志》（*Flora of China*），植物志未记载的外国植物则主要参考中国植物园联盟图片、多识植物百科等专业网站，形态描述则多由编者通过观察自行编写。由于近年来植物系统学的全面发展，很多科属的植物分类地位有了较大的变动，因此不少植物的拉丁学名发生了变化，对于这些变化，我们按照已经被国际上主流植物分类学界认可的结果处理，常见变动包括一些大属拆分成小属，如原来广义的羊蹄甲属（*Bauhinia*）拆分出了火索藤属（*Phanera*）、首冠藤属（*Cheniella*）、蝶叶豆属（*Lysiphyllum*）和帽柱豆属（*Piliostigma*）等，或者一些种类从原来的属调整到另一个属，如最新研究将大野芋从芋属（*Colocasia*）中独立出来，成立大野芋属（*Leucocasia*），大野芋的学名更新为 *Leucocasia gigantea*，诸如此类的分类学变动还有很多，本书均以最新的系统分类学处理为标准，并将原来的学名作为常用异名置于最新学名后面的括号中。

在本书编写过程中，我们发现一些常见的国外引种植物存在被错误鉴定的现象，经过认真查阅文献和模式标本，我们对其进行了重新鉴定。如玉蕊科常见栽培的莲玉蕊（*Gustavia superba*），实际上并不是该种，而应是高贵莲玉蕊（*Gustavia augusta*）；常见栽培的巴西野牡丹，一直被错误地鉴定为 *Tibouchina semidecandra*，实际上是光荣树属（*Pleroma*）的杂交品种，学名为 *Pleroma*’Cote d’Azur’，这类错误产生的原因既有分类学本身的历史遗留问题，也有流传过程中出现张冠李戴的现象。

本书名录中石松类和蕨类植物按 PPG Ⅰ 分类系统(2016),裸子植物按 Christenhusz 分类系统(2011),被子植物按 APG Ⅳ分类系统(2016)。当最新的分类学处理与传统认知不一致时,本书将传统分类的科名置于括号内以示提醒。

本书共收录 155 科 701 属 1 192 种(含少量品种)比较有观赏性和趣味性的植物,共精选了 2 800 余张高清图片,其中被子植物 143 科 1 176 种(含品种),蕨类植物 7 科 8 种,裸子植物 5 科 8 种。每种植物均附有中文名、学名、科属、别名、简介、产地及园中其他观赏地点等信息,便于读者了解植物相关信息。

在本书编写过程中,广东省农业科学院环境园艺研究所徐晔春研究员在内容编排上提供了大力支持,版纳植物园谭运洪、李剑武、杨斌、丁洪波、潘勃、郁文彬等同事和蒋凯文、汪远、朱鑫鑫等同行朋友在物种鉴定上给予了极大帮助,同事张娇娇提供了多张精美的景观图片、陈文有提供了精美的园区导览地图,中国植物园联盟图片、多识植物百科等网站提供了强大的分类数据支撑。另外,各个专类园植物健康成长并开花结果,离不开版纳植物园园林园艺中心管理人员的辛勤付出,在此一并表示感谢。

需要特别说明的是,由于编者并不能全面掌握所有种类植物的分类鉴定,因此难免会有疏忽,敬请广大读者批评指正。

编　者

2023 年 6 月 6 日

目录

西游览区

百花园 002

百香园 096

南药园 114

东游览区

热带混农林模式展示区 532

热带雨林区（沟谷雨林） 537

野生花卉园 567

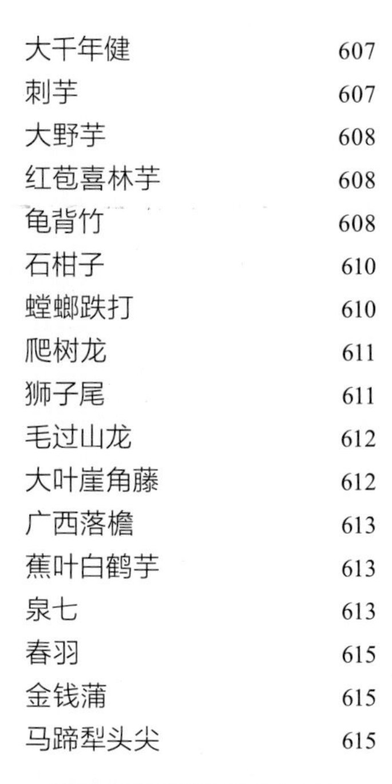

景洪
JINGHONG
勐仑
MENGLUN
I
II
III
P
西门
West gate
吊桥
Suspension Bridge
百花园
Flower Garden
百花园
Flower Garden
百花园
Flower Garden
南药
Medicinal Pl
百香园
Aromatic Plant Co
罗梭江
Luosuo River
能源植物
Energy Plant Coll

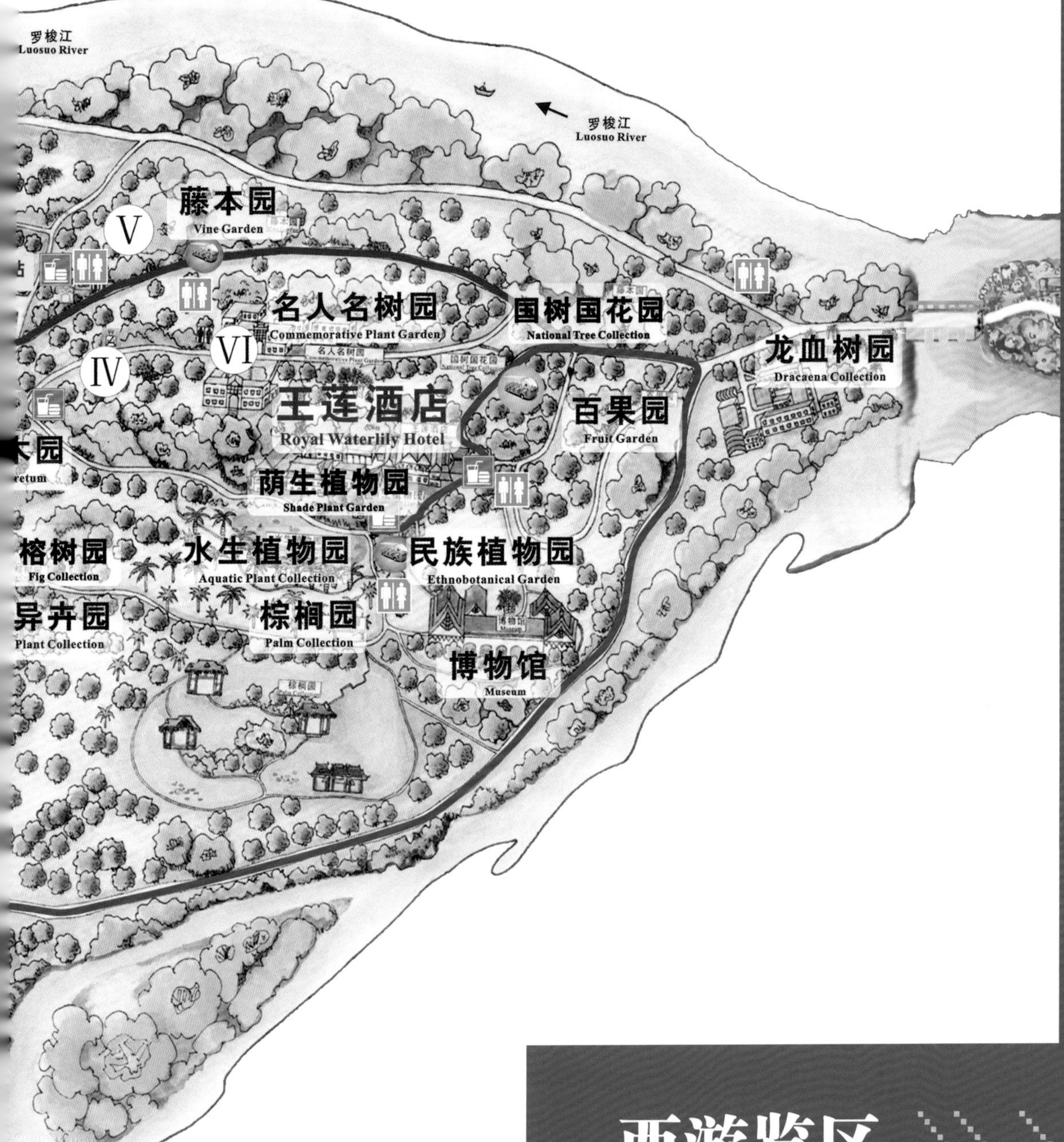

罗梭江
Luosuo River

罗梭江
Luosuo River

藤本园
Vine Garden

V

名人名树园
Commemorative Plant Garden

国树国花园
National Tree Collection

龙血树园
Dracaena Collection

VI

IV

王莲酒店
Royal Waterlily Hotel

百果园
Fruit Garden

荫生植物园
Shade Plant Garden

榕树园
Fig Collection

水生植物园
Aquatic Plant Collection

民族植物园
Ethnobotanical Garden

异卉园
Plant Collection

棕榈园
Palm Collection

博物馆
Museum

西游览区

百花园

百花园为版纳植物园的第一景，占地面积353亩，现收集、保存与展示热带花卉植物600余种（品种）。百花园植物布景主要采用孤植、纯林大片种植、同类多品种集中收集、专科专属保存、攀缘及水生花卉植物等多种方式展示，并力求与地形水域巧妙结合，形成不同的赏景空间，创造“天女散花”“层林尽染”“五彩缤纷”和“花开花落”等景观效果。借助区内大量花卉植物，通过挖掘花卉与人们日常生活、信仰和情感的关联，以及古往今来的文人墨客以花卉植物创作出的传说故事、诗歌等文学作品，以对联、字画、牌匾等形式展示于园区内，充分展示花卉植物的科学和文化内涵。

根据植物种类收集和分门别类展示的需要，百花园在兼顾景观需要的同时，对植物的布置有明显的科属划分，主要包括豆科区、夹竹桃科区、茜草科区、锦葵科区、茄

科区、唇形科区、羊蹄甲区、紫薇区、睡莲区、蝎尾蕉（小鸟蕉）区、叶子花区、金凤花区等。整个园区被远山晨雾所怀抱、被汩汩流淌的罗梭江所环绕、被飞蝶野禽所簇拥，步移景异、花开不断，让游客切实感受到热带天堂花开不败的神奇魅力。

圆锥大青

1

2

圆锥大青 *Clerodendrum paniculatum*

【科属】唇形科（马鞭草科）大青属。**【常用别名】**宝塔赪桐。**【简介】**半常绿小灌木。叶片宽卵形或宽卵状圆形，基部心形或肾形，边缘浅裂呈角状。聚伞花序组成的塔形圆锥花序顶生，花冠红色，5 裂片平展，雄蕊与花柱均远伸出花冠外。果实球形，宿萼初包果实，后开展反折。花期 6—10 月。**【产地】**印度至东南亚。**【其他观赏地点】**奇花园、国花园。

同属植物

大青 *Clerodendrum cyrtophyllum*

【简介】落叶灌木或小乔木。叶片纸质，椭圆形至长圆状披针形，顶端渐尖或急尖，基部圆形或宽楔形，通常全缘。伞房状聚伞花序，生于枝顶或叶腋，花冠白色，外面疏生细毛和腺点，花冠管细长。果实成熟时蓝紫色，为红色的宿萼所托。花期 6—8 月，果期 8—12 月。**【产地】**中国华东、中南、西南各地。朝鲜、越南和马来西亚。

1. 圆锥大青　2. 大青

粘毛大青 *Clerodendrum infortunatum*

【**简介**】常绿灌木。叶对生，卵圆形，先端渐尖，基部浅心形至圆形，边缘具浅锯齿。圆锥状聚伞花序顶生，花萼裂片大，皱波状，花白色，花瓣反卷。花期1—3月。【**产地**】孟加拉国、印度、马来西亚、斯里兰卡和泰国。

烟火树 *Clerodendrum quadriloculare*

【**简介**】常绿灌木。叶对生，多生于小枝顶端，宽卵形，先端渐尖，叶背面紫色。聚伞花序生枝顶，花较密集，花冠红色，管细长，盛开如烟花。花期1—3月。【**产地**】巴布亚新几内亚和菲律宾。【**其他观赏地点**】奇花园。

1

2　3

1. 粘毛大青　2, 3. 烟火树

菖蒲 *Acorus calamus*

【科属】菖蒲科（天南星科） 菖蒲属。【简介】多年生草本，根茎横走，稍扁，外皮黄褐色，芳香。叶基生，剑状线形，中肋在两面均明显隆起，侧脉 3 ~ 5 对，平行。肉穗花序斜向上或近直立，狭锥状圆柱形，佛焰苞叶状。花黄绿色，微小。花期 2—4 月。【产地】全国各地。全球温带、亚热带地区。【其他观赏地点】南药园。

冬红 *Holmskioldia sanguinea*

【科属】唇形科（马鞭草科） 冬红属。【常用别名】帽子花。【简介】常绿灌木。叶对生，膜质，卵形或宽卵形，基部圆形或近平截，叶缘有锯齿。聚伞花序常再组成圆锥状，花萼朱红色或橙红色，由基部向上扩张成一阔倒圆锥形的碟，花冠朱红色。花期 11 月—翌年 2 月。【产地】喜马拉雅山区。【其他观赏地点】奇花园、民族园、藤本园。

1　　2　　3

1, 2. 菖蒲　3. 冬红

1

三对节

Rotheca serrata (*Clerodendrum serratum*)

【科属】唇形科（马鞭草科） 三对节属（大青属）。【常用别名】三台花。【简介】常绿灌木。叶轮生，倒卵形，叶片基部下延成耳状抱茎。聚伞花序组成直立、开展的圆锥花序，顶生，苞片叶状宿存，花冠淡紫色，近于二唇形。核果近球形，绿色，后转黑色。花期 8—12 月，果期 9 月—翌年 2 月。【产地】云南、广西、贵州。南亚至东南亚地区。【其他观赏地点】南药园。

鸡血树 *Adinobotrys atropurpureus* (*Callerya atropurpurea*)

【科属】豆科 鸡血树属（鸡血藤属）。【简介】常绿乔木，高达 15 m。羽状复叶互生，小叶 3 ~ 5 对，革质，卵形，先端渐尖，基部圆形。圆锥花序生小枝顶端，花密集，紫红色，有时淡紫色。荚果卵球形，具 1 粒种子。花期 3—4 月，果期 7—8 月。【产地】缅甸、老挝、泰国、越南、马来西亚等。

2

3

1. 三对节　2，3. 鸡血树

三对节

鸡血树

澳洲猴耳环 *Archidendron lucyi*

【科属】豆科 猴耳环属。【简介】常绿乔木。二回羽状复叶，羽片 1 对，小叶 2 ~ 3 对，卵形至椭圆形，无毛。头状花序组成圆锥花序生于老茎上，花白色。荚果螺旋状弯曲，成熟时红色，种子紫黑色。花果期 4—11 月。【产地】澳大利亚北部、新几内亚岛至爪哇岛。

红花羊蹄甲 *Bauhinia × blakeana*

【**科属**】豆科 羊蹄甲属。【**常用别名**】紫荆花。【**简介**】乔木。叶革质，近圆形或阔心形，基部心形，有时近截平，先端2浅裂。总状花序，花大，花瓣红紫色，近轴的一片中间至基部呈深紫红色，能育雄蕊5枚，其中3枚较长，退化雄蕊2～5枚，丝状，极细。不结果。花期8月—翌年2月。【**产地**】自然杂交种产自香港。【**其他观赏地点**】国花园。

同属植物

白花羊蹄甲 *Bauhinia acuminata*

【**简介**】小乔木或灌木。叶近革质，卵圆形，有时近圆形，基部通常心形，先端2浅裂。总状花序腋生，呈伞房花序式，密集，少花，花瓣白色。荚果线状倒披针形，扁平。花期3—10月，果期6—12月。【**产地**】云南、广西和广东。印度、斯里兰卡、马来半岛、越南、菲律宾。【**其他观赏地点**】奇花园。

1

2

3

1. 红花羊蹄甲　2, 3. 白花羊蹄甲

鞍叶羊蹄甲 *Bauhinia brachycarpa*

【简介】直立或攀缘小灌木。叶纸质或膜质，近圆形，通常宽度大于长度，基部近截形、阔圆形或有时浅心形，先端2裂达中部。伞房式总状花序，花瓣白色。荚果长圆形，扁平。花期5—9月，果期8—10月。**【产地】**中国南部。老挝、缅甸和泰国。**【其他观赏地点】**藤本园。

红羽羊蹄甲 *Bauhinia galpinii*

【常用别名】南非羊蹄甲、嘉氏羊蹄甲。**【简介】**常绿攀缘灌木，枝条细软。叶坚纸质，近圆形，先端2裂达叶片中部，裂片顶端钝圆，基部截平至浅心形。聚伞花序伞房状，侧生，花瓣红色，倒匙形。荚果长圆形。花期4—11月，果期7—12月。**【产地】**南非。**【其他观赏地点】**藤本园。

1　2

3

4　5

1，2. 鞍叶羊蹄甲　3，4，5. 红羽羊蹄甲

单蕊羊蹄甲 *Bauhinia monandra*

【简介】常绿小乔木，高达 10 m。叶对生，近圆形，先端浅裂，基部圆形至浅心形。花序总状，花冠粉红色，其中 1 瓣被深色斑点，能育雄蕊 1 枚。荚果稍扁，质地坚硬。花期 4—9 月，果期 10—12 月。**【产地】**马达加斯加。**【其他观赏地点】**藤本园。

羊蹄甲

宫粉羊蹄甲

羊蹄甲 *Bauhinia purpurea*

【常用别名】紫羊蹄甲。**【简介】**乔木，高 7 ~ 10 m。叶硬纸质，近圆形，基部浅心形，先端分裂达叶长的中部。总状花序少花，花瓣桃红色或粉色，倒披针形，具脉纹。荚果带状，扁平。花期 9—11 月，果期 2—3 月。**【产地】**中国南部。中南半岛、印度、斯里兰卡。**【其他观赏地点】**树木园。

黄花羊蹄甲 *Bauhinia tomentosa*

【简介】直立灌木。叶近圆形，先端 2 裂达叶长中部。花通常 2 朵，有时 1 ~ 3 朵组成侧生的花序，花蕾纺锤形，花瓣黄色，上面一片基部中间有深黄色或紫色的斑块，阔倒卵形。荚果带形。花期 8—11 月。**【产地】**印度。**【其他观赏地点】**藤本园。

宫粉羊蹄甲 *Bauhinia variegata*

【常用别名】洋紫荆。**【简介】**落叶乔木。叶近革质，广卵形至近圆形，宽度常超过长度，基部浅至深心形，先端 2 裂达叶长的 1/3。总状花序，花瓣紫红色或淡红色，杂以黄绿色及暗紫色的斑纹，能育雄蕊 5 枚，退化雄蕊 1 ~ 5 枚，丝状。荚果带状，扁平。花期 2—3 月，果期 10 月—翌年 2 月。**【产地】**中国南部。印度、中南半岛。

1. 羊蹄甲　2. 黄花羊蹄甲　3，4. 宫粉羊蹄甲

白花宫粉羊蹄甲 *Bauhinia variegata* var. *candida*

【常用别名】白花洋紫荆、白花。**【简介】**落叶乔木，树皮暗褐色，近光滑。叶近革质，广卵形至近圆形，宽度常超过长度，先端 2 裂达叶长的 1/3。总状花序呈伞房花序式，少花，萼佛焰苞状，被短柔毛，花瓣白色，杂以黄绿色斑纹，能育雄蕊 5 枚。荚果带状，扁平。花期 2—3 月。**【产地】**中国南部。**【其他观赏地点】**民族园、野花园。

苏木 *Biancaea sappan* (*Caesalpinia sappan*)

【科属】豆科 云实属（广义云实属）。**【简介】**小乔木，高达 6 m。二回羽状复叶，羽片 7 ~ 13 对，对生，小叶片纸质，长圆形至长圆状菱形，先端微缺，基部歪斜。圆锥花序，花瓣黄色，最上面一片基部带粉红色。荚果木质，稍压扁。花期 5—10 月，果期 7 月—翌年 3 月。**【产地】**印度、缅甸、越南、马来半岛及斯里兰卡。**【其他观赏地点】**百香园。

宝冠木 *Brownea ariza*

【**科属**】豆科 宝冠木属。【**简介**】常绿小乔木，高 3 ~ 8 m。偶数羽状复叶互生，新叶紫色，下垂。头状花序腋生或生小枝顶端，花序幼嫩时近球形，花红色，雄蕊略伸出花冠外。花期 11 月—翌年 3 月。【**产地**】中美洲、南美洲。【**其他观赏地点**】名人园。

同属植物

绯红宝冠木 *Brownea coccinea*

【**简介**】常绿小乔木，同宝冠木形态相近，花色玫红，雄蕊花丝较长，伸出花冠外。花期 11 月—翌年 3 月。【**产地**】中美洲、南美洲。

洋金凤 *Caesalpinia pulcherrima*

【**科属**】豆科 小凤花属（云实属）。【**常用别名**】金凤花。【**简介**】大灌木或小乔木。二回羽状复叶，羽片 4 ~ 8 对，对生，长圆形或倒卵形顶端凹缺，有时具短尖头。总状花序近伞房状，花瓣橙红色或黄色，圆形。荚果狭而薄，倒披针状长圆形。花期 4—12 月，果期 8 月—翌年 2 月。【**产地**】西印度群岛。【**其他观赏地点**】奇花园、国花园、民族园、树木园。

1

2 3 4

1, 2, 3, 4. 洋金凤

宝冠木

绯红宝冠木

宝塔朱缨花 *Calliandra houstoniana* var. *calothyrsus*

【科属】豆科 朱缨花属。【常用别名】危地马拉朱缨花。【简介】常绿灌木至小乔木，高 3 ~ 5 m。二回羽状复叶，羽片约 16 对，线形，小叶多数，排列紧密。伞房花序组成顶生紧密的圆锥花序，花丝细长，红色。花期 10 月—翌年 2 月。【产地】中美洲。

同属植物

朱缨花 *Calliandra haematocephala*

【常用别名】美蕊花。【简介】落叶灌木或小乔木，高 1 ~ 3 m。二回羽状复叶，羽片 1 对，小叶 7 ~ 9 对，斜披针形。头状花序腋生，有花 25 ~ 40 朵，花冠管淡紫红色，雄蕊突露于花冠之外，深红色。荚果线状倒披针形。花期 11 月—翌年 3 月。【产地】南美洲。【其他观赏地点】奇花园、名人园、国花园。

1，2. 宝塔朱缨花 3，4. 朱缨花

宝塔朱缨花

1

苏里南朱缨花 *Calliandra surinamensis*

【常用别名】长蕊合欢。【简介】半常绿灌木或小乔木，分枝多。二回羽状复叶，小叶长椭圆形。头状花序多数，复排成圆锥状，雄蕊多数，下部白色，上部粉红色。荚果线形。花期几乎全年。【产地】巴西及苏里南岛。【其他观赏地点】藤本园。

红粉扑花 *Calliandra tergemina* var. *emarginata*

【简介】半常绿灌木，高 1 ~ 2 m。羽状复叶，叶片歪椭圆形至肾形，先端钝。头状花序，花萼红色，花冠管状，均为红色，雄蕊红色，基部合生为管状，白色，花丝长，聚合成半球状。花期几乎全年。【产地】墨西哥至危地马拉。【其他观赏地点】奇花园、名人园。

2　3

1. 苏里南朱缨花　2，3. 红粉扑花

金雀槐 *Calpurnia aurea* (*Sophora aurea*)

【科属】豆科 金雀槐属。【简介】常绿灌木，高 1 ~ 2 m。羽状复叶，小叶 6 ~ 10 对，先端微凹，基部圆形，具短柄。总状花序生叶腋，着花 10 余朵，花黄色。荚果带状。花期 11 月—翌年 3 月，果期 3—5 月。【产地】非洲。【其他观赏地点】南药园。

滇笐子梢 *Campylotropis yunnanensis*

【科属】豆科 笐子梢属。【简介】灌木，高 1 ~ 2 m。叶互生，三出复叶，小叶披针形，先端钝圆，有小尖头，基部圆形。总状花序顶生，花淡紫色，花瓣先端紫色。荚果短，椭圆形。花期 11—12 月，果期 1—3 月。【产地】云南。

1　2

3

1, 2. 金雀槐　3. 滇笐子梢

绒果腊肠树

大果腊肠树

1 2

3

4

绒果腊肠树 *Cassia bakeriana*

【科属】豆科 腊肠树属（决明属）。【常用别名】绒果决明、花旗木、泰国樱花。【简介】落叶乔木，高达 10 m。羽状复叶，小叶 9 ~ 10 对，先端渐尖，基部圆形。伞房状总状花序，开花时无叶，花梗和花萼紫红色，花瓣 5 枚，粉红色。荚果圆柱形，密被黄褐色绒毛。花期 3—4 月，果期 8—10 月。【产地】缅甸、泰国。【其他观赏地点】棕榈园。

同属植物

大果腊肠树 *Cassia grandis*

【常用别名】大果铁刀木。【简介】乔木，高 8 ~ 10 m。羽状复叶，小叶 10 ~ 13 对，两端圆形。总状花序在小枝上排成近 2 列，花粉红色。荚果近圆柱形，成熟时黑色，腹缝线凸起。花期 3—4 月，果期 8—10 月。【产地】中美洲、南美洲。

1. 绒果腊肠树 2，3，4. 大果腊肠树

红花腊肠树 *Cassia roxburghii*

【简介】乔木，高达 20 m。羽状复叶，小叶 10 ～ 16 对，先端圆形，基部阔楔形至圆形，稍不对称。总状花序腋生，着花 10 余朵，花红色。花期 8 —9 月。【产地】印度。

红花腊肠树

1　2　3　4　5

细花首冠藤 *Cheniella tenuiflora* (*Bauhinia glauca* subsp. *tenuiflora*)

【**科属**】豆科　首冠藤属（羊蹄甲属）。【**常用别名**】薄叶羊蹄甲、薄叶首冠藤。【**简介**】木质藤本，卷须略扁，旋卷。叶较薄，近膜质，2 浅裂，裂片先端圆钝，基出脉 9 ~ 11 条。伞房花序式的总状花序顶生或与叶对生，具密集的花，花瓣白色，倒卵形，各瓣近相等，具长柄，边缘皱波状，能育雄蕊 3 枚。荚果薄片带状。花期 5—9 月，果期 9—12 月。【**产地**】云南和广西。缅甸、泰国、老挝。【**其他观赏地点**】藤本园。

鸡髯豆 *Cojoba arborea*

【**科属**】豆科　鸡髯豆属。【**简介**】常绿乔木，高达 20 m。二回羽状复叶，羽片 16 ~ 18 对。头状花序腋生，常 3 ~ 5 个簇生，花白色，雄蕊伸出花萼约 1 倍。荚果膨胀，红色。花期 4 月，果期 5—12 月。【**产地**】中美洲、南美洲。

1，2. 细花首冠藤　3，4，5. 鸡髯豆

念珠刺桐 *Erythrina tholloniana*

【**科属**】豆科 刺桐属。【**简介**】落叶乔木，高达 10 m，茎具粗刺。三出复叶，小叶近菱形，先端钝尖，基部浅心形。总状花序生枝端，近水平开展，花红色，轮生。荚果念珠状。花期 8—9 月，果期 11—12 月。【**产地**】非洲。

椭圆叶木蓝 *Indigofera cassioides*

【科属】豆科 木蓝属。**【简介】**落叶灌木，高达 1.5 m。羽状复叶，小叶6 ~ 10对，椭圆形或倒卵形，先端钝或截形，微凹，基部楔形或倒卵形。总状花序腋生，花冠淡紫色或紫红色。荚果圆柱形。花期1—3 月，果期4—6 月。**【产地】**云南、广西。巴基斯坦、印度、越南、泰国。**【其他观赏地点】**藤本园。

椭圆叶木蓝

1　　2　　3

巴西豹苏木 *Libidibia ferrea* (*Caesalpinia ferrea*)

【科属】豆科 豹苏木属（广义云实属）。**【常用别名】**铁云实。**【简介】**常绿小乔木，树皮块状剥落，呈迷彩服状。二回羽状复叶，羽片 2 ~ 3 对，小叶 3 ~ 4 对。总状花序腋生，直立，花黄色。荚果长椭圆形，果皮较厚。花期 5—6 月，果期 9—12 月。**【产地】**巴西。

短萼仪花 *Lysidice brevicalyx*

【科属】豆科 仪花属。**【简介】**乔木，高 10 ~ 20 m，小叶 3 ~ 5 对，近革质，长圆形、倒卵状长圆形或卵状披针形。圆锥花序，苞片和小苞片白色，花瓣倒卵形，先端近截平而微凹，紫色。荚果长圆形或倒卵状长圆形。花期 4—5 月，果期 8—9 月。**【产地】**广东、香港、广西及云南等地。**【其他观赏地点】**树木园、能源园。

4　　5

1, 2, 3. 巴西豹苏木　4, 5. 短萼仪花

短萼仪花

花榈木 *Ormosia henryi*

【科属】豆科 红豆属。【简介】常绿乔木，高 16 m，树皮灰绿色，平滑，有浅裂纹。奇数羽状复叶，小叶 2 ~ 3 对，革质，椭圆形或长圆状椭圆形，先端钝或短尖，基部圆或宽楔形，叶缘微反卷。圆锥花序顶生，花冠中央淡绿色，边缘绿色微带淡紫。荚果扁平，长椭圆形。花期 4—5 月，果期 8—9 月。【产地】中国南部。越南、泰国。

扁轴木 *Parkinsonia aculeata*

【科属】豆科 扁轴木属。【简介】具刺灌木或小乔木，高达 6 m，具光滑绿色的树皮。二回偶数羽状复叶，叶轴和托叶变成刺，羽片 1 ~ 3 对，簇生在刺状、极短的叶轴上，羽轴绿色扁平而延长，小叶片极小而数多。总状花序腋生，具稀疏的黄色花。荚果念珠状。花期 2—4 月。【产地】中美洲、南美洲。

1 2 3 4 5

1, 2, 3. 花榈木 4, 5. 扁轴木

盾柱木 *Peltophorum pterocarpum*

【科属】豆科　盾柱木属。**【简介】**乔木，高 4 ~ 15 m，幼嫩部分和花序被锈色毛。二回羽状复叶，羽片 7 ~ 15 对，对生，小叶（7 ~）10 ~ 21 对，排列紧密，小叶片革质，长圆状倒卵形。圆锥花序顶生或腋生，密被锈色短柔毛，花瓣 5 枚，具长柄，黄色。荚果具翅，扁平，纺锤形。花期 5—8 月，果期 8—12 月。**【产地】**越南、斯里兰卡、马来半岛、印度尼西亚和大洋洲北部。

1 2 3

同属植物

非洲盾柱木 *Peltophorum africanum*

【简介】常绿乔木，高达 10 m。二回羽状复叶，羽片 7 ~ 15 对，小叶近 20 对，先端圆形，具短尖头，基部不对称，圆锥花序开展，顶生，花黄色。荚果具翅，扁平，纺锤形。花期 4—5 月，果期 11—12 月。【产地】非洲。

雨树 *Samanea saman*

【科属】豆科 雨树属。【简介】大乔木，树冠极广展。二回羽状复叶，羽片 3 ~ 6 对，小叶 3 ~ 8 对。头状花序生于叶腋，花玫瑰红色。荚果长圆形，成熟时变成近木质，黑色。花期 4—5 月，果期 10—12 月。【产地】中美洲、南美洲。【其他观赏地点】民族园、树木园、名人园。

4

1，2. 非洲盾柱木　3，4. 雨树

印度无忧花 *Saraca asoca*

【科属】豆科 无忧花属。【常用别名】四方木。【简介】小乔木，高约 6 m。羽状复叶，小叶 5 对，长披针形。伞房状圆锥花序多生于枝干上，花朵排列紧密，小苞片不开展，淡绿色，花橘红色，花萼裂片 4 枚，雄蕊 6 ~ 8 枚。花期 1—3 月。【产地】印度、斯里兰卡、孟加拉国、缅甸等。【其他观赏地点】民族园。

印度无忧花

1　2　3　4　5

同属植物

中南无忧花 *Saraca indica*

【常用别名】印度无忧花。**【简介】**常绿乔木，高达 8 m。羽状复叶，小叶 3 对，基部一度小叶接近总叶柄基部，小叶长圆状披针形，先端渐尖，基部圆形。伞房状圆锥花序，花黄色至橘红色，雄蕊 6 枚。果实长椭圆形，扁平，木质。花期 2—3 月，果期 6 月。**【产地】**老挝、马来西亚、缅甸、泰国、越南。

翅荚决明 *Senna alata* (*Cassia alata*)

【科属】豆科　决明属。**【简介】**直立灌木，高 1.5 ~ 3 m。小叶 6 ~ 12 对，薄革质，倒卵状长圆形或长圆形，顶端圆钝而有小短尖头，基部斜截形。花序顶生和腋生，单生或分枝，花瓣黄色，有明显的紫色脉纹。荚果具翅。花期 8—10 月，果期 10 月—翌年 1 月。**【产地】**中美洲、南美洲。**【其他观赏地点】**树木园、能源园。

1, 2. 中南无忧花　3, 4, 5. 翅荚决明

1. 双荚决明
2, 3, 4, 5. 粉叶决明

1

同属植物

双荚决明 *Senna bicapsularis* (*Cassia bicapsularis*)

【**简介**】直立灌木，多分枝。羽状复叶，有小叶 3 ~ 4 对，小叶倒卵形或倒卵状长圆形，顶端圆钝，基部渐狭，偏斜，下面粉绿色。总状花序生于枝条顶端的叶腋间，常集成伞房花序状，花鲜黄色。荚果圆柱状。花期 7—10 月，果期 11 月—翌年 3 月。【**产地**】中美洲、南美洲。【**其他观赏地点**】名人园。

粉叶决明 *Senna sulfurea* (*Cassia sulfurea*)

【**简介**】大灌木或小乔木。羽状复叶，叶轴上面最下 2 对小叶间各有棍棒状的腺体 1 枚，小叶通常 5 对，卵形或椭圆形，顶端圆钝，或有不明显的微凹，基部阔楔形或近圆形，下面粉白色。总状花序生于枝条上部的叶腋内，花瓣黄色或深黄色。荚果带形。花期 9—11 月，果期 10—12 月。【**产地**】印度、斯里兰卡、中南半岛、马来半岛、澳大利亚、波利尼西亚。【**其他观赏地点**】国花园。

2 3 4 5

大花田菁 *Sesbania grandiflora*

【**科属**】豆科 田菁属。【**常用别名**】木田菁。【**简介**】小乔木，高 4 ~ 10 m。羽状复叶，小叶 10 ~ 30 对，长圆形至长椭圆形。总状花序长 4 ~ 7 cm，下垂，具 2 ~ 4 花，花大，在花蕾时显著呈镰状弯曲，花冠白色、粉红色至玫瑰红色。荚果线形，稍弯曲，下垂。花期 9 月—翌年 4 月。【**产地**】南亚至东南亚。【**其他观赏地点**】能源园、野菜园。

绒毛槐 *Sophora tomentosa*

【科属】豆科 苦参属。【简介】灌木，高 2 ~ 4 m，枝被灰白色短绒毛。羽状复叶，小叶 5 ~ 7（~ 9）对，近革质，宽椭圆形或近圆形，先端圆形或微缺，基部圆形，稍偏斜，下面密被灰白色短绒毛。总状花序顶生，被灰白色短绒毛，花冠黄色。荚果串珠状。花期 8—10 月，果期 9—12 月。【产地】台湾、广东、海南。全世界热带海岸地带及岛屿上。

水石榕 *Elaeocarpus hainanensis*

【科属】杜英科 杜英属。【常用别名】海南胆八树。【简介】小乔木。叶革质，狭窄倒披针形，先端尖，基部楔形，边缘密生小钝齿。总状花序有花 2 ~ 6 朵，花较大，花瓣白色，先端撕裂，裂片 30 条。核果纺锤形，两端尖。花期 4—6 月，果期 8—9 月。【产地】海南、广西及云南。越南、泰国。【其他观赏地点】树木园、能源园、综合区。

1, 2, 3. 绒毛槐　4. 水石榕

弯子木 *Cochlospermum religiosum*

【科属】红木科 弯子木属。【简介】落叶小乔木，高达 5 ~ 6 m。叶掌状 5 ~ 7 深裂，嫩时绿色，近无毛，老时变为红色。圆锥花序生于枝顶，花鲜黄色，花瓣倒卵形。蒴果，梨形、倒卵形或卵状矩圆形。另常见栽培的有重瓣弯子木（毛茛树）*C. vitifolium* 'Florepleno'，花重瓣。花期 2—3 月。【产地】墨西哥及中美洲、南美洲。【其他观赏地点】能源园、奇花园、藤本园。

紫蝉花 *Allamanda blanchetii*

【科属】夹竹桃科 黄蝉属。【常用别名】大紫蝉。【简介】常绿蔓性灌木，长达 3 m。叶常 4 枚轮生，卵形、椭圆形或倒卵状披针形，具光泽。花腋生，紫红色至淡紫红色，漏斗状，基部不膨大，花冠 5 裂。花期 3—12 月。园艺栽培品种有杏粉色、橙色及白色等多种。【产地】巴西。

1

2 3

1. 重瓣弯子木 2, 3. 紫蝉花

弯子木

紫蝉花

同属植物

软枝黄蝉 *Allamanda cathartica*

【简介】藤状灌木，长达 4 m。叶纸质，通常 3 ~ 4 枚轮生，有时对生或在枝的上部互生，全缘，倒卵形或倒卵状披针形，端部短尖，基部楔形。聚伞花序，花冠橙黄色，内面具红褐色的脉纹。种子扁平。花期几乎全年。【产地】巴西。【其他观赏地点】奇花园。

黄蝉 *Allamanda schottii*

【常用别名】硬枝黄蝉。【简介】常绿灌木，直立性，高达 2 m。叶近无柄，3 ~ 5 枚轮生，椭圆形或狭倒卵形，全缘。聚伞花序顶生，花橙黄色，内面有红褐色条纹，花冠下部圆筒状，基部膨大。蒴果球形，具长刺。花期 5—9 月，果期 10 月—翌年 2 月。【产地】巴西。【其他观赏地点】名人园。

1 2 3

1，2. 软枝黄蝉 3. 黄蝉

海檬树 *Cerbera odollam*

【科属】夹竹桃科 海杧果属。【简介】乔木，高 4 ~ 8 m，全株具丰富乳汁。叶厚纸质，倒卵状长圆形或倒卵状披针形，顶端短渐尖，基部楔形。花冠裂片白色，顶端渐尖。果实椭球形，光滑。花期几乎全年，果期 7 月—翌年 4 月。【产地】东南亚地区、大洋洲。【其他观赏地点】能源园。

红花蕊木 *Kopsia fruticosa*

【科属】夹竹桃科 蕊木属。【简介】灌木，高达 3 m。叶纸质，椭圆形或椭圆状披针形，顶部具尾尖，基部楔形。聚伞花序顶生，花冠粉红色。核果通常单个。花期 3—10 月。【产地】印度尼西亚、印度、菲律宾和马来西亚。【其他观赏地点】奇花园。

1 2 3

4

1, 2, 3. 海檬树 4. 红花蕊木

1　2　3　4

夹竹桃 *Nerium oleander*

【科属】夹竹桃科 夹竹桃属。【常用别名】欧洲夹竹桃、柳桃。【简介】常绿直立大灌木，高达 5 m。叶 3 ~ 4 枚轮生，窄披针形，顶端急尖，基部楔形。聚伞花序顶生，花芳香，花冠深红色或粉红色，栽培演变有白色或黄色，花冠为单瓣呈 5 裂时，其花冠为漏斗状。花期 3—10 月。【产地】欧洲及亚洲。【其他观赏地点】国花园。

黄花夹竹桃 *Thevetia peruviana*

【科属】夹竹桃科 红果竹桃属。【简介】乔木，高达 5 m，全株具丰富有毒乳汁。叶互生，近革质，线形或线状披针形，两端长尖，边稍背卷。聚伞花序顶生，花大，黄色，具香味，花冠漏斗状。核果扁三角状球形，内果皮木质。花期 5—12 月，果期 8 月—翌年 2 月。常见栽培的品种有红酒杯花 ‘Aurantiaca’，花橙红色。【产地】中美洲、南美洲。【其他观赏地点】能源园。

1. 夹竹桃　2，3，4. 黄花夹竹桃

木棉 *Bombax ceiba*

【科属】锦葵科（木棉科） 木棉属。**【常用别名】**红棉、攀枝花。**【简介】**落叶大乔木，高达 25 m。掌状复叶，小叶 5 ~ 7 枚，长圆形至长圆状披针形，顶端渐尖，基部阔或渐狭，全缘。花单生枝顶叶腋，通常红色，有时橙红色，花瓣肉质。蒴果。花期 2—3 月，果期 4—5 月。**【产地】**云南、四川、贵州、广西、江西、广东、福建、台湾等。东南亚地区至澳大利亚。**【其他观赏地点】**野菜园、民族园。

毛长果木棉

美丽异木棉

1. 毛长果木棉
2. 美丽异木棉

1

2

同属植物

毛长果木棉 *Bombax insigne* var. *tenebrosum*

【**简介**】落叶大乔木，高达 20 m，树干无刺。掌状复叶具小叶 5 ~ 9 枚，近革质，倒卵形，先端短渐尖，基部渐狭，背面被长柔毛。花单生于落叶枝的近顶端，萼厚革质，坛状球形，花瓣肉质，红色，雄蕊多数。蒴果栗褐色，长圆筒形。花期 12 月—翌年 1 月，果期4—5 月。【**产地**】云南。印度、缅甸、老挝、越南。

美丽异木棉 *Ceiba speciosa*

【**科属**】锦葵科（木棉科）吉贝属。【**常用别名**】美人树。【**简介**】落叶乔木，高 10 ~ 15 m，树干下部膨大，幼树树皮浓绿色，密生圆锥状皮刺。掌状复叶，小叶 5 ~ 9 枚，椭圆形。花单生，花冠淡紫红色，中心有白色、粉红色、黄色等。蒴果椭圆形。花期 8—11 月，果期翌年 4—5 月。【**产地**】南美洲。【**其他观赏地点**】国花园。

吊灯扶桑 *Hibiscus schizopetalus*

【科属】锦葵科 木槿属。**【常用别名】**灯笼花。**【简介】**常绿直立灌木，高达 3 m。叶椭圆形或长圆形，先端短尖或短渐尖，基部钝或宽楔形，边缘具齿缺。花单生，花梗下垂，花瓣 5 枚，红色，深细作流苏状，向上反曲，雄蕊柱长而突出，下垂。蒴果。花期 3—12 月。**【产地】**肯尼亚、坦桑尼亚。**【其他观赏地点】**名人园、民族园。

同属植物

黄槿 *Hibiscus tiliaceus*

【简介】常绿灌木或乔木，高 4 ~ 10 m，树皮灰白色。叶革质，近圆形或广卵形，先端突尖，基部心形，全缘或具不明显细圆齿。花序顶生或腋生，常数花排列成聚散花序，花冠钟形，花瓣黄色，内面基部暗紫色。蒴果卵圆形。花期 6—12 月。【产地】福建、广东、海南、台湾。亚洲南部和非洲。

垂花悬铃花 *Malvaviscus penduliflorus*

【科属】锦葵科　悬铃花属。【简介】常绿灌木，高达 2 m。叶披针形至狭卵形，边缘具钝齿，两面无毛或脉上有星状柔毛。花单生于上部叶腋，悬垂，花冠筒状，仅上部略开展，鲜红色。栽培的品种有‘玫红’垂悬铃花‘Rosea’。花期几乎全年。【产地】美洲热带地区。【其他观赏地点】奇花园。

1　　2

3

1. 黄槿　2，3. 垂花悬铃花

同属植物

裂叶小悬铃花 *Malvaviscus arboreus* var. *drummondii*

【**常用别名**】小悬铃花。【**简介**】多年生常绿灌木，高 1 ~ 1.5 m，或可达 3 m。叶轮阔心形，缘浅裂，具锯齿，绿色。花生于枝顶叶腋，直立，花瓣不开展，雄蕊柱远伸出花冠外。花期几乎全年。【**产地**】美洲热带地区。

八角筋 *Acanthus montanus*

【**科属**】爵床科 老鼠簕属。【**常用别名**】山叶蓟、斑叶老鼠簕。【**简介**】多年生草本。叶对生，羽状深裂，叶脉处近白色，裂片前端具尖刺。穗状花序顶生，花淡粉红色，二唇形，上唇极小，下唇大，3 裂。蒴果。花期 1—3 月。【**产地**】非洲西部。【**其他观赏地点**】树木园。

1

2　3

1. 裂叶小悬铃花　2，3. 八角筋

1

2

3

4

假杜鹃 *Barleria cristata*

【科属】爵床科 假杜鹃属。【简介】小灌木，高达 2 m。叶片纸质，椭圆形、长椭圆形或卵形，先端急尖，有时有渐尖头，基部楔形。叶腋内通常着生 2 朵花，花冠蓝紫色或白色，二唇形。蒴果长圆形。花期 11—12 月。【产地】台湾、福建、广东、海南、广西、四川、贵州、云南和西藏等。中南半岛。【其他观赏地点】藤本园、奇花园。

鸟尾花 *Crossandra infundibuliformis*

【科属】爵床科 十字爵床属。【简介】多年生草本。叶对生，卵形，先端渐尖，基部沿叶柄下延成翅。穗状花序顶生，花橘红色，5 裂，两侧对称。花期几乎全年。【产地】孟加拉国、印度、斯里兰卡。【其他观赏地点】奇花园。

喜花草 *Eranthemum pulchellum*

【科属】爵床科 喜花草属。【常用别名】可爱花。【简介】灌木，高达 2 m。叶对生，通常卵形，有时椭圆形，顶端渐尖或长渐尖，基部圆或宽楔形并下延，全缘或有不明显的钝齿。穗状花序，具覆瓦状排列的苞片，花冠蓝色或白色，高脚碟状。蒴果。花期 12 月—翌年 3 月。【产地】印度、尼泊尔、孟加拉国、缅甸、泰国等。【其他观赏地点】民族园、藤本园、奇花园。

1. 假杜鹃　2. 鸟尾花　3，4. 喜花草

1. 鸭嘴花　2，3. 虾衣花
4. 赤苞花

1

2

3

4

鸭嘴花 *Justicia adhatoda* (*Adhatoda vasica*)

【科属】爵床科 爵床属（鸭嘴花属）。【常用别名】野靛叶。【简介】大灌木，高达 1 ~ 3 m。叶纸质，矩圆状披针形至披针形，或卵形或椭圆状卵形，顶端渐尖，基部阔楔形，全缘。穗状花序，花冠白色，有紫色条纹或粉红色。蒴果。花期 12 月—翌年 4 月。【产地】亚洲东南部。【其他观赏地点】南药园。

同属植物

虾衣花 *Justicia brandegeeana*

【常用别名】麒麟吐珠。【简介】多年生草本。叶卵形，顶端短渐尖，基部渐狭而成细柄，全缘。穗状花序紧密，稍弯垂，苞片砖红色，花冠白色，在喉凸上有红色斑点。花期几乎全年。【产地】墨西哥。【其他观赏地点】奇花园。

赤苞花 *Megaskepasma erythrochlamys*

【科属】爵床科 赤苞花属。【简介】常绿灌木，高 1.5 ~ 2.5 m，原产地可高达 5 m。叶对生，长椭圆形，先端渐尖，基部渐狭，楔形，边全缘，绿色。穗状花序，苞片红色，宿存，花冠二唇形，白色。花期 9—12 月。【产地】中美洲、南美洲。【其他观赏地点】藤本园、奇花园。

赤苞花

白苞爵床 *Nicoteba betonica* (*Justicia betonica*)

【**科属**】爵床科 白苞爵床属（爵床属）。【**简介**】常绿灌木，高 1.5 m 左右。叶对生，卵形至长椭圆形，先端钝或渐尖，基部渐狭，楔形。穗状花序，苞片白色，具绿色脉纹，网结，花冠二唇形，上唇稍裂，下唇 3 裂，淡粉色。蒴果。花期 4—10 月。【**产地**】非洲和南亚地区。【**其他观赏地点**】奇花园。

鸡冠爵床 *Odontonema tubaeforme*

【**科属**】爵床科 红楼花属。【**常用别名**】红楼花。【**简介**】常绿小灌木，丛生。叶对生，卵状披针或卵圆状，叶面有波皱，先端渐尖。总状花序，顶端有时呈鸡冠状，花萼钟状，5 裂，花冠长管形，花红色，二唇形。蒴果。花期 9—12 月。【**产地**】中美洲、南美洲。【**其他观赏地点**】树木园。

1　2　3

4

1, 2. 白苞爵床　3, 4. 鸡冠爵床

1

绯红珊瑚花 *Pachystachys coccinea*

【**科属**】爵床科 金苞花属。【**简介**】常绿灌木，高1～2 m。叶宽卵形或长椭圆形，先端尖，基部楔形或近圆形，全缘。穗状花序，苞片叶状，绿色，花红色，二唇形，上唇微裂，下唇3深裂。花期1—3月。【**产地**】中美洲、南美洲。【**其他观赏地点**】奇花园、藤本园。

2

同属植物

金苞花 *Pachystachys lutea*

【**简介**】常绿灌木。叶对生，倒卵形至倒披针形，先端短尾尖，基部狭楔形。穗状花序顶生，苞片金黄色，花白色，二唇形。花期几乎全年。【**产地**】巴西。【**其他观赏地点**】藤本园。

1. 绯红珊瑚花　2. 金苞花

1. 疏花山壳骨　2. 翠芦莉

疏花山壳骨 *Pseuderanthemum laxiflorum*

【科属】爵床科　山壳骨属。【常用别名】紫云杜鹃、大花钩粉草。【简介】常绿灌木。叶对生，卵状披针形或披针形，顶端渐尖，基部楔形，全缘。花腋生，长筒状，先端5裂，紫红色。花期3—8月。【产地】南美洲。

翠芦莉 *Ruellia simplex* (*Ruellia brittoniana*)

【科属】爵床科　芦莉草属。【常用别名】蓝花草。【简介】多年生常绿草本或亚灌木，茎紫色，株高可达1 m。叶披针形，主脉淡紫色，边缘浅波状。花序腋生，花萼5深裂，花冠漏斗状，5裂，蓝色、粉红色或白色。蒴果。花期3—10月。【产地】墨西哥。

翠芦莉

1

2

3

叉花草 *Strobilanthes hamiltoniana*

【科属】爵床科 马蓝属。【简介】多年生草本，多分枝。叶片卵形，顶端渐尖，基部楔形，边缘有细锯齿，叶脉在里面突出。圆锥花序疏松，花冠紫堇色，花冠管往上扩大，略弯，裂片二唇形。花期 10 月—翌年 2 月。【产地】云南。不丹、印度、缅甸、尼泊尔。【其他观赏地点】树木园、名人园。

灌状山牵牛 *Thunbergia affinis*

【科属】爵床科 山牵牛属。【简介】常绿小灌木。叶对生，椭圆形，先端渐尖，基部近圆形，边缘常波状。花单生叶腋，花萼裂片线形，长约 8 mm，约 10 枚，花蓝紫色。花期几乎全年。【产地】非洲。【其他观赏地点】藤本园、名人园、奇花园。

1. 叉花草　2，3. 灌状山牵牛

同属植物

直立山牵牛 *Thunbergia erecta*

【常用别名】硬枝老鸦嘴。**【简介】**常绿小灌木。叶对生，卵形至卵状披针形，有时菱形，先端渐尖，基部楔形至圆形，边缘常具波状齿或不明显3裂。花单生于叶腋，花萼裂片线形，长约3 mm，花冠管白色，喉黄色，冠檐紫堇色。常见栽培有白色花品种。花期几乎全年。**【产地】**非洲。**【其他观赏地点】**藤本园、奇花园。

楝 *Melia azedarach*

【科属】楝科 楝属。**【简介】**落叶乔木，树皮灰褐色，纵裂。2 ~ 3 回奇数羽状复叶。圆锥花序生于枝顶叶腋，花芳香，花瓣与雄蕊管均为淡紫色。核果椭圆形。花期 3—5 月，果期 10—12 月。**【产地】**中国黄河以南各地，亚洲热带和亚热带地区。**【其他观赏地点】**树木园。

光蓼 *Persicaria glabra* (*Polygonum glabrum*)

【科属】蓼科 拳参属（蓼属）。**【简介】**一年生草本。茎直立，少分枝，节部膨大。叶披针形，两面无毛，边缘全缘。总状花序呈穗状，花排列紧密，通常数个穗状花序再组成圆锥状，花被 5 深裂，淡红色，瘦果卵形。花期 6—8 月，果期 7—9 月。**【产地】**中国华中、华东及华南。南亚至东南亚地区、大洋洲。

1

2 3 4

1, 2. 楝 3, 4. 光蓼

大花紫薇 *Lagerstroemia speciosa*

【科属】千屈菜科 紫薇属。**【常用别名】**大叶紫薇。**【简介】**常绿乔木。叶革质，矩圆状椭圆形或卵状椭圆形。花淡红色或紫色，顶生圆锥花序，花瓣 6 枚。蒴果。花期 5—7 月，果期 10—11 月。**【产地】**斯里兰卡、印度、马来西亚、越南及菲律宾。**【其他观赏地点】**树木园、名人园。

1

2

3

4

同属植物

二歧紫薇 *Lagerstroemia duperreana*

【简介】常绿乔木。叶硬纸质，对生，卵圆形。大型圆锥花序顶生，花序上的小枝常二歧状分枝。花大，紫红色。蒴果。花期 5—6 月。【产地】孟加拉国至中南半岛。

锈毛紫薇 *Lagerstroemia noei*

【简介】常绿小乔木。小枝及花序密被锈黄色星状绒毛。圆锥花序顶生，花瓣紫红色。花期 7—8 月，果期 10—11 月。【产地】中南半岛。

1. 二歧紫薇　2，3，4. 锈毛紫薇

锈毛紫薇

1

2

小叶紫薇 *Lagerstroemia parviflora* (*L. lanceolata*)

【常用别名】粉萼紫薇。**【简介】**常绿小乔木，小枝四棱形。叶对生，卵形。总状聚伞花序生于枝顶叶腋。花小，白色。萼筒光滑无棱。花期5—6月，果期7—12月。**【产地】**亚洲热带地区。

绒毛紫薇 *Lagerstroemia tomentosa*

【简介】常绿乔木。叶厚纸质，对生，矩圆状披针形。幼嫩时被黄色星状绒毛。圆锥花序顶生，花白色或淡粉色。花期5月，果期8—11月。**【产地】**云南、泰国、缅甸、老挝、越南。**【其他观赏地点】**名人园、国花园、藤本园、百花园、野花园。

3

4

5

1, 2. 小叶紫薇　3, 4, 5. 绒毛紫薇

欧菱 *Trapa natans*

【科属】千屈菜科（菱科） 菱属。【常用别名】四角菱。【简介】一年生浮水草本植物。浮水叶互生，聚生于主茎和分枝茎顶端，形成莲座状菱盘，叶片三角形状菱圆形，叶柄中上部膨大成气囊。花瓣4枚，白色。果三角状菱形，常具4刺角或无。花期5—9月，果期9—10月。【产地】欧亚大陆。

白背绒香玫 *Arachnothryx leucophylla* (*Rondeletia leucophylla*)

【科属】茜草科 绒香玫属（郎德木属）。【常用别名】白背郎德木、巴拿马玫瑰。【简介】常绿灌木。叶披针形至狭卵形，叶面绿色，背面银白色。聚伞形花序，小花管状，先端4裂，粉红色。花期几乎全年。【产地】墨西哥至巴拿马。【其他观赏地点】奇花园。

1 2

3

1, 2. 欧菱　3. 白背绒香玫

风箱树 *Cephalanthus tetrandrus*

【科属】茜草科 风箱树属。【简介】落叶灌木或小乔木，小枝近四棱形。叶对生或轮生，近革质，卵形至卵状披针形。头状花序常数个排列成聚伞花序生于枝顶，花冠白色，柱头棒形，伸出于花冠外。花期 4—6 月。【产地】华南和华东地区。印度、孟加拉国至中南半岛。

长管栀子 *Gardenia tubifera*

【科属】茜草科 栀子属。**【简介】**常绿大灌木或小乔木。叶薄革质，花冠管极为细长，花冠常 6 ~ 8 裂，初时白色，后转为黄色。花期几乎全年。**【产地】**东南亚热带地区。**【其他观赏地点】**南药园、名人园、奇花园、藤本园。

长管栀子

1 2 3 4 5

龙船花 *Ixora chinensis*

【科属】茜草科 龙船花属。【简介】常绿灌木。叶对生，长圆状披针形至倒披针形。花序顶生，多花，具短总花梗。花冠红色或橙红色，顶部 4 裂，裂片近圆形。花期 5—7 月。【产地】福建、广东、广西。东南亚地区。【其他观赏地点】名人园。

同属植物

耳叶龙船花 *Ixora auricularis*

【简介】常绿灌木或小乔木，叶对生，无柄或近无柄，薄纸质，倒披针形，基部耳形。聚伞花序顶生，花冠红色，花冠管长 2 ~ 3 cm。花期 3—5 月。【产地】云南。越南。【其他观赏地点】名人园。

1，2. 龙船花　3，4，5. 耳叶龙船花

1　　2　　3

4　　5

洋红龙船花 *Ixora casei*

【简介】常绿灌木。叶交互对生，长椭圆形。聚伞花序顶生，花冠高脚碟形，花冠 4 裂，大红色。核果。常见园艺品种大王龙船花 *I. casei*‘Super King’花期几乎全年。【产地】东南亚地区。【其他观赏地点】名人园。

团花龙船花 *Ixora cephalophora*

【简介】常绿灌木。叶对生，纸质，长圆形。聚伞花序密集生于枝顶，无总花梗或具极短总梗。花冠白色，顶部 4 裂。核果成熟时红色。花期 5 月，果期 9—10 月。【产地】海南、广西、云南。中南半岛和菲律宾。

猩红龙船花 *Ixora coccinea*

【别名】红仙丹花。【简介】常绿铺散灌木。叶革质，卵圆形，无柄或近无柄。聚伞花序生于枝顶，花朵数量较少，花冠裂片卵圆形，顶端较尖。花期几乎全年。【产地】南亚地区至中南半岛。【其他观赏地点】国花园。

1. 洋红龙船花　2，3. 团花龙船花　4，5. 猩红龙船花

团花龙船花

猩红龙船花

薄叶龙船花 *Ixora finlaysoniana*

【**简介**】常绿灌木。叶对生，长圆状披针形。聚伞花序顶生，三歧伞房花序式排列。花冠白色，顶部 4 裂。花期 4—10 月。【**产地**】广东、海南、云南。印度北部、泰国、印度尼西亚和菲律宾。【**其他观赏地点**】名人园。

香龙船花 *Ixora fragrans*

【**简介**】常绿灌木。叶对生，椭圆形。聚伞花序顶生，三歧伞房花序式排列。花朵排列密集，花冠白色，有香味，开放后裂片边缘向里收缩并向下反折。花期 9—10 月。【**产地**】西太平洋诸岛。

1, 2. 薄叶龙船花　3, 4. 香龙船花

1 2

白花龙船花 *Ixora henryi*

【简介】常绿灌木。叶对生，纸质，长圆形或披针形。花序顶生，多花，排成三歧伞房式聚伞花序。花冠白色或粉红色，花冠管纤细，顶部 4 裂。花期 8—12 月。【产地】广东、广西、海南、贵州、云南。泰国和越南。【其他观赏地点】能源园。

宫粉龙船花 *Ixora* × *westii*

【简介】常绿灌木，叶片倒卵形至椭圆形。花粉红色。

小叶龙船花 *Ixora* × *williamsii* 'Sunkist'

【简介】常绿小灌木，叶片狭披针形。花橙红色至红色。

3 4

1, 2. 白花龙船花　3. 宫粉龙船花　4. 小叶龙船花

红纸扇 *Mussaenda erythrophylla*

【**科属**】茜草科 玉叶金花属。【**简介**】灌木或攀缘藤本。聚伞花序顶生，萼裂片 5 枚，一些花的萼裂片中有 1 枚极发达，呈红色花瓣状。花冠淡黄色，喉部紫红色。花期 5—11 月。【**产地**】非洲热带地区。【**其他观赏地点**】藤本园。

同属植物

粉纸扇 *Mussaenda* 'Alicia'

【常用别名】粉叶金花、粉萼金花。**【简介】**半常绿灌木。叶对生，长椭圆形。聚伞房花序顶生，花萼裂片 5 枚，全部增大为粉红色花瓣状，呈重瓣状，花冠金黄色，高脚碟状，喉部淡红色。花期 5—11 月。**【其他观赏地点】**奇花园。

1, 2. 橙纸扇　3, 4. 重瓣白纸扇

橙纸扇 *Mussaenda* 'Calcutta Sunset'

【简介】半常绿灌木。花萼裂片橙粉色，呈重瓣状。花期 5—11 月。

重瓣白纸扇 *Mussaenda philippica* 'Doña Aurora'

【简介】直立灌木。聚伞房花序顶生，花萼裂片 5 枚，全部增大为粉红色花瓣状，呈重瓣状，花冠金黄色，高脚碟状。花期 5—11 月。

双扇金花 *Pseudomussaenda flava*

【科属】茜草科 双扇金花属。【常用别名】拟玉叶金花、假玉叶金花。【简介】半常绿灌木。叶对生，长椭圆形。聚伞房花序顶生，花萼裂片5枚，其中有些花的一枚花萼增大为白色花瓣状，花冠金黄色，高脚碟状，喉部橙黄色。花期3—11月。【产地】非洲。

大花木曼陀罗 *Brugmansia suaveolens*

【科属】茄科 木曼陀罗属。【常用别名】白花木本曼陀罗。【简介】常绿灌木。叶丛生枝端，卵形，先端尖，基部楔形。花单朵顶生或腋生。花萼长筒形，萼齿5裂，大小一致。花冠白色，喇叭状，下垂。花期几乎全年。【产地】巴西。【其他观赏地点】国花园。

1, 2. 双扇金花　3, 4. 大花木曼陀罗

同属植物

大黄花木曼陀罗 *Brugmansia* 'Charles Grimaldi'

【简介】常见栽培的黄色品种。【其他观赏地点】藤本园、名人园、奇花园。

粉花木曼陀罗 *Brugmansia suaveolens* 'Frosty Pink'

【简介】常见栽培的粉色品种。【其他观赏地点】名人园。

1

2　　3

1, 2. 大黄花木曼陀罗　3. 粉花木曼陀罗

1　2　3　4　5

大花鸳鸯茉莉 *Brunfelsia grandiflora*

【科属】茄科　鸳鸯茉莉属。【简介】常绿灌木。花较大，常数朵生于枝顶。花冠高脚碟状，先端5裂，初开时为紫色，渐变为白色。芳香。花期10月—翌年2月。【产地】南美洲热带地区。【其他观赏地点】树木园、名人园。

同属植物

夜香鸳鸯茉莉 *Brunfelsia americana*

【常用别名】美洲鸳鸯茉莉、夜香花。【简介】常绿灌木。花常数朵生于枝顶或叶腋。花冠高脚碟状，先端5裂，初开时为白色，渐变为乳黄色。芳香。花期7—9月。【产地】西印度群岛至委内瑞拉。

1, 2. 大花鸳鸯茉莉　3, 4, 5. 夜香鸳鸯茉莉

1　　2

3

4

夜香树 *Cestrum nocturnum*

【科属】茄科 夜香树属。【常用别名】夜丁香。【简介】常绿灌木。叶片卵形或披针形，全缘，顶端渐尖。伞房式聚伞花序，腋生或顶生，花绿白色至黄绿色，晚间极香。浆果椭圆形，白色。花期3—10月。【产地】西印度群岛。【其他观赏地点】藤本园。

同属植物

白夜香树 *Cestrum diurnum*

【简介】常绿灌木，叶片披针形，全缘。聚伞花序生于枝顶叶腋。花冠筒状，白色，冠檐向后反折。浆果紫色。花期几乎全年。【产地】美国南部至西印度群岛。【其他观赏地点】藤本园。

1，2. 夜香树　3，4. 白夜香树

大夜香树 *Cestrum parqui*

【常用别名】黄瓶子花。**【简介】**常绿灌木。叶片卵形或椭圆形，全缘。圆锥花序常生于枝顶。花萼钟状，花冠筒状漏斗形，金黄色，筒在基部紧缩，裂片开展或向外反折。浆果黑色。花期几乎全年。**【产地】**南美洲。**【其他观赏地点】**藤本园。

紫夜香树 *Cestrum* × *cultum*

【简介】常绿灌木。圆锥花序生于枝顶，常半下垂。花冠筒淡紫色。花期几乎全年。**【其他观赏地点】**名人园。

1

2

1. 大夜香树　2. 紫夜香树

桃金娘 *Rhodomyrtus tomentosa*

【科属】桃金娘科 桃金娘属。【简介】常绿灌木。叶对生，椭圆形或倒卵形，先端常微凹，下面被灰白色绒毛。花紫红色，常单生枝顶叶腋，花瓣 5 枚，雄蕊多数。果为浆果，熟时紫黑色，可食。花期 4—5 月，果期 7—9 月。【产地】华南和西南地区。南亚地区、东南亚地区。

大花茄 *Solanum wrightii*

【科属】茄科　茄属。【简介】常绿乔木，小枝具粗而直的皮刺。叶片大，常不规则羽状浅裂，两面密被糙毛。二歧聚伞花序，花梗密被刚毛。花初为蓝紫色，后渐变为浅蓝色。花期几乎全年。【产地】南美洲热带地区。【其他观赏地点】南药园。

1　2　3

1. 桃金娘　2, 3. 大花茄

千果榄仁 *Terminalia myriocarpa*

【科属】使君子科 榄仁属。【简介】常绿大乔木。叶对生，厚纸质，叶片长椭圆形。大型圆锥花序，顶生或腋生，花极小，极多数，两性，白色。瘦果细小，极多数，有3翅，成熟时红色。花期9—11月，果期12月—翌年2月。【产地】广西、云南和西藏。东南亚地区。【其他观赏地点】树木园、能源园。

假多瓣蒲桃 *Syzygium polypetaloideum*

【科属】桃金娘科 蒲桃属。【简介】常绿灌木或小乔木。叶片狭披针形，先端渐尖，基部狭楔形。聚伞花序常顶生，花白色，雄蕊多数。果实球形。花期11月—翌年3月。【产地】云南、广西。【其他观赏地点】树木园、综合区。

1，2，3. 千果榄仁　4，5，6. 假多瓣蒲桃

金蒲桃 *Xanthostemon chrysanthus*

【**科属**】桃金娘科 金缨木属。【**常用别名**】黄金蒲桃、澳洲黄花树。【**简介**】常绿灌木或乔木。叶革质，宽披针、披针形或倒披针形，对生、互生或簇生枝顶，叶色暗绿色，具光泽，全缘，新叶带有红色。聚伞花序密集呈球状，花色金黄色。花期9—11月。【**产地**】澳大利亚。

五桠果 *Dillenia indica*

【**科属**】五桠果科 五桠果属。【**常用别名**】第伦桃。【**简介**】半常绿乔木。叶薄革质，矩圆形或倒卵状矩圆形，先端近于圆形，基部广楔形，不等侧，边缘有明显锯齿。花单生于枝顶叶腋内，花瓣白色，倒卵形。果实圆球形。花期7—10月，果期9—12月。【**产地**】云南。东南亚地区。【**其他观赏地点**】树木园、名人园、沟谷雨林。

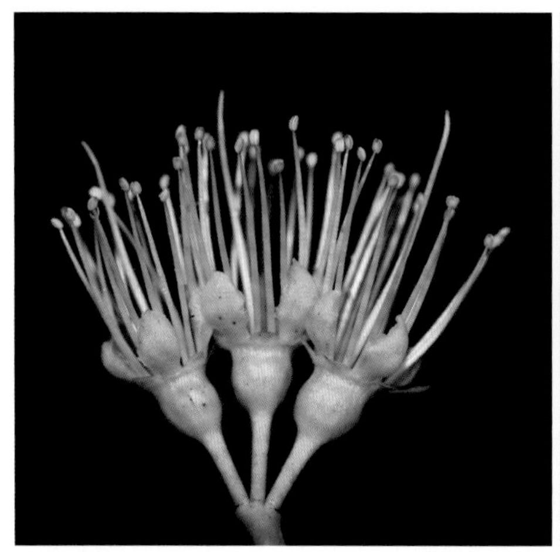
1

2

3

4

1，2. 金蒲桃　3，4. 五桠果

1 2 3

4 5 6

同属植物

卵叶五桠果 *Dillenia ovata*

【简介】常绿乔木。树皮红棕色，粗糙，常纸片状脱落。叶薄革质，倒卵圆形，两面密被毛，边缘有明显锯齿。花单生于枝顶叶腋，花瓣黄色。果实圆球形，成熟时橙黄色。花期 5—6 月，果期 7—9 月。【产地】东南亚地区。【其他观赏地点】百果园。

灌木五桠果 *Dillenia suffruticosa*

【常用别名】星果木。【简介】灌木或小乔木。叶光滑，倒卵圆形或长椭圆形。总状花序生于枝顶叶腋，花瓣 5 枚，黄色。果实成熟时心皮开裂，排列成放射状，种子红色。花果期 5—12 月。【产地】东南亚地区。

大花五桠果 *Dillenia turbinata*

【简介】常绿乔木。叶革质，倒卵形或长倒卵形，边缘有锯齿。总状花序生枝顶，花 3 ~ 5 朵。花大，直径 10 ~ 12 cm，有香气；萼片厚肉质；花瓣黄色，倒卵形。果实近于圆球形，不开裂，直径 4 ~ 5 cm，暗红色。花期 3—5 月，果期 4—7 月。【产地】云南、广西和海南。老挝和越南。【其他观赏地点】南药园、野菜园。

1. 卵叶五桠果　2, 3. 灌木五桠果　4, 5, 6. 大花五桠果

1

2

1. 比海蝎尾蕉
2. 粉垂蝎尾蕉
3，4. 翎羽蝎尾蕉

3

4

比海蝎尾蕉 *Heliconia bihai*

【科属】蝎尾蕉科 蝎尾蕉属。【简介】常绿多年生草本，高约 2 m。顶生穗状花序，直立，苞片呈 2 列互生排列，船形，基部深红色，近顶端边缘金黄色，舌状花两性，黄色。花果期几乎全年。【产地】中美洲地区、南美洲地区。【其他观赏地点】荫生园。

同属植物

粉垂蝎尾蕉 *Heliconia chartacea*

【简介】高约 2 m，花序下垂，苞片 2 列稀疏互生排列，粉红色，边缘黄绿色。【其他观赏地点】荫生园。

翎羽蝎尾蕉 *Heliconia episcopalis*

【简介】高约 1 m，花序直立，苞片 2 列密集成扇状，橙黄色。

黄苞蝎尾蕉 *Heliconia latispatha*

【简介】高约 1.5 m，花序直立，苞片 2 列互生排列，黄色至橙红色，基部苞片明显较长。【其他观赏地点】国花园、奇花园。

粉鸟赫蕉 *Heliconia platystachys*

【简介】高约 4 m，花序长达 1.5 m，下垂，苞片基部红色，边缘至顶部黄色至黄绿色。【其他观赏地点】藤本园。

1

2　　3　　4

1，2. 黄苞蝎尾蕉　3，4. 粉鸟赫蕉

光荣树 *Pleroma heteromallum*

【科属】野牡丹科 光荣树属。【常用别名】银毛野牡丹。【简介】常绿小灌木，小枝四棱形，分枝多。叶厚纸质，阔卵形，长密被银白色绒毛。圆锥花序顶生，花瓣紫色。花期 5—7 月。【产地】南美洲。

同属植物

巴西野牡丹 *Pleroma* 'Cote d'Azur'

【简介】常绿灌木。叶对生，长椭圆形至披针形，两面具细绒毛，全缘，3 ~ 5 出脉。花顶生，大型，深紫蓝色，花萼 5 枚，红色。蒴果杯状球形。花期几乎全年。【产地】巴西。

凤眼莲 *Eichhornia crassipes*

【科属】雨久花科 凤眼莲属。【简介】常绿浮水草本。叶莲座状排列，叶片圆形或宽卵形，叶柄中部膨大成囊状。穗状花序通常具 9 ~ 12 朵花，花被裂片 6 枚，紫蓝色，花冠略两侧对称，上方一枚裂片较大，中央有一黄色圆斑。蒴果卵形。花期 7—10 月，果期 8—11 月。【产地】巴西。

1, 2. 巴西野牡丹 3, 4. 凤眼莲

红花玉蕊 *Barringtonia acutangula*

【科属】玉蕊科　玉蕊属。【简介】常绿小乔木。叶常簇生枝顶，坚纸质，倒卵形。穗状花序常生于枝顶，长可达 50 cm 以上。花瓣 4 枚，粉红色，开放后反折。雄蕊多数，鲜红色。果实卵圆形，具 4 棱。花期 6—8 月，果期 7—10 月。【产地】南亚、东南亚地区至大洋洲北部。

同属植物

玉蕊 *Barringtonia racemosa*

【简介】常绿乔木。叶常丛生枝顶，纸质，倒卵形至倒卵状椭圆形。总状花序顶生，下垂。花瓣 4 枚，白色或粉红色。果实卵圆形，果皮厚，内含网状交织纤维束。花期 6—9 月。【产地】海南、台湾。南亚、东南亚地区至大洋洲和太平洋岛屿。

1, 2, 3. 红花玉蕊　4, 5, 6. 玉蕊

红花玉蕊

玉 蕊

炮弹树 *Couroupita guianensis*

【**科属**】玉蕊科 炮弹树属。【**常用别名**】炮弹果。【**简介**】常绿乔木。叶簇生于枝顶，椭圆形，先端尖，基部楔形，叶脉明显。总状花序着生于茎干上，花量极大，花瓣 6 枚，粉红色至红色，雄蕊粉红色。果实球形，具木质外壳。花期 3—10 月。【**产地**】中美洲、南美洲。【**其他观赏地点**】树木园。

炮弹树

高贵莲玉蕊 *Gustavia augusta*

【**科属**】玉蕊科　莲玉蕊属。【**简介**】常绿小乔木。叶倒卵状椭圆形。花单生或数朵生于枝顶，花瓣 6 ~ 8 枚，粉红色，开展似荷花。雄蕊多数，花丝基部联合，排列成环形。果实圆坛形，顶端平截。花果期 4—12 月。【**产地**】中美洲、南美洲。【**其他观赏地点**】荫生园。

1

2

3

双色野鸢尾 *Dietes bicolor*

【科属】鸢尾科 离被鸢尾属。**【简介】**常绿多年生草本。叶基生，剑形，淡绿色，先端尖，基部成鞘状，互相套叠，具平行脉。花茎具分枝，着花10余朵。花两性，花瓣黄色，底部具暗紫色斑点。蒴果。花期2—3月。**【产地】**南非。**【其他观赏地点】**奇花园。

同属植物

离被鸢尾 *Dietes iridioides*

【常用别名】非洲野鸢尾。**【简介】**常绿多年生草本。叶基生，剑形，先端尖，全缘，绿色。花大，花被片6枚，外轮花被片白色，上有黄色斑块，内轮花被片白色，底部有紫色斑块。雌蕊的花柱上部3分枝，分枝扁平，拱形弯曲，淡蓝色，花瓣状，顶端2裂。花期2—4月。**【产地】**南非。**【其他观赏地点】**奇花园。

1, 2. 双色野鸢尾　3. 离被鸢尾

巴西鸢尾 *Neomarica gracilis*

【科属】鸢尾科 巴西鸢尾属。【简介】常绿多年生草本。叶片 2 列，带状，自短茎处抽生。花茎高于叶片，花被片 6 枚，外 3 枚白，基部淡黄色，带深褐色斑纹，内 3 枚前端蓝紫色，带白色条纹，基部褐色。蒴果。花期 3—5 月。【产地】巴西。【其他观赏地点】国花园、荫生园、藤本园。

粗点黄扇鸢尾 *Trimezia steyermarkii*

【科属】鸢尾科 黄扇鸢尾属。【简介】多年生丛生草本，球茎卵球形，具棕色被膜纤维。叶质地较薄，具突出的中肋。花葶等于或稍高于叶，花序顶生，花黄色，基部有斑驳的棕紫色条纹。花期 11 月—翌年 3 月。【产地】中美洲、南美洲。

1, 2. 巴西鸢尾　3, 4. 粗点黄扇鸢尾

紫花风铃木 *Handroanthus impetiginosus*

【科属】紫葳科 风铃木属。【常用别名】玫瑰金花树。【简介】落叶乔木。掌状复叶对生，小叶常 5 枚，卵圆形，有细锯齿。聚伞花序常在枝顶聚集成球状。花冠浅紫色到深紫色或紫红色，喇叭状，檐部 5 裂，喉部黄色。蒴果，长条形。花期 12 月—翌年 2 月，果期 3—5 月。【产地】中美洲、南美洲。

玫红栎铃木 *Tabebuia rosea*

【科属】紫葳科 栎铃木属。【简介】落叶乔木。叶对生，掌状复叶，小叶 5 枚，卵圆形或椭圆形，全缘。花冠粉红色，漏斗状钟形，喉部黄色。蒴果呈圆柱形。花期 2—4 月，果期 5—6 月。【产地】中美洲、南美洲。

1, 2. 紫花风铃木　3, 4. 玫红栎铃木

紫花风铃木

玫红栎铃木

百香园

西双版纳得天独厚的自然条件孕育了丰富多样的植物资源，仅香料植物就有 350 余种，当地居民在认识和利用香料植物方面具有悠久的历史，积累了非常丰富的经验，形成了独特的香料植物利用文化，对该地区人们的物质和文化生活起着重要的作用。

百香园占地面积 46 亩，现收集和保存植物 170 余种，其中引种保存国内外重要香料植物 100 余种，保存有世界名贵香料植物，如依兰、丁子香、檀香、土沉香、肉豆蔻、吐鲁胶、锡兰肉桂等；也保存有重要乡土香料植物，如细毛樟、狭叶桂、四方蒿（鸡肝散）、大叶石龙尾（草八角）等，它们当中不少是云南特有种、世界罕见的香料植物，具有较大的开发利用潜力。此外，百香园还收集有许多传统的民族食用香料，如当地傣族常用的烧烤配香原料柠檬草（香茅草）、刺芹，在傣历新年节做糯素粑粑的香料云南石梓花等。

降香 *Dalbergia odorifera*

【科属】豆科　黄檀属。**【常用别名】**降香黄檀、海南黄花梨。**【简介】**乔木，高 10 ~ 15 m。羽状复叶，小叶常 4 ~ 5 对，近革质，卵形或椭圆形，复叶顶端的 1 枚小叶最大，往下渐小。圆锥花序腋生，分枝呈伞房花序状，花冠乳白色或淡黄色。荚果舌状长圆形，果瓣革质，对种子的部分明显凸起。花期 4 月，果期 11 月。**【产地】**福建、海南、浙江。**【其他观赏地点】**名人园、百花园、树木园。

吐鲁胶 *Myroxylon balsamum*

【科属】豆科 香脂豆属。**【常用别名】**吐鲁香。**【简介】**常绿乔木，高达 10 m。羽状复叶互生，小叶 4 ~ 5 对，互生，先端尾状渐尖，基部圆形，边缘波状。总状花序，生叶腋，直立，花白色，旗瓣大，翼瓣与龙骨瓣不显著。荚果顶端膨大，其余部分扁平。花期 4 月，果期 11 月。**【产地】**美洲热带地区。**【其他观赏地点】**能源园。

依兰 *Cananga odorata*

【科属】番荔枝科 依兰属。**【常用别名】**依兰香。**【简介】**常绿大乔木，高达 20 m。叶大，膜质至薄纸质，卵状长圆形或长椭圆形，顶端渐尖至急尖，基部圆形。花序单生于叶腋内或叶腋外，花 2 ~ 5 枚，花大，黄绿色，芳香，倒垂。成熟的果近圆球状或卵状。花期 4—8 月，果期 12 月—翌年 3 月。**【产地】**缅甸、印度尼西亚、菲律宾和马来西亚。**【其他观赏地点】**树木园。

1

2 3

1. 吐鲁胶 2, 3. 依兰

吐鲁胶

依 兰

假鹰爪 *Desmos chinensis*

【科属】番荔枝科 假鹰爪属。【常用别名】酒饼藤。【简介】直立或攀缘灌木。叶薄纸质或膜质，长圆形或椭圆形，少数为阔卵形，顶端钝或急尖，基部圆形或稍偏斜。花黄白色，萼片卵圆形，外轮花瓣比内轮花瓣大。果有柄，念珠状。花期4—8月，果期6—12月。【产地】广东、广西、云南和贵州。东南亚地区。【其他观赏地点】百花园、奇花园、民族园、树木园。

同属植物

毛叶假鹰爪 *Desmos dumosus*

【简介】直立灌木，植株各部多被柔毛。叶薄纸质或膜质，倒卵状椭圆形或长圆形，顶端短渐尖或急尖，基部浅心形或截形。花黄绿色，单生于叶腋外或与叶对生或互生。果有柄，念珠状。花期4—8月，果期7月—翌年4月。【产地】广西、云南和贵州。东南亚地区。

柠檬草 *Cymbopogon citratus*

【科属】禾本科 香茅属。【简介】多年生密丛型具香味草本，秆高达2 m。叶鞘无毛，不向外反卷，叶片长30～90 cm，宽5～15 mm。伪圆锥花序具多次复合分枝，长约50 cm，疏散，分枝细长，顶端下垂。花期8—10月。【产地】印度。

1，2. 假鹰爪　3，4. 毛叶假鹰爪　5. 柠檬草

1　2　3　4

树胡椒 *Piper aduncum*

【科属】胡椒科 胡椒属。【简介】小乔木，高 3 ~ 5 m。叶纸质，椭圆形，先端长渐尖，基部心形，两侧不对称，羽状脉。穗状花序与叶对生，淡黄色，长约 10 cm，向上生长，弯曲。花期 6—9 月，果期 9—12 月。【产地】中美洲、南美洲。

同属植物

胡椒 *Piper nigrum*

【简介】木质攀缘藤本，节显著膨大，常生小根。叶阔卵形至卵状长圆形，顶端短尖，基部圆，常稍偏斜。穗状花序与叶对生，杂性同株，短于叶或与叶等长。浆果球形，成熟时红色。花期 5—10 月，果期 8—12 月。【产地】东南亚地区。【其他观赏地点】国花园。

米兰 *Aglaia odorata*

【科属】楝科 米仔兰属。【常用别名】米仔兰。【简介】常绿灌木或小乔木。一回羽状复叶具小叶 3 ~ 5 枚，厚纸质，顶端 1 片最大。圆锥花序腋生，花芳香，花瓣 5 枚，黄色。浆果。花期 5—12 月，果期 7 月—翌年 3 月。【产地】广东、广西。东南亚地区。【其他观赏地点】南药园、树木园、奇花园、国花园。

1, 2. 树胡椒　3. 胡椒　4. 米兰

香子含笑 *Michelia hypolampra*

【科属】木兰科 含笑属。【简介】常绿乔木。叶揉碎有八角气味，薄革质，倒卵形或椭圆状倒卵形。花芳香，花被片 9 枚，3 轮，外轮膜质，条形，内 2 轮肉质，狭椭圆形。蓇葖果灰黑色，果瓣质厚，熟时向外反卷，种子 1 ~ 4 枚。花期 12 月—翌年 3 月，果期 9—10 月。【产地】海南、广西和云南。越南。【其他观赏地点】树木园、名人园。

毛茉莉 *Jasminum multiflorum*

【科属】木樨科 素馨属。【简介】常绿蔓性灌木。单叶对生，叶片纸质，长卵形。圆锥状聚伞花序密集生于枝顶，密被黄褐色绒毛。花冠白色，高脚碟状，裂片 6 ～ 8 枚。花期 10 月—翌年 4 月。【产地】东南亚地区及印度。【其他观赏地点】藤本园、国花园。

侯钩藤 *Uncaria rhynchophylloides*

【科属】茜草科 钩藤属。【简介】大藤本，嫩枝具钩刺。叶对生，叶薄纸质，卵形或椭圆状卵形，两面无毛。头状花序单生叶腋，或在枝顶排成聚伞状。花冠 5 裂，白色，花冠管略带红色。花期 12 月—翌年 1 月。【产地】广东和广西。

1, 2. 毛茉莉 3, 4. 侯钩藤

肉豆蔻 *Myristica fragrans*

【科属】肉豆蔻科 肉豆蔻属。【简介】常绿小乔木。叶近革质，椭圆形或椭圆状披针形。雄花序着花 3 ~ 20 枚，花被裂片 3 枚；雌花序较雄花序为长，着花 1 ~ 2 枚。果通常单生，假种皮红色，至基部撕裂。花期 5—9 月，果期 10 月—翌年 2 月。【产地】印度尼西亚（马鲁古群岛）。

土沉香 *Aquilaria sinensis*

【科属】瑞香科 沉香属。【简介】常绿小乔木。花芳香，黄绿色，多朵，组成伞形花序。萼筒浅钟状，5 裂，花瓣 10 枚，鳞片状，着生于花萼筒喉部。蒴果开裂后，通过种子上的附属体将其悬挂在空中。花期 4—6 月，果期 7—9 月。【产地】广东、海南、广西、福建。【其他观赏地点】能源园。

离瓣寄生 *Helixanthera parasitica*

【科属】桑寄生科 离瓣寄生属。【简介】常绿小灌木，小枝披散状。叶对生，薄革质，卵形至卵状披针形。总状花序腋生，花淡红色或黄色，花瓣 5 枚，开放后反折。浆果椭圆状，成熟时红色。花期 1—7 月，果期 5—8 月。【产地】华南和西南地区。南亚至东南亚地区。【其他观赏地点】野菜园。

1. 肉豆蔻　2, 3. 土沉香　4, 5. 离瓣寄生

土沉香

檀香 *Santalum album*

【科属】檀香科 檀香属。【简介】常绿小乔木。叶椭圆状卵形，圆锥花序腋生或顶生，花被4裂，深棕红色。檀香树干的心材黄褐色，有强烈香气，是贵重药材和名贵香料。花期12月—翌年5月，果期7—10月。【产地】太平洋岛屿（爪哇岛等）。【其他观赏地点】野菜园。

白千层 *Melaleuca cajuputi* subsp. *cumingiana*

【科属】桃金娘科 白千层属。**【简介】**常绿乔木。树皮灰白色，多层纸状剥落。叶革质，互生，狭长椭圆形或狭矩圆形，具油腺点，香气浓郁。穗状花序假顶生，花白色，花瓣 5 枚，花丝白色。果近球形。花期 12 月—翌年 1 月。**【产地】**澳大利亚。

丁子香 *Syzygium aromaticum*

【科属】桃金娘科 蒲桃属。**【常用别名】**丁香蒲桃。**【简介】**常绿乔木。叶对生，卵状长圆形或长倒卵形。花芳香，成顶生聚伞圆锥花序。花萼肥厚，绿色转紫色，长管状，先端 4 裂。花瓣白色稍带淡紫。雄蕊多数；子房下位。浆果红棕色。花期 7—9 月，果期 8—12 月。**【产地】**印度尼西亚（马鲁古群岛）。**【其他观赏地点】**国花园。

1 2

3

1, 2. 白千层　3. 丁子香

小花山小橘 *Glycosmis parviflora*

【科属】芸香科 山小橘属。【简介】常绿灌木或小乔木。叶常有小叶 3 枚，兼有单小叶。小叶片椭圆形或披针形。圆锥花序腋生及顶生，花瓣白色。果圆球形或椭圆形，成熟时淡红色，半透明油点明显。花期 12 月—翌年 2 月，果期 3—5 月。【产地】台湾、福建、广东、广西、贵州、云南、海南等。越南东北部。【其他观赏地点】综合区。

九里香 *Murraya exotica*

【科属】芸香科 九里香属。【常用别名】七里香、千里香、月橘。【简介】常绿灌木或小乔木。一回羽状复叶，常有小叶 5 枚或 7 枚，小叶倒卵形成倒卵状椭圆形，两侧常不对称。花白色，芳香，常多朵组成短缩的聚伞花序。果成熟时红色，卵圆形。花期 4—8 月，果期 9—12 月。【产地】台湾、福建、广东、海南、广西等。世界热带和亚热带地区。【其他观赏地点】名人园、树木园、民族园。

1，2. 小花山小橘　3，4. 九里香

同属植物

调料九里香 *Murraya koenigii*

【常用别名】咖喱树。【简介】灌木或小乔木。一回奇数羽状复叶，小叶斜卵形或斜卵状披针形。伞房状聚伞花序常顶生，花瓣 5 枚，白色。果实长椭圆形，成熟时蓝黑色。花期 3—4 月，果期 5—8 月。【产地】海南、云南。越南、老挝、缅甸、印度等。【其他观赏地点】百果园。

琉球花椒 *Zanthoxylum beecheyanum*

【科属】芸香科 花椒属。【常用别名】胡椒木、清香木。【简介】常绿灌木。枝叶密生，枝有刺。一回羽状复叶，叶基有短刺 2 枚，叶轴有狭翼，小叶对生，卵圆形，革质，叶面浓绿富光泽。聚伞状圆锥花序，腋生，雌雄异株，雄花黄绿色，雌花橙红色。果红色，椭圆形，种子黑色。花期 3—4 月，果期 7—9 月。【产地】琉球群岛。

1，2. 调料九里香　3，4. 琉球花椒

钝叶桂 *Cinnamomum bejolghota*

【科属】樟科 樟属。**【简介】**常绿乔木。叶近对生，椭圆状长圆形，硬革质，三出脉或离基三出脉。圆锥花序生于枝条上部叶腋内，花黄色，花被裂片 6 枚，能育雄蕊 9 枚，退化雄蕊 3 枚。果椭圆形，鲜时绿色。花期 3—4 月，果期 5—7 月。**【产地】**广东、海南和云南。南亚地区至中南半岛。

同属植物

阴香 *Cinnamomum burmanni*

【简介】常绿乔木。树皮光滑，灰褐色至黑褐色。叶互生或近对生，长圆形至披针形，具离基三出脉。圆锥花序腋生或近顶生，比叶短。花绿白色。果卵球形。花期 2—4 月，果期 9—10 月。**【产地】**广东、广西、海南、云南和福建。南亚至东南亚地区。

1, 2. 钝叶桂　3, 4. 阴香

云南樟 *Cinnamomum glanduliferum*

【**简介**】常绿乔木。树皮灰褐色，深纵裂。叶互生，椭圆形至卵状椭圆形，革质，羽状脉。圆锥花序腋生，均比叶短。花小，淡黄色。果球形，成熟时黑色。花期3—5月，果期7—9月。【**产地**】云南、贵州、四川和西藏。南亚至东南亚地区。【**其他观赏地点**】名人园、能源园。

狭叶桂 *Cinnamomum heyneanum*

【**简介**】常绿小乔木。叶互生或近对生，线状披针形，全缘，离基三出脉。圆锥花序常生于枝顶叶腋，花序短于叶，少花。花小，黄绿色。花期4 5月。【**产地**】广西、贵州、湖北、四川、云南。印度。

1，2，3. 云南樟　4，5. 狭叶桂

锡兰肉桂 *Cinnamomum verum*

【简介】常绿乔木，树皮黑褐色，内皮有强烈的香气。叶通常对生，卵圆形或卵状披针形，具离基三出脉。圆锥花序腋生及顶生，花黄色，花被6裂片。果卵球形，熟时黑色。花期3—5月，果期7—9月。【产地】斯里兰卡，亚洲热带各地多有栽培。

香叶树 *Lindera communis*

【科属】樟科 山胡椒属。【简介】常绿乔木或灌木。叶披针形、卵形或椭圆形，先端骤尖或近尾尖，基部宽楔形或近圆。伞形花序具5～8花，花被片6，卵形，近等大。果卵圆形，红色。花期3—4月，果期9—10月。【产地】中国南部至中南半岛。【其他观赏地点】能源园。

滇新樟 *Neocinnamomum caudatum*

【科属】樟科 新樟属。【简介】常绿乔木。叶卵形或卵状长圆形，先端渐钝尖，基部楔形或近圆，两面无毛，近三出脉。团伞花序具5～6花，多数组成圆锥花序。果长椭圆形，红色，果托高脚杯状。花期8—10月，果期10月—翌年2月。【产地】云南和广西。印度、缅甸至越南。【其他观赏地点】能源园。

1, 2. 锡兰肉桂　3. 香叶树　4, 5. 滇新樟

锡兰肉桂

香叶树

南药园

南药园建成于 2002 年，经过 2012 年的扩建改造，占地面积由原来的 30 亩扩大到 50 亩，现收集保存药用植物近 500 种。南药园通过不断地收集保存各种药用植物种类，建立了一个以保存南药、傣药、哈尼药为主的民族药用植物资源收集区，为科学研究提供材料，为科普教育提供素材。园区主要分为南药、中华药、民族药、原料药等小区，并重点突出保存南药植物。

在南药区，收集展示了剑叶龙血树、槟榔、益智、砂仁、肉桂、锡兰肉桂、胖大海、檀香、印度大风子、马钱子、萝芙木、苏木、巴豆等 30 多种。中华药区保存有各种重要的药用植物，如芦荟、川牛膝、百步回阳、车前草、仙茅、千斤拔等。民族药区展示有西双版纳主要民族的传统药用植物，如大叶火筒树、葫芦茶、黄姜花等。此外，南药园还保存了富含秋水仙碱的嘉兰、可提制降压药物的萝芙木，可防治肿瘤的美登木以及马钱等药用植物。

紫花丹 *Plumbago indica*

【科属】白花丹科 白花丹属。【常用别名】红花丹。【简介】常绿多年生草本，茎枝柔软而铺散，叶卵圆形，向上渐小，基部圆钝。穗状花序生于枝顶，花期不断伸长，花冠红色。花期 11 月—翌年 2 月，果期 12 月—翌年 2 月。【产地】云南、海南。南亚和东南亚地区。【其他观赏地点】奇花园、百花园。

1

2　　3

同属植物

蓝花丹 *Plumbago auriculata*

【常用别名】蓝雪花。**【简介】**常绿铺散灌木，叶卵形，穗状花序生于枝顶，花冠淡蓝色，花冠筒细长。花期3—11月。**【产地】**南非。**【其他观赏地点】**奇花园。

白花丹 *Plumbago zeylanica*

【简介】常绿半灌木。叶薄，通常长卵形，先端渐尖，下部骤狭成钝或截形的基部而后渐狭成柄。穗状花序，花冠白色或微带蓝白色。蒴果长椭圆形。花期10月—翌年3月，果期11月—翌年5月。**【产地】**华南和西南地区。南亚和东南亚地区。**【其他观赏地点】**奇花园、藤本园。

1. 蓝花丹　2，3. 白花丹

赪桐 *Clerodendrum japonicum*

【科属】唇形科（马鞭草科）大青属。**【常用别名】**百日红、状元红。**【简介】**落叶小灌木。叶片圆心形，顶端尖或渐尖，基部心形，边缘有疏短尖齿。二歧聚伞花序组成的大而开展的圆锥花序顶生，花萼红色，花冠红色，稀白色，雄蕊长约花冠管的 3 倍。花期 4—7 月，果期 8—11 月。**【产地】**中国南部大部分地区。东南亚地区及日本。**【其他观赏地点】**名人园、树木园。

赪 桐

1

2

3

4

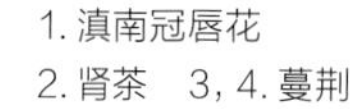

1. 滇南冠唇花
2. 肾茶　3，4. 蔓荆

滇南冠唇花 *Microtoena patchoulii*

【科属】唇形科　冠唇花属。**【简介】**多年生直立草本，茎四棱形。叶三角状卵圆形，先端急尖状长尖，基部阔楔形至近心形。二歧聚伞花序腋生，组成的圆锥状花序顶生，花黄色，二唇形，上唇盔状，紫色或褐色。花期10月—翌年2月，果期2—3月。**【产地】**云南西南部及南部地区。印度、缅甸。

肾茶 *Orthosiphon aristatus* (*Clerodendranthus spicatus*)

【科属】唇形科　鸡脚参属（肾茶属）。**【常用别名】**猫须草。**【简介】**多年生草本。叶卵形、菱状卵形或卵状长圆形，先端急尖，基部宽楔形至截状楔形，边缘具粗牙齿或疏圆齿，纸质。轮伞花序，花冠浅紫或白色，冠檐大，二唇形，上唇大，外反，雄蕊远超出花冠。坚果。花期5—11月。**【产地】**海南、广西、云南、台湾及福建。东南亚地区至澳大利亚及邻近岛屿。**【其他观赏地点】**奇花园、混农林。

蔓荆 *Vitex trifolia*

【科属】唇形科（马鞭草科）牡荆属。**【简介】**落叶灌木，有香味，小枝四棱形，密生细柔毛。通常三出复叶，有时在侧枝上可有单叶。圆锥花序顶生，花序梗密被灰白色绒毛，花萼钟形，顶端5浅裂，花冠淡紫色或蓝紫色，外面及喉部有毛。花期7月，果期9—11月。**【产地】**福建、台湾、广东、广西、云南。印度、越南、菲律宾、澳大利亚。**【其他观赏地点】**民族园。

滇南冠唇花

肾 茶

球穗千斤拔 *Flemingia strobilifera*

【科属】豆科 千斤拔属。【简介】直立或近蔓延状灌木，高 0.3 ~ 3 m。单叶互生，近革质，卵形、卵状椭圆形、宽椭圆状卵形或长圆形，先端渐尖、钝或急尖，基部圆形或微心形。小聚伞花序包藏于贝状苞片内，复再排成总状或复总状花序，花小，白色。荚果椭圆形，膨胀。花期 1—2 月，果期 4—5 月。【产地】云南、贵州、广西、广东、海南、福建、台湾。南亚至东南亚地区。【其他观赏地点】野生花卉园。

喙荚鹰叶刺 *Guilandina minax* (*Caesalpinia minax*)

【科属】豆科 鹰叶刺属（广义云实属）。【常用别名】喙荚云实。【简介】有刺藤本。二回羽状复叶，羽片 5 ~ 8 对，小叶 6 ~ 12 对，椭圆形或长圆形，先端圆钝或急尖，基部圆形，微偏斜。总状花序或圆锥花序顶生，花瓣 5 枚，白色，有紫色斑点。荚果长圆形，果瓣表面密生针状刺。花期 3—5 月，果期 7 月。【产地】广东、广西、云南、贵州、四川。【其他观赏地点】藤本园、绿石林。

1 2

3

1. 球穗千斤拔 2, 3. 喙荚鹰叶刺

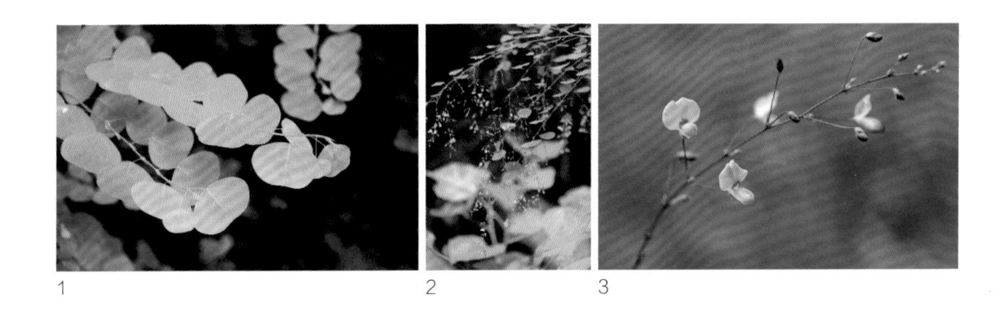

1 2 3

圆节肾叶山蚂蟥 *Huangtcia oblata* (*Desmodium oblatum*)

【科属】豆科 肾叶山蚂蟥属（山蚂蟥属）。**【常用别名】**肾叶山蚂蟥。**【简介】**亚灌木，高 30 ~ 50 cm。叶具单小叶，肾形或扁菱形，通常宽大于长，两端截形或先端微凹，或基部宽楔形。圆锥花序顶生或腋生总状花序，花冠白色至淡黄色或紫色。荚果狭长圆形，有荚节 2 ~ 5 枚。花期 9—11 月，果期 10—12 月。**【产地】**云南、海南、台湾。东南亚地区及大洋洲。**【其他观赏地点】**民族园。

长叶排钱树 *Phyllodium longipes*

【科属】豆科 排钱树属。**【简介】**灌木，高约 1 m。小叶革质，顶生小叶披针形或长圆形，先端渐狭而急尖，基部圆形或宽楔形，侧生小叶斜卵形。伞形花序有花 5 ~ 15 朵，藏于叶状苞片内，苞片斜卵形，花冠白色或淡黄色。荚果有荚节 2 ~ 5 枚。花期 8—9 月，果期 10—11 月。**【产地】**广东、广西、云南。东南亚地区。**【其他观赏地点】**民族园。

4 5

1, 2, 3. 圆节肾叶山蚂蟥　4, 5. 长叶排钱树

葫芦茶 *Tadehagi triquetrum*

【科属】豆科 葫芦茶属。【简介】灌木或亚灌木，茎直立，高 1 ~ 2 m。叶仅具单小叶，叶柄两侧有宽翅，小叶纸质，狭披针形至卵状披针形。总状花序顶生和腋生，长 15 ~ 30 cm。花冠紫红色，荚果有荚节 5 ~ 8 枚，荚节近方形。花期 6—10 月，果期 10—12 月。【产地】中国华南至西南地区。南亚和东南亚地区。

毛果杜英 *Elaeocarpus rugosus*

【科属】杜英科 杜英属。【简介】乔木，高达 30 m。叶聚生于枝顶，革质，倒卵状披针形，先端钝，基部窄而钝。总状花序有花 5 ~ 14 朵，花瓣倒披针形，先端 7 ~ 8 裂。核果椭圆形。花期 3—4 月，果期 9—12 月。【产地】云南、广东和海南。中南半岛及马来西亚。【其他观赏地点】能源园、名人园。

1 2

3

1, 2. 葫芦茶 3. 毛果杜英

1　2　3

4

5

波叶青牛胆 *Tinospora crispa*

【科属】防已科 宽筋藤属（青牛胆属）。【常用别名】波叶宽筋藤、瘤茎青牛胆。【简介】稍肉质的落叶藤本，常有细长的气根。叶阔卵状心形至心状近圆形，顶端短渐尖，两面无毛，掌状脉常 5 条。总状花序先叶抽出，常 2 ~ 3 个簇生，雌雄异株，花黄绿色。花期 3 月，果期 6—7 月。【产地】云南（西双版纳）。印度、中南半岛至马来群岛。

棱轴土人参 *Talinum fruticosum*

【科属】土人参科（马齿苋科）土人参属。【简介】多年生肉质草本，高 30 ~ 100 cm。叶互生，上部叶片近轮生状，倒卵形，全缘。总状花序，花瓣 5 枚，紫红色或白色，雄蕊多数，柱头 3 裂。蒴果圆球形。花期 6—9 月，果期 8—12 月。【产地】南美洲。

大鹤望兰 *Strelitzia nicolai*

【科属】鹤望兰科 鹤望兰属。【简介】茎干高达 8 m，木质。叶片长圆形，基部圆形，不等侧。花序腋生，花序上通常有 2 个大型佛焰苞，佛焰苞绿色而染红棕色，舟状，顶端渐尖，内有花 4 ~ 9 朵，萼片披针形，白色，箭头状花瓣天蓝色，中央的花瓣极小。花期 11 月—翌年 2 月。【产地】非洲南部。

1, 2, 3. 波叶青牛胆　4. 棱轴土人参　5. 大鹤望兰

棱轴土人参

大鹤望兰

假蒟 *Piper sarmentosum*

【科属】胡椒科　胡椒属。**【简介】**多年生、匍匐、逐节生根草本，小枝直立。叶近膜质，下部的阔卵形或近圆形，顶端短尖，基部心形，两侧近相等，叶脉 7 条，最上 1 对离基 1 ～ 2 cm 从中脉发出。花单性，雌雄异株，聚集成与叶对生的短穗状花序。浆果近球形。花期 4—11 月。**【产地】**福建、广东、广西、云南、贵州及西藏。东南亚地区。**【其他观赏地点】**榕树园。

同属植物

黄花胡椒 *Piper flaviflorum*

【简介】攀缘藤本。叶硬纸质，椭圆形或卵状长圆形，顶端渐尖，基部钝，两侧不等。花黄色，单性，雌雄异株，聚集成与叶对生的穗状花序，花序轴被硬毛。浆果球形，黄色。花期 11 月—翌年 4 月。**【产地】**云南。**【其他观赏地点】**藤本园、民族园、野菜园。

1　2

3　4

1, 2. 假蒟　3, 4. 黄花胡椒

1　　2

荜拔 *Piper longum*

【简介】攀缘藤本。叶纸质，下部的卵圆形，向上渐次为卵形至卵状长圆形，顶端渐尖，基部阔心形，有钝圆、相等的两耳，叶脉 7 条，均自基出，最内一对粗壮，向上几达叶片之顶。花单性，雌雄异株，聚集成与叶对生的穗状花序。浆果下部嵌生于花序轴中并与其合生。花期 7—10 月。【产地】云南。印度至中南半岛。【其他观赏地点】混农林、野菜园。

山蒟 *Piper hancei*

【简介】攀缘藤本。叶纸质或近革质，卵状披针形或椭圆形，顶端短尖或渐尖，基部渐狭，叶脉 5 ~ 7 条。花单性，雌雄异株，聚集成与叶对生的穗状花序。浆果球形，黄色。花期 3—8 月。【产地】浙江、福建、江西、湖南、广东、广西、贵州及云南。

3

1, 2. 荜拔　3. 山蒟

1

2

3

止泻木 *Holarrhena pubescens*

【科属】夹竹桃科 止泻木属。【简介】乔木，高达 10 m，全株具乳汁。叶膜质，对生，阔卵形至椭圆形，顶端急尖至钝或圆，基部急尖或圆形。伞房状聚伞花序顶生和腋生，着花稠密，花冠白色。蓇葖双生，长圆柱形，具白色斑点。花期 4—7 月，果期 6—12 月。【产地】云南。印度、缅甸、泰国、老挝、越南、柬埔寨、马来西亚。

蕊木 *Kopsia arborea*

【科属】夹竹桃科 蕊木属。【常用别名】云南蕊木。【简介】乔木，高达 15 m。叶革质，卵状长圆形，顶端急尖，基部阔楔形。聚伞花序顶生，花冠白色，内面喉部被长柔毛，裂片长圆形。核果未熟时绿色，成熟后变黑色，近椭圆形。花期 3—6 月，果期 7—12 月。【产地】云南、广东、海南及广西。【其他观赏地点】野花园。

1. 止泻木 2, 3. 蕊木

1 2

3

苏门答腊萝芙木 *Rauvolfia sumatrana*

【科属】夹竹桃科 萝芙木属。【简介】小乔木，高达 8 m，全株多乳汁。叶集生小枝上部，长椭圆形，先端渐尖，基部楔形。伞形状聚伞花序 3 ~ 6 个顶生，开展，花小，白色。核果长圆状圆球形。花期 2—4 月，果期 9—12 月。【产地】印度尼西亚、马来西亚。

西非羊角拗 *Strophanthus sarmentosus*

【科属】夹竹桃科 羊角拗属。【简介】藤状灌木，茎具栓皮。叶薄纸质，卵圆形或椭圆形，顶端急尖，基部圆形。花序生于侧枝顶端，花冠紫黄色，花冠筒钟状，花冠裂片顶端延长成一长尾带。花期 4—5 月。【产地】非洲。

1, 2. 苏门答腊萝芙木 3. 西非羊角拗

西非羊角拗

距花山姜 *Alpinia calcarata*

【科属】姜科 山姜属。**【简介】**丛生草本，高达 1.3 m。叶片线状披针形，长 20 ~ 32 cm，宽 2 ~ 3.5 cm，两面均无毛，无柄，叶舌长 8 ~ 15 mm。圆锥花序，下部的分枝上长 3 ~ 4 朵花，唇瓣白色，杂以美丽的玫瑰红及紫堇色斑纹。蒴果球形，红色。花期 3—5 月，果期 6—8 月。**【产地】**广东。印度、斯里兰卡。

同属植物

红豆蔻 *Alpinia galanga*

【常用别名】大高良姜。**【简介】**高达 2 m。叶片长圆形或披针形，顶端短尖或渐尖，基部渐狭。圆锥花序密生多花，每一分枝上有花 3 ~ 6 朵，花绿白色，有异味，唇瓣白色而有红线条，深 2 裂。果长圆形。花期 5—8 月，果期 9—11 月。**【产地】**台湾、广东、广西和云南等。亚洲热带地区。**【其他观赏地点】**民族园、姜园、混农林。

1，2. 距花山姜　3，4，5. 红豆蔻

1. 大叶山柰
2. 海南草珊瑚
3, 4. 落地生根

1

2

3

4

大叶山柰 *Kaempferia galanga* var. *latifolia*

【科属】姜科 山柰属。【简介】根茎块状，单生或数枚连接，芳香。叶通常 2 片贴近地面生长，近圆形，背面被毛。花 4 ～ 12 枚顶生，半藏于叶鞘中，花白色，有香味。花期 6—7 月。【产地】云南。【其他观赏地点】混农林。

海南草珊瑚 *Sarcandra glabra* subsp. *brachystachys*

【科属】金粟兰科 草珊瑚属。【简介】常绿半灌木，高 1 ～ 1.5 m。叶纸质，椭圆形，边缘有锯齿。穗状花序顶生，分枝少，对生，多少成圆锥花序状；雄蕊 1 枚，药隔背腹压扁成卵圆形，顶端常微凹，花药 2 室，药室几乎与药隔等长。核果卵形，熟时橙红色。花期 10 月—翌年 5 月，果期 3—8 月。【产地】云南、广东、广西和海南。泰国、老挝和越南。

落地生根 *Kalanchoe pinnata*

【科属】景天科 伽蓝菜属。【简介】多年生草本，高 40 ～ 150 cm。羽状复叶，小叶长圆形至椭圆形，边缘有圆齿。圆锥花序顶生，花下垂，花萼圆柱形，花冠高脚碟形，淡红色或紫红色。花期 1—3 月。【产地】马达加斯加。

1

2

艾纳香 *Blumea balsamifera*

【科属】菊科　艾纳香属。【简介】多年生草本或亚灌木，高 1 ~ 3m。下部叶宽椭圆形或长圆状披针形，基部渐狭，具柄，边缘有细锯齿。头状花序多数，排列成开展具叶的大圆锥花序，花黄色。花期 3—5 月，果期 5—6 月。【产地】福建、广东、广西、贵州、海南、台湾。南亚至东南亚地区。

穿心莲 *Andrographis paniculata*

【科属】爵床科　穿心莲属。【简介】一年生草本，高 50 ~ 80 cm，多分枝，节膨大。叶卵状矩圆形至矩圆状披针形，顶端略钝。总状花序顶生和腋生，集成大型圆锥花序，花冠白色而小，下唇带紫色斑纹，二唇形。蒴果扁，中有一沟。花期 8—11 月，果期 10 月—翌年 1 月。【产地】印度、斯里兰卡。

3

4

1，2. 艾纳香　3，4. 穿心莲

板蓝 *Strobilanthes cusia*

【**科属**】爵床科 马蓝属。【**常用别名**】南板蓝。【**简介**】多年生草本，高 0.3 ～ 1 m。叶对生，纸质，卵形、椭圆形，顶端短渐尖，基部楔形，边缘有稍粗的锯齿。穗状花序，花冠漏斗状，淡紫色。蒴果。花期 12 月—翌年 1 月，果期 3—4 月。【**产地**】南方大部分地区。东南亚地区。【**其他观赏地点**】树木园、沟谷雨林。

辣木 *Moringa oleifera*

【**科属**】辣木科 辣木属。【**简介**】乔木，高 3 ～ 12 m，根有辛辣味。叶通常为三回羽状复叶，羽片 4 ～ 6 对，小叶 3 ～ 9 枚，薄纸质，卵形，椭圆形或长圆形。花序广展，花白色，芳香，花瓣匙形。蒴果细长，下垂，3 瓣裂。花期 3—4 月，果期 6—12 月。【**产地**】印度。各热带地区。

1

2

3

1. 板蓝　2, 3. 辣木

1 2 3 4 5

竹叶兰 *Arundina graminifolia*

【科属】兰科 竹叶兰属。【简介】地生兰。高 1 ~ 2 m。茎直立，具多枚叶，叶线状披针形，薄革质或坚纸质，先端渐尖，基部具圆筒状的鞘。花粉红色或略带紫色或白色。蒴果近长圆形。花期 6—11 月，果期 10 月—翌年 1 月。【产地】中国南部地区。东南亚等地区。【其他观赏地点】荫生园、民族园、百花园。

竹节蓼 *Muehlenbeckia platyclada* (*Homalocladium platycladum*)

【科属】蓼科 千叶兰属（竹节蓼属）。【常用别名】扁竹蓼。【简介】常绿蔓性灌木，茎绿色，扁平而有节，通常无叶，有时可见未退化的叶子呈箭形。花小，白色至浅粉色，数朵簇生于两侧茎节处。花期 4—5 月。【产地】巴布亚新几内亚及所罗门群岛。【其他观赏地点】奇花园。

1, 2. 竹叶兰　3, 4, 5. 竹节蓼

荨麻叶假马鞭 *Stachytarpheta urticifolia*

【科属】马鞭草科　假马鞭属。【简介】多年生常绿亚灌木，幼枝近四方形，叶片厚纸质，椭圆形至卵状椭圆形。穗状花序顶生，花冠深蓝紫色，顶端5裂，裂片平展。花期5—8月，果期9—12月。【产地】美洲热带地区。【其他观赏地点】树木园、民族园。

马钱子 *Strychnos nux-vomica*

【科属】马钱科　马钱属。【简介】常绿乔木。叶片纸质，宽椭圆形至卵形，基出脉3～5条。圆锥状聚伞花序腋生，花冠淡绿色，5裂。浆果圆球状，成熟时黄色，内有种子1～4颗。花期4—5月，果期8月—翌年1月。【产地】印度。

1, 2. 荨麻叶假马鞭　3, 4. 马钱子

锡兰莲 *Clematis zeylanica*

【**科属**】毛茛科 锡兰莲属。【**简介**】木质藤本。茎圆柱形，有纵沟纹。小叶片卵圆形或心形，边缘全缘。圆锥花序顶生或腋生，长达 40 cm。花开展，直径 1 cm；萼片 4 枚，淡黄绿色，花瓣 8 ~ 10 枚，顶端微膨大成棒状或匙形。瘦果纺锤形，宿存羽毛状花柱长达 3 cm。花期 10—11 月，果期 11—12 月。【**产地**】云南南部。印度、尼泊尔、不丹。【**其他观赏地点**】树木园。

大叶木兰 *Lirianthe henryi* (*Magnolia henryi*)

【**科属**】木兰科 长喙木兰属（木兰属）。【**常用别名**】大叶玉兰、思茅玉兰。【**简介**】常绿乔木。叶革质，倒卵状长圆形，先端圆钝或急尖，基部阔楔形。花被片 9 枚，外轮 3 片绿色，中内 2 轮乳白色，厚肉质。聚合果卵状椭圆体形。花期 5—6 月，果期 7—9 月。【**产地**】云南。【**其他观赏地点**】名人园、综合区、沟谷雨林。

1, 2. 锡兰莲　3, 4. 大叶木兰

1. 木莲　2. 白兰
3. 醉香含笑

1　　2

3

木莲 *Manglietia fordiana*

【科属】木兰科　木莲属。【简介】常绿乔木。叶革质，叶狭倒卵形。花单生枝顶，花被片 9 枚，纯白色，每轮 3 片，稍肉质。聚合蓇葖果卵球形。花期 5 月，果期 10 月。【产地】中国长江以南。越南。

白兰 *Michelia* × *alba*

【科属】木兰科　含笑属。【常用别名】白缅桂，白兰花。【简介】常绿乔木。叶薄革质，长椭圆形或披针状椭圆形，先端长渐尖或尾状渐尖，基部楔形。花白色，极香。花被片 10 枚，披针形。花期 4—9 月。【产地】印度尼西亚爪哇岛。【其他观赏地点】国花园、民族园、能源园。

同属植物

醉香含笑 *Michelia macclurei*

【简介】常绿大乔木，高达 20 m。芽、嫩枝、叶柄、托叶及花梗均被紧贴而有光泽的红褐色短绒毛。叶革质，倒卵形；花常 2 ~ 3 枚组成聚伞花序，花被片白色，通常 9 枚，匙状倒卵形或倒披针形；雄蕊花丝红色；雌蕊群柄密被褐色短绒毛；蓇葖果长圆形、倒卵状长圆柱形。花期 3—4 月，果期 9—11 月。【产地】云南、广东、广西、海南。

1, 2. 观光木　3, 4. 大叶火筒树

观光木 *Michelia odora*

【**简介**】常绿大乔木，高达 25 m；小枝、芽、叶柄、叶面中脉、叶背和花梗均被黄棕色糙伏毛。叶片倒卵状椭圆形；花芳香；花被片象牙黄色，有红色小斑点，狭倒卵状椭圆形，花丝白色或带红色；雌蕊 9 ~ 13 枚，狭卵圆形，密被平伏柔毛，雌蕊群柄粗壮，密被糙伏毛。聚合果长椭圆柱形。花期 2—3 月，果期 10—12 月。【**产地**】云南、广东、广西、海南、福建等。越南。【**其他观赏地点**】能源园。

大叶火筒树 *Leea macrophylla*

【**科属**】葡萄科（火筒树科）火筒树属。【**简介**】直立灌木。小枝圆柱形，有纵棱纹。叶常为单叶，阔卵圆形，侧脉 12 ~ 15 对。伞房状聚伞花序与叶对生，花冠绿白色。果实扁球形。花期 6—8 月，果期 8—10 月。【**产地**】云南。印度、尼泊尔至中南半岛。

1, 2. 靛榄
3. 洋金花

靛榄 *Genipa americana*

【科属】茜草科 靛榄属。【简介】常绿乔木。叶纸质，倒卵状长圆形，常聚生枝顶。聚伞花序顶生，花序柄短于叶。花冠白色或黄色，喉部密被柔毛。花期 5—7 月，果期 9—12 月。【产地】南美洲热带地区。

洋金花 *Datura metel*

【科属】茄科 曼陀罗属。【简介】亚灌木。叶卵形或广卵形，边缘有不规则的短齿或浅裂。花常单生叶腋，花冠喇叭形，直立，花白色或紫色，另有重瓣品种常见栽培。蒴果近球形，疏生粗短刺。花果期几乎全年。【产地】中美洲、南美洲。【其他观赏地点】奇花园。

重瓣洋金花

1. 冬青叶大风子　2. 长叶竹根七

冬青叶大风子 *Hydnocarpus ilicifolius*

【科属】青钟麻科（大风子科）大风子属。【简介】常绿乔木。叶片革质，椭圆状长圆形，叶缘具锐尖锯齿。雌雄花同株。花单性，雌雄异株，花单生或 2 ~ 3 枚组成聚伞状。花期 4—6 月，果期几乎全年。【产地】东南亚地区。【其他观赏地点】百香园。

长叶竹根七 *Disporopsis longifolia*

【科属】天门冬科（百合科）竹根七属。【简介】多年生草本。根状茎连珠状，地上茎直立，叶纸质，椭圆形、椭圆状披针形。花 5 ~ 10 朵，簇生于叶腋，白色。浆果卵状球形，熟时白色。花期 5—6 月，果期 10—12 月。【产地】广西、云南。越南、老挝、泰国。【其他观赏地点】树木园。

美登木 *Gymnosporia acuminata* (Maytenus hookeri)

【科属】卫矛科 美登木属（牛杞木属）。【简介】常绿灌木。叶椭圆形或长圆状卵形，边缘有浅锯齿。聚伞花序丛生于短枝，花小，白绿色，5 基数。蒴果扁，倒心形或倒卵圆形。花期 12 月—翌年 1 月，果期 6—11 月。【产地】云南。缅甸和印度。【其他观赏地点】名人园。

同属植物

密花美登木 *Gymnosporia confertiflora*

【简介】灌木，高达 4 m，小枝有刺。叶阔椭圆形或倒卵形，长 11 ~ 24 cm，边缘具浅波状圆齿。聚伞花序多数集生叶腋或老茎上，有花多至 60 朵，花白色，柱头 3 裂。蒴果淡绿带紫色，三角球状，种子白色。【产地】广西。

1, 2. 美登木　3, 4. 密花美登木

倒地铃 *Cardiospermum halicacabum*

【科属】无患子科 倒地铃属。【简介】草质攀缘藤本。二回三出复叶，轮廓为三角形。小叶近无柄，薄纸质，顶端渐尖，边缘有疏锯齿。圆锥花序少花，花单性，雌雄同株。花瓣4枚，白色，两两成对。蒴果膨胀成囊状，3室，果皮膜质或纸质。花期6—10月，果期9月—翌年3月。【产地】中国华南和西南地区。世界热带和亚热带。

叶团扇 *Brasiliopuntia brasiliensis* (*Opuntia brasiliensis*)

【科属】仙人掌科 戒尺掌属（仙人掌属）。【常用别名】猪耳掌。【简介】常绿乔木状，具长圆柱形的木质树干。分枝二型，侧生分枝呈水平伸展，圆柱形，顶端分枝的茎节扁平，叶状。嫩茎节极薄，刺座散生于茎节上，通常生1 ~ 2枚针刺。花生于茎节的上部，花瓣黄色。浆果球形，熟时黄色。花期4—5月。【产地】南美洲。

1, 2. 倒地铃 3, 4. 叶团扇

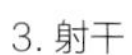

1. 密蒙花
2. 红葱
3. 射干

1

2

3

密蒙花 *Buddleja officinalis*

【科属】玄参科 醉鱼草属。**【简介】**常绿灌木。小枝、叶下面、叶柄和花序均密被灰白色星状短绒毛。叶对生，叶片纸质，长圆状披针形。花多而密集，组成顶生聚伞圆锥花序，花冠淡紫色，后变淡黄白色，花冠管圆筒形，被疏柔毛。蒴果。花期 3—4 月，果期 5—8 月。**【产地】**黄河以南多地。缅甸和越南。**【其他观赏地点】**民族园。

红葱 *Eleutherine bulbosa*

【科属】鸢尾科 红葱属。**【简介】**常绿多年生草本。鳞茎卵圆形，紫红色，无膜质包被。叶宽披针形或宽条形，4 ~ 5 条纵脉平行而突出，使叶表面呈现明显的皱褶。聚伞花序生于花茎的顶端，花白色，无明显的花被管，花被片 6 枚，2 轮排列，内、外花被片近于等大。花期 6 月。**【产地】**西印度群岛至南美洲热带。**【其他观赏地点】**民族园。

射干 *Iris domestica*

【科属】鸢尾科 鸢尾属（射干属）。**【简介】**多年生草本。根状茎为不规则的块状。叶互生，嵌迭状排列，剑形。花序顶生，叉状分枝，每分枝的顶端聚生有数朵花。花橙红色，散生暗红色斑点，花被裂片 6 枚，2 轮排列。蒴果倒卵形，种子黑色有光泽。花期 6—8 月，果期 7—9 月。**【产地】**中国大部分地区。东亚、南亚及东南亚地区。

红 葱

名人名树园

名人名树园（简称“名人园”）占地面积约 54 亩，共收集展示 340 种（含品种）热带植物，该园以党和国家领导人、社会知名人士、国内外知名学者手植的名贵树木为主要特色。自 1986 年英国爱丁堡公爵菲利普亲王在此种下了第 1 棵留念树——望天树以来，陆续有多位各国领导人、知名学者种下 47 棵具有纪念意义的树木，其中包括江泽民同志手植的海红豆、李鹏同志手植的铁力木、李瑞环同志手植的垂叶榕、刘云山同志手植的大果紫檀等。

名人名树园同时也是版纳植物园西区的老办公区，环境教育中心及园林园艺中心办公楼坐落于此。其中，环境教育中心一楼的展厅同时也是版纳植物园对外宣传和展示的窗口，这里会不定期举办各类展览性活动，包括青年科学节、雨林绘画作品展、生物多样性方面的展览等。

何其美鹿角蕨 *Platycerium holttumii*

【**科属**】水龙骨科（鹿角蕨科） 鹿角蕨属。【**简介**】常绿多年生附生性草本。叶二型，营养叶直立向上，无柄，具有宽阔的圆形叶片，基部膨大，覆瓦状，顶端二叉状浅裂。孢子叶常下垂，长25 ~ 100 cm，第一级分裂上、下两个不等大的主要分支，分支顶端均有二叉状分裂。孢子囊群斑块位于裂片先端。【**产地**】中南半岛。【**其他观赏地点**】荫生园。

1

2

3

苏铁蕨 *Brainea insignis*

【科属】乌毛蕨科 苏铁蕨属。【简介】大型地生蕨。主轴直立，黑褐色，木质而坚实。叶簇生于主轴的顶部，叶片轮廓椭圆披针形，长 50 ~ 100 cm，一回羽状。羽片 30 ~ 50 对，线状披针形至狭披针形，先端长渐尖。孢子囊群沿主脉两侧的小脉着生。【产地】广东、广西、云南、福建、台湾等。亚洲热带地区。【其他观赏地点】名人园。

白雪木 *Euphorbia leucocephala*

【科属】大戟科 大戟属。【简介】落叶小灌木。叶轮生于小枝上，叶具长柄，长椭圆形，上面绿色，背面银白色，全缘。苞片白色，后期变为粉红色，杯状聚伞花序，花被白色。蒴果。花期 11 月—翌年 1 月。【产地】墨西哥及中美洲。【其他观赏地点】藤本园。

1. 苏铁蕨 2，3. 白雪木

1, 2. 雌花
3. 雄花
4. 果
5. 植株

希陶木 *Tsaiodendron dioicum*

【科属】大戟科 希陶木属。**【简介】**常绿灌木，多分枝。叶菱状椭圆形，集生于短枝上，先端钝尖、基部阔楔形至圆形，边缘具圆锯齿。雌雄异株，花单生于短枝顶端，无花瓣，雄花花丝细长，雌花花柱 3 枚，柱头多分裂。花期 6—7 月，果期 7—10 月。**【产地】**云南。

海红豆 *Adenanthera microsperma*

【**科属**】豆科 海红豆属。【**常用别名**】红豆。【**简介**】落叶乔木。二回羽状复叶，小叶卵圆形。总状花序，花小，白色或黄色，有香味。荚果狭长圆形，盘旋，种子鲜红色，有光泽。花期 4—7 月，果期 7—10 月。【**产地**】云南、贵州、广西、广东、福建和台湾。东南亚地区。【**其他观赏地点**】名人园、百花园、国花园。

爪哇腊肠树 *Cassia javanica* (*Cassia javanica* subsp. *nodosa*)

【**科属**】豆科 腊肠树属。【**常用别名**】粉花山扁豆、节荚决明、爪哇决明。【**简介**】落叶的树木，高约 10 m，有时达 30 m。羽状复叶，小叶 5 ~ 12 对，小叶长圆状椭圆形，近革质，顶端圆钝，微凹，边全缘。伞房状总状花序腋生，花瓣深黄色，长卵形。荚果圆筒形。花期 5—6 月。【**产地**】广西、云南。东南亚地区。【**其他观赏地点**】百花园、能源园、藤本园。

1　2　3

4

1, 2, 3. 海红豆　4. 爪哇腊肠树

格木 *Erythrophleum fordii*

【科属】豆科 格木属。【简介】乔木，高约 10 m，有时可达 30 m。叶互生，二回羽状复叶，羽片通常 3 对，对生或近对生，每羽片有小叶 8 ~ 12 片，小叶互生，卵形或卵状椭圆形。圆锥花序，花瓣 5 枚，淡黄绿色。荚果。花期 5—6 月，果期 8—10 月。【产地】广西、广东、福建、台湾、浙江等。越南。【其他观赏地点】树木园。

海南红豆 *Ormosia pinnata*

【科属】豆科 红豆属。【简介】常绿乔木或灌木，高 3 ~ 18 m，稀达 25 m。奇数羽状复叶，小叶 3 ~ 4 对，薄革质，披针形，先端钝或渐尖。圆锥花序顶生，花冠粉红色而带黄白色。荚果，种子橙红色。花期 7—8 月，果期 9 月—翌年 3 月。【产地】广东、海南、广西。越南、泰国。【其他观赏地点】能源园。

大果紫檀 *Pterocarpus macrocarpus*

【科属】豆科 紫檀属。【简介】乔木，高 15 ~ 25 m。羽状复叶，小叶 5 ~ 6 对，卵形，先端渐尖，基部圆形。圆锥花序顶生或腋生，多花，花冠黄色，边缘皱波状。荚果圆形，扁平，偏斜。花期 4—5 月，果期 9—10 月。【产地】柬埔寨、老挝、缅甸、泰国、越南。【其他观赏地点】百花园、树木园。

1, 2, 3. 格木 4. 海南红豆 5. 大果紫檀

海南红豆

大果紫檀

铁力木 *Mesua ferrea*

【科属】红厚壳科（藤黄科）铁力木属。**【简介】**常绿乔木，具板状根，高 20 ~ 30 m。叶嫩时黄色带红，老时深绿色，革质，通常下垂，披针形或狭卵状披针形至线状披针形。花两性，1 ~ 2 朵顶生或腋生，萼片 4 枚，花瓣 4 枚，白色。果卵球形或扁球形。花期 3—5 月，果期 8—10 月。**【产地】**云南、广东、广西等，通常零星栽培。从印度、斯里兰卡、孟加拉国、泰国至马来半岛等地。**【其他观赏地点】**能源园、民族园、国花园。

大叶竹节树 *Carallia garciniifolia*

【科属】红树科 竹节树属。【简介】常绿乔木。叶革质，阔椭圆形，顶端短尖或凸尖而钝，基部阔楔形，全缘或中部以上有明显或不明显的小齿，幼树新叶边缘具睫毛状齿。花序具总花梗，2 ~ 3 次三歧分枝，花无梗，3 ~ 4 朵簇生，花瓣白色，边缘皱褶和啮蚀状。花期 1—3 月，果期 5—6 月。【产地】广西、云南。【其他观赏地点】综合区。

巴拿马草 *Carludovica palmata*

【科属】环花草科 巴拿马草属。【简介】多年生常绿草本，高 2 ~ 4 m。地下根状茎密集丛生，叶片掌状分裂，浅裂或至近基部。肉穗状花序长 20 ~ 50 cm，未开放时由 3 ~ 4 枚大苞片包裹。雌雄花均位于同一花序中，雄花具 30 ~ 55 枚密集排列的雄蕊，花丝极短；雌花花柱极长，未开放时在花序外围卷曲排列，后逐渐开展伸出。浆果成熟时红色。花期 3—5 月，果期 6—8 月。【产地】中美洲、南美洲。【其他观赏地点】国花园、民族园。

1

2

3

4

1，2. 大叶竹节树　3，4. 巴拿马草

1　　2　　3

红唇花 *Justicia brasiliana*

【**科属**】爵床科 爵床属。【**简介**】常绿小灌木，小枝平展。叶对生，卵形至卵状披针形，先端长渐尖，基部楔形。花序腋生，花冠二唇形，红色，上唇伸直，下唇弯曲。花期6—9 月。【**产地**】非洲。【**其他观赏地点**】奇花园、藤本园。

香青梅 *Vatica odorata*

【**科属**】龙脑香科 青梅属。【**简介**】常绿乔木，叶革质，全缘，长圆状披针形，先端渐尖。圆锥花序生于枝顶，花梗密被黄色星状毛。花瓣 5 枚，镊合状排列，白色，芳香。果实球形，具 2 枚长果翅。花期 3—4 月，果期 5—7 月。【**产地**】东南亚地区。【**其他观赏地点**】龙脑香园。

4

1. 红唇花　2，3，4. 香青梅

1. 竹柏
2, 3. 肉托竹柏
4, 5. 夜香木兰

1 2 3 4 5

竹柏 *Nageia nagi*

【科属】罗汉松科 竹柏属。【简介】常绿乔木。叶近对生，革质，长卵形。雄球花穗状圆柱形，单生叶腋，常呈分枝状，雌球花单生叶腋，稀成对腋生。种子圆球形，成熟时假种皮暗紫色，有白粉。花期 3—4 月，种子 10 月成熟。【产地】浙江、福建、江西、湖南、广东、广西、四川。日本。【其他观赏地点】名人园。

同属植物

肉托竹柏 *Nageia wallichiana*

【简介】常绿乔木。叶近对生，厚革质，披针状卵形或卵形。雄球花穗状，常 3 ~ 5 个簇生在一起；雌球花单生叶腋。种子近球形，着生于肥厚肉质种托上。花期 4 月，种子翌年 2—3 月成熟。【产地】云南。东南亚地区。【其他观赏地点】裸子区。

夜香木兰 *Lirianthe coco*

【科属】木兰科 长喙木兰属。【简介】常绿灌木或小乔木，高 2 ~ 4 m。叶革质，椭圆形，狭椭圆形或倒卵状椭圆形。花圆球形，直径 3 ~ 4 cm，花被片 9 枚，肉质，倒卵形，外面的 3 枚带绿色，内 2 轮 6 枚纯白色；聚合蓇葖果长约 3 cm。花期 6—8 月。【产地】福建、广东、广西、台湾、浙江、云南。越南。

棱萼紫薇 *Lagerstroemia floribunda*

【**科属**】千屈菜科 紫薇属。【**常用别名**】多花紫薇。【**简介**】常绿乔木。大型圆锥花序顶生，花萼钟形，有数条棱状突起。花瓣紫红色，6 枚，蒴果。花期 5—7 月，果期 10—11 月。【**产地**】缅甸、泰国、马来西亚。

马蛋果 *Gynocardia odorata*

【科属】青钟麻科（大风子科） 马蛋果属。**【简介】**常绿乔木。叶革质，长椭圆形。花淡黄色，芳香，顶生或簇生于枝干上，花瓣5枚，雄蕊多数。浆果黄褐色，球形，果皮厚，木质化。花期9月，果期10月—翌年2月。**【产地】**云南、西藏。印度、不丹、缅甸。**【其他观赏地点】**综合区。

金花茶 *Camellia petelotii*

【科属】山茶科 山茶属。**【常用别名】**中东金花茶。**【简介】**常绿灌木。叶革质，长圆形或披针形，或倒披针形，先端尾状渐尖，基部楔形，边缘有细锯齿。花黄色，腋生，花瓣8～12枚，近圆形。花期11—12月。**【产地】**广西。越南。**【其他观赏地点】**野花园。

小叶柿 *Diospyros mollis*

【科属】柿科 柿属。**【常用别名】**非洲乌木。**【简介】**常绿乔木。叶互生，薄革质，卵圆形或椭圆形。花常单朵着生于枝顶叶腋，花冠黄色，裂片4枚。果实近球形，成熟时黑色。花期4—5月，果期8—10月。**【产地】**斯里兰卡、印度、安达曼和尼科巴群岛。**【其他观赏地点】**树木园。

1, 2, 3. 马蛋果　4. 金花茶　5. 小叶柿

金花茶

乌木

1　　2

倒披针叶蒲桃 *Syzygium oblancilimbum*

【科属】桃金娘科　蒲桃属。【简介】常绿灌木。叶革质，倒披针形。聚伞花序顶生，有花数朵。花小，白色，直径约 1 cm。果实球形，熟时紫黑色。花期 5—6 月，果期 9 月。【产地】云南。

大叶藤黄 *Garcinia xanthochymus*

【科属】藤黄科　藤黄属。【简介】常绿乔木。叶厚革质，具光泽，椭圆形。伞房状聚伞花序，花两性，5 基数，黄绿色。浆果圆球形或卵球形，成熟时黄色，顶端突尖，有时偏斜。花期 3—5 月，果期 8—11 月。【产地】云南及广西。东南亚地区。【其他观赏地点】民族园、能源园。

3

4　　5

1, 2. 倒披针叶蒲桃
3, 4, 5. 大叶藤黄

1, 2. 猪油果
3. 斯里兰卡天料木
4. 老鸦烟筒花

1

2

3

4

猪油果 *Pentadesma butyracea*

【科属】藤黄科 猪油果属。**【简介】**常绿乔木，分枝低，长而平展，树冠圆锥形。叶片革质，长圆状披针形。花大型，直径 4 ~ 6 cm，5 基数，5 ~ 12 朵着生于枝条顶端。花淡黄色，花丝基部联合成 5 束。浆果，成熟时棕褐色，斜卵球形。花期 11 月—翌年 6 月，果期 5—7 月。**【产地】**非洲热带地区。**【其他观赏地点】**能源园。

斯里兰卡天料木 *Homalium ceylanicum*

【科属】杨柳科（大风子科）天料木属。**【常用别名】**红花天料木、光叶天料木。**【简介】**常绿乔木。叶薄革质至厚纸质，椭圆形至长圆形，先端钝，急尖或短渐尖，基部宽楔形至近圆形，边缘全缘或具极疏钝齿。花多数，总状花序腋生，花瓣 5 ~ 6 枚，线状长圆形。花期 4—6 月。**【产地】**广东、广西、云南、湖南等。南亚至东南亚地区。**【其他观赏地点】**树木园。

老鸦烟筒花 *Millingtonia hortensis*

【科属】紫葳科 老鸦烟筒花属。**【简介】**常绿乔木，树皮粗糙。二至三回羽状复叶，小叶椭圆形或卵状长圆形。聚伞圆锥花序顶生，花冠白色，花冠筒细长。蒴果线形。花期 9—10 月，果期 11—12 月。**【产地】**云南南部。南亚至东南亚地区。**【其他观赏地点】**百香园、民族园。

老鸦烟筒花

国树国花园

国树、国花是指被选作代表一个国家文化形象的树木或花卉。世界上有100多个国家拥有自己的国树或国花，但由于各国的历史背景和文化传统不同，被选作国树或国花的植物不同，象征的意义也不一样。有的是国家和民族的精神象征，反映一个民族的文化传统、审美观和价值观，有的反映一个国家的自然面貌和文化传统与民族习俗。

国树国花园（简称“国花园”）于1999年建立，占地面积约20亩，主要收集展示世界各国适宜种植的国树的国花。该园按世界六大洲所拥有的国树、国花来规划分区，以道路作为各区的分界线，分为亚洲、南美洲、北美洲、大洋洲、非洲、欧洲6个收集区，共收集保存有66个国家的55种国树和国花（或其同属近缘种）。各种国树、国花齐聚一堂，争奇斗艳，使得来自五湖四海的游客可在这里欣赏到各国的国树、国花。

腊肠树 *Cassia fistula*

【国花】泰国的国花。

【科属】豆科 腊肠树属。【常用别名】阿勃勒。【简介】落叶小乔木或中等乔木，高可达 15 m。羽状复叶，小叶对生，薄革质，阔卵形，卵形或长圆形，顶端短渐尖而钝，基部楔形，边全缘。总状花序，花与叶同时开放，花瓣黄色。荚果圆柱形。花期 6—8 月，果期 10 月。【产地】泰国、印度、缅甸和斯里兰卡。【其他观赏地点】百花园、藤本园、能源园。

凤凰木 *Delonix regia*

【国花】马达加斯加的国花。

【科属】豆科 凤凰木属。【常用别名】红花楹。【简介】高大落叶乔木，高达 20 m。二回偶数羽状复叶，羽片对生，15 ~ 20 对，小叶 25 对，长圆形，先端钝，基部偏斜，边全缘。伞房状总状花序，花鲜红色至橙红色，花瓣 5 枚，红色，具黄色及白色花斑。荚果带形，扁平。花期 5—7 月，果期 8—10 月。【产地】马达加斯加。【其他观赏地点】百花园、民族园、荫生园。

1, 2, 3. 腊肠树 4, 5, 6, 7. 凤凰木

鸡冠刺桐 *Erythrina crista-galli*

【国花】阿根廷、乌拉圭的国花。

【科属】豆科 刺桐属。【简介】落叶灌木或小乔木。羽状复叶具 3 枚小叶，小叶长卵形或披针状长椭圆形，先端钝，基部近圆形。花与叶同出，总状花序顶生，花深红色，花萼钟状，先端 2 浅裂。荚果。花果期 3—12 月。【产地】巴西。【其他观赏地点】百花园。

同属植物

龙牙花 *Erythrina corallodendron*

【简介】灌木或小乔木，高 3 ~ 5 m。羽状复叶具 3 枚小叶，小叶菱状卵形，先端渐尖而钝或尾状，基部宽楔形。总状花序腋生，花深红色，花萼钟状，旗瓣长椭圆形，翼瓣短。花期 3—6 月。【产地】南美洲。【其他观赏地点】百花园。

1

2

3

1，2. 鸡冠刺桐 3. 龙牙花

1 2 3 4

金合欢 *Vachellia farnesiana* (*Acacia farnesiana*)

【科属】豆科 金合欢属(相思树属)。**【简介】**灌木或小乔木，高2～4 m，小枝常呈“之”字形弯曲。二回羽状复叶，羽片4～8对，小叶通常10～20对，线状长圆形。头状花序1或2～3个簇生于叶腋，花黄色，有香味。荚果膨胀，近圆柱状。花期3—6月，果期7—11月。花期8月—翌年3月。**【产地】**美洲热带地区。**【其他观赏地点】**百香园。

锦绣杜鹃 *Rhododendron* × *pulchrum*

【科属】杜鹃花科 杜鹃花属。**【常用别名】**毛鹃。**【简介】**半常绿灌木，高约2 m。叶薄革质，椭圆状长圆形至椭圆状披针形或长圆状倒披针形，先端钝尖，基部楔形，边缘反卷，全缘。伞形花序顶生，有花1～5朵，花冠玫瑰紫色，阔漏斗形。蒴果长圆状卵球形。花期1—3月。**【其他观赏地点】**百花园。

1, 2. 金合欢　3, 4. 锦绣杜鹃

旅人蕉 *Ravenala madagascariensis*

【国树】马达加斯加的国树。

【科属】鹤望兰科 旅人蕉属。【常用别名】芭蕉扇。【简介】棕榈状，高 5 ~ 6 m，原产地高达 30 m。叶 2 行排列于茎顶，像一把大折扇，叶片长圆形，似蕉叶。花序腋生，花序轴每边有佛焰苞 5 ~ 6 枚，佛焰苞内有花 5 ~ 12 朵，排成蝎尾状聚伞花序，花瓣与萼片相似。果实成熟后开裂，假种皮蓝色。花期 9—10 月。【产地】马达加斯加。【其他观赏地点】名人园、荫生园、奇花园。

红鸡蛋花 *Plumeria rubra*

【国花】老挝的国花。

【科属】夹竹桃科 鸡蛋花属。【常用别名】缅栀子。【简介】落叶小乔木，高约 5 m，最高可达 8 m。叶厚纸质，长圆状倒披针形或长椭圆形，顶端短渐尖，基部狭楔形。聚伞花序顶生，花红色至橙红色。花期 5—10 月。另常见栽培鸡蛋花 *P. rubra* 'Acutifolia'，花冠白色，喉部黄色。【产地】墨西哥至委内瑞拉。【其他观赏地点】百花园、名人园。

1, 2, 3. 旅人蕉 4, 5. 红鸡蛋花

吉贝 *Ceiba pentandra*

【**科属**】锦葵科（木棉科） 吉贝属。【**常用别名**】爪哇木棉、美洲木棉。【**简介**】落叶大乔木，高达 30 m。掌状复叶，小叶 5 ~ 9 枚，长圆披针形，短渐尖，基部渐尖，全缘或近顶端有极疏细齿。花先叶或与叶同时开放，花瓣倒卵状长圆形，外面密被白色长柔毛。蒴果长圆形。花期 12 月—翌年 1 月，果期 4—7 月。【**产地**】中美洲、南美洲。【**其他观赏地点**】百花园。

吊芙蓉 *Dombeya wallichii*

【**科属**】锦葵科（梧桐科） 非洲芙蓉属。【**常用别名**】非洲芙蓉。【**简介**】常绿大灌木或小乔木，高 2 ~ 3 m。单叶互生，心形，叶面粗糙，叶缘有钝锯齿。伞形花序从叶腋间伸出，悬垂，花粉红色至红色，花瓣 5 枚。蒴果。花期 12 月—翌年 3 月。【**产地**】东非及马达加斯加等。【**其他观赏地点**】百花园、能源园、奇花园。

1, 2, 3. 吉贝　4. 吊芙蓉

朱槿 *Hibiscus rosa-sinensis*

【国花】马来西亚的国花。

【科属】锦葵科 木槿属。**【常用别名】**扶桑、大红花。**【简介】**常绿灌木，高 1 ~ 3 m。叶阔卵形或狭卵形，先端渐尖，基部圆形或楔形，边缘具粗齿或缺刻。花单生于上部叶腋间，常下垂，花冠漏斗形，玫瑰红色或淡红色、淡黄色等。蒴果。花期几乎全年。**【产地】**瓦努阿图，世界热带和亚热带地区。**【其他观赏地点】**百花园。

同属植物

木槿 *Hibiscus syriacus*

【国花】韩国的国花。

【常用别名】朝开暮落花。**【简介】**落叶灌木，高 3 ~ 4 m。叶菱形至三角状卵形，具深浅不同的 3 裂或不裂，先端钝，基部楔形，边缘具不整齐齿缺。花单生于枝端叶腋间，花钟形，淡紫色，花瓣倒卵形。蒴果。花期 5—10 月。**【产地】**中国南部。**【其他观赏地点】**百花园。

1, 2, 3. 朱槿　4. 木槿

1, 2. 海南椴
3. 茉莉花

1

2

3

海南椴 *Pityranthe trichosperma* (*Diplodiscus trichospermus*)

【科属】锦葵科（椴树科）锡兰椴属（独子椴属）。【简介】常绿乔木。叶薄革质，卵圆形，先端渐尖或锐尖，基部微心形或截形，基出脉 5 ~ 7 条。圆锥花序顶生，花瓣黄或白色，雄蕊 20 ~ 30 枚。蒴果倒卵形，有 4 ~ 5 棱。花期 6—8 月，果期 8—12 月。【产地】海南、广西。

茉莉花 *Jasminum sambac*

【国花】菲律宾的国花。

【科属】木樨科 素馨属。【简介】常绿蔓性灌木。叶对生，单叶，叶片纸质，圆形、椭圆形、卵状椭圆形或倒卵形，两端圆或钝，基部有时微心形。聚伞花序顶生，花冠白色。果球形。花期 3—8 月。【产地】印度。【其他观赏地点】百香园、南药园、名人园、奇花园、民族园、藤本园。

1

2

石榴 *Punica granatum*

【国花】利比亚的国花。

【科属】千屈菜科　石榴属。【常用别名】安石榴。【简介】落叶灌木。叶通常对生，纸质，矩圆状披针形。花大，花瓣红色。浆果近球形。花期 4—6 月，果期 6—8 月。【产地】巴尔干半岛至伊朗及其邻近地区。【其他观赏地点】百果园。

现代月季 *Rosa hybrida*

【国花】美国的国花。

【科属】蔷薇科　蔷薇属。【简介】直立灌木，小枝近无毛，有短粗钩状皮刺。羽状复叶有小叶 3 ~ 5 枚。花数朵排列成聚伞花序，花单瓣至重瓣，红、粉或白色。花期几乎全年。【产地】其重要亲本之一产自中国。园艺品种众多，世界各地广泛栽培。【其他观赏地点】藤本园。

嘉兰 *Gloriosa superba*

【国花】津巴布韦的国花。

【科属】秋水仙科（百合科）嘉兰属。【简介】多年生草本。地下具根茎块状，地上茎直立。叶披针形，叶尖具卷须，可攀缘。花美丽，单生于上部叶腋，花被片条状披针形，向后反折，边缘皱波状，上半部亮红色，下半部黄色。花期 7—8 月，果期 8—9 月。【产地】云南南部。南亚、东南亚及非洲热带地区。【其他观赏地点】民族园、南药园、奇花园。

1. 石榴　2. 嘉兰

现代月季

嘉 兰

‘粉花’石榴朱顶红 *Hippeastrum puniceum* ‘Roseum’

【科属】石蒜科 朱顶红属。【常用别名】淡红华胄。【简介】多年生球根植物，地下鳞茎圆球形。叶片长带形，花葶中空。伞形花序有花 2 至多朵，花中等大小，漏斗状，花瓣粉红色。花期 3—5 月。【产地】智利。

金嘴蝎尾蕉 *Heliconia rostrata*

【国花】玻利维亚的国花。

【科属】蝎尾蕉科 蝎尾蕉属。【常用别名】垂花火鸟蕉。【简介】常绿多年生草本。顶生穗状花序，下垂，苞片呈 2 列互生排列，船形，基部深红色，近顶端金黄色，舌状花两性，黄色。蒴果。花期几乎全年。【产地】玻利维亚、秘鲁、厄瓜多尔。【其他观赏地点】百花园、奇花园、荫生园。

1

2

3

4

1, 2.‘粉花’石榴朱顶红 3, 4. 金嘴蝎尾蕉

1 2 3 4 5

叶子花 *Bougainvillea spectabilis*

【国花】格林纳达和格林纳丁斯、赞比亚的国花。

【科属】紫茉莉科 叶子花属。【常用别名】三角梅、簕杜鹃、宝巾。【简介】常绿攀缘灌木。枝上有刺。叶片椭圆形或卵形，基部圆形，有柄。花序腋生或顶生；苞片三角状卵圆形，通常红色或紫红色；花被管狭筒形，顶端 5 ~ 6 裂，裂片开展，淡黄色。花期几乎全年。【产地】巴西。【其他观赏地点】百花园、奇花园、藤本园、荫生园。

黄花风铃木 *Handroanthus chrysanthus* (*Tabebuia chrysantha*)

【国花】委内瑞拉的国花。

【科属】紫葳科 风铃木属（栎铃木属）。【常用别名】黄钟木。【简介】落叶乔木。树干直立，树冠圆伞形。掌状复叶对生，小叶常 5 枚，倒卵形，有疏锯齿，被褐色细绒毛。花冠漏斗形，风铃状，皱曲，花色鲜黄。蒴果，长条形。花期 3—4 月，果期 4—5 月。【产地】中美洲、南美洲。【其他观赏地点】百花园、树木园、藤本园。

1，2. 叶子花　3，4，5. 黄花风铃木

1

2

3

火焰树 *Spathodea campanulata*

【科属】紫葳科 火焰树属。【简介】半常绿乔木。奇数羽状复叶，对生，小叶椭圆形至倒卵形，顶端渐尖，基部圆形，全缘。伞房状总状花序，花冠一侧膨大，基部紧缩成细筒状，檐部近钟状，橘红色。蒴果。花期 11 月—翌年 2 月，果期 4—6 月。【产地】非洲。【其他观赏地点】百花园、名人园、树木园、荫生园。

黄钟树 *Tecoma stans*

【国花】巴哈马的国花。

【科属】紫葳科 黄钟树属。【常用别名】黄钟花。【简介】常绿灌木或小乔木。奇数羽状复叶，交互对生，小叶 3 ~ 11 片，椭圆状披针形至披针形，先端渐尖，基部锐形，叶缘具粗锯齿。总状花序顶生，萼筒钟状，花冠漏斗状或钟状，黄色。蒴果线形。花期 5—10 月，果期 11 月—翌年 2 月。【产地】中美洲、南美洲。【其他观赏地点】百花园、奇花园。

1，2. 火焰树 3. 黄钟树

火焰树

黄钟树

荫生植物园

荫生植物园于 2002 年建成，占地面积 15 亩，是一个收集和展示观叶、观花、地生和附生植物的专类园，现收集保存了约 600 种（含品种）植物，主要类群包括热带兰花（以附生型为主），蕨类植物，姜科、天南星科、凤梨科和苦苣苔科植物。

荫生植物园主要向公众展示热带荫生植物的多样性和生境多样性，并创造具有热带雨林结构的人工群落，运用园林艺术手法营造优美的植物景观，使游客能在短暂的游览中看到丰富多彩的热带雨林中荫生植物的神奇景观。荫生植物园是园内外植物学、生态学、园艺学家研究绝佳场所，同时也为前来写生和绘画的画家和艺术学家提供了丰富多样的写生素材。

红矮芭蕉 *Musa rubinea*

【**科属**】芭蕉科 芭蕉属。【**常用别名**】红矮芭蕉、红玉芭蕉。【**简介**】多年生草本，假茎丛生，高 1 ~ 2 m。花序直立，苞片洋红色，极具观赏性，每一苞片内有花 1 列。花期几乎全年。【**产地**】云南。

同属植物

红蕉 *Musa coccinea*

【**常用别名**】红花蕉。【**简介**】多年生草本，假茎丛生，高 1 ~ 2 m。花序直立，苞片鲜红色。花期几乎全年。【**产地**】云南。越南。【**其他观赏地点**】百果园、百花园。

紫苞芭蕉 *Musa ornata*

【**常用别名**】粉芭蕉。【**简介**】多年生草本，假茎丛生，高 1.5 ~ 3 m。叶长圆形，长可达 1.8 m，先端圆，基部圆钝，全缘。花序顶生，苞片紫红色，花黄色。果小，绿色。花期几乎全年。【**产地**】东南亚地区。【**其他观赏地点**】百果园、名人园、能源园。

1. 红矮芭蕉
2. 红蕉
3. 紫苞芭蕉

1

2

3

腋花姜 *Monocostus uniflorus*

【科属】闭鞘姜科 腋花姜属。【常用别名】单花姜。【简介】多年生草本，全株无毛。叶椭圆形，先端短尾尖，在茎上螺旋排列。花单生茎顶端，花冠黄色、喇叭状。花期5—6月。【产地】秘鲁。【其他观赏地点】野生花卉园。

见血飞 *Mezoneuron cucullatum* (*Caesalpinia cucullata*)

【科属】豆科 见血飞属（广义云实属）。【简介】藤本，长3 ~ 5 m，茎上的倒生钩刺木栓化形成扁圆形的木栓凸起。二回羽状复叶，羽片2 ~ 5对，小叶大，革质，卵圆形或长圆形。圆锥花序顶生或总状花序侧生，花两侧对称，花瓣5枚，黄色。荚果扁平，椭圆状长圆形。花期11月—翌年2月，果期3—10月。【产地】云南。印度、尼泊尔和中南半岛。【其他观赏地点】藤本园。

1

2

3

1. 腋花姜 2, 3. 见血飞

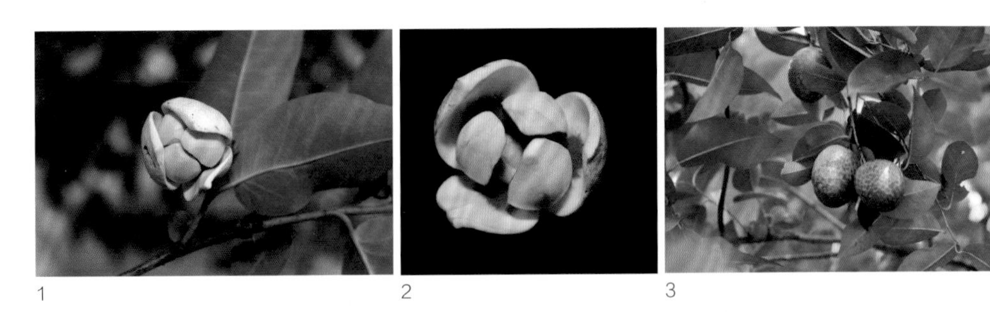
1　　2　　3

4

圆滑番荔枝 *Annona glabra*

【科属】番荔枝科 番荔枝属。【简介】常绿乔木，高达 10 m。叶纸质，卵圆形至长圆形，或椭圆形，顶端急尖至钝，基部圆形。花有香气；花蕾卵圆状或近圆球状；外轮花瓣白黄色或绿黄色，内轮花瓣较外轮花瓣短而狭，内面基部红色。果牛心状，平滑无毛。花期 5—6 月，果期 8—9 月。【产地】美洲热带地区。

南洋银钩花 *Mitrephora maingayi*

【科属】番荔枝科 银钩花属。【简介】常绿乔木，高达 10 m。叶长椭圆形，先端短渐尖，基部圆形至浅心形。花单生或数朵组成总状花序，腋生或与叶对生，花黄色，外轮花瓣长卵形，边缘波状扭曲，上部带紫色条纹，内轮花瓣边缘黏合成一帽状体。花期 3—4 月，果期 5—8 月。【产地】云南。东南亚地区。

1, 2, 3. 圆滑番荔枝　4. 南洋银钩花

1

同属植物

云南银钩花 *Mitrephora wangii*

【简介】常绿乔木，高 5 ~ 16 m。叶纸质，长圆状披针形至披针形，侧脉和网脉两面均稍凸起。花单性，几朵簇生于叶腋外，外轮花被片初开时为白色，后变黄色，内轮花被片紫色。花期 11 月—翌年 5 月，果期 6—8 月。【产地】云南南部。【其他观赏地点】名人园、综合区。

樟叶木防己 *Cocculus laurifolius*

【科属】防己科 木防己属。【简介】直立灌木或小乔木，高通常 1 ~ 5 m。叶薄革质，椭圆形至披针状长椭圆形，掌状脉 3 条。聚伞花序或聚伞圆锥花序，腋生，雌雄异花，花瓣 6 枚，深 2 裂的倒心形。核果近圆球形，稍扁。花期 3—4 月。【产地】中国南部。亚洲热带地区。【其他观赏地点】南药园。

2

3

1. 云南银钩花 2, 3. 樟叶木防己

广序光萼荷 *Aechmea eurycorymbus*

【科属】凤梨科 光萼荷属。【简介】草本，茎极短。叶莲座状排列，10 余片，长圆形至剑形，边缘具密刺。圆锥花序，长达 50 cm，分枝开展，苞片橘黄色，花黄色。花期 7—8 月。【产地】巴西。

同属植物

维多利亚光萼荷 *Aechmea victoriana*

【简介】草本，茎极短。叶莲座状排列，6 ~ 10 片，剑形，边缘有细刺。穗状花序纤细，与叶片近等长，总花梗长，花萼红色，花瓣紫色。花期 2—3 月。【产地】巴西。

水塔花 *Billbergia pyramidalis*

【科属】凤梨科 水塔花属。【简介】草本，茎极短。叶莲座状排列，6 ~ 15 片，阔披针形，直立至稍外弯，顶端钝而有小锐尖，基部阔，边缘至少在上半部有棕色小刺。穗状花序直立，略长于叶，苞片披针形，粉红色，萼片有粉被，暗红色，花瓣红色，开花时旋扭。花期 6—8 月。【产地】中美洲、南美洲。

1 2

3 4

1. 广序光萼荷 2. 维多利亚光萼荷 3, 4. 水塔花

1　　2

3

彩叶凤梨 *Neoregelia carolinae*

【科属】凤梨科 彩叶凤梨属。【简介】草本，茎极短。叶莲座状排列，10 ~ 20片，矩圆形，先端短尾尖，边缘有稀疏细刺，基部通常为红色，顶部叶片特别明显。穗状花序粗壮，较短，包于叶片中，通常被积水淹没，花蓝紫色。花期4—7 月。【产地】巴西。

绿萼凤仙花 *Impatiens chlorosepala*

【科属】凤仙花科 凤仙花属。【简介】一年生粗壮草本，高20 ~ 40 cm，全株无毛。叶互生，具柄，叶片卵形至倒披针形，顶端渐尖或短尖，基部渐尖，边缘具圆齿状锯齿。总花梗生于上部叶腋，具1 ~ 2花，花大，橘黄色，唇瓣檐部漏斗状或近囊状，具红色纹条。蒴果长圆形，种子多数。花期8—10 月。【产地】广东、广西、贵州、云南等。

1. 彩叶凤梨　2，3. 绿萼凤仙花

帝王球兰 *Hoya imperialis*

【科属】夹竹桃科（萝藦科）球兰属。【简介】木质藤本，长达 5 m。叶长椭圆形，先端钝，基部圆形。聚伞花序腋生，着花数朵，花大，紫红色。花期 8—9 月。【产地】东南亚地区。

同属植物

铁草鞋 *Hoya pottsii*

【简介】附生攀缘灌木。叶肉质，干后呈厚革质，卵圆形至卵圆状长圆形，先端急尖，基部圆形至近心形，基脉 3 条。聚伞花序伞形状，花冠白色，心红色。蓇葖果线状长圆形。花期 3—4 月，果期 8—10 月。【产地】云南、广西、广东和台湾等。【其他观赏地点】树木园、百香园。

1

2

1. 帝王球兰
2. 铁草鞋

郁金 *Curcuma aromatica*

【科属】姜科 姜黄属。**【简介】**株高约 1 m。叶基生，叶片长圆形，顶端具细尾尖，基部渐狭，叶面无毛。花葶单独由根茎抽出，穗状花序圆柱形，有花的苞片淡绿色，卵形，上部无花的苞片白色而染淡红。花冠管漏斗形，白色而带粉红，唇瓣黄色。花期 4—6 月。**【产地】**中国东南部至西南部各地。东南亚各地。**【其他观赏地点】**野生姜园、名人名树园、奇花异卉园。

同属植物

莪术 *Curcuma phaeocaulis*

【简介】高约 1 m，根茎具樟脑香味。叶直立，椭圆状长圆形至长圆状披针形，中部常有紫斑。花葶由根茎单独发出，常先叶而生，穗状花序，苞片顶端红色，上部的较长而紫色，花萼白色，花黄色。花期 4—6 月。**【产地】**台湾、福建、江西、广东、广西、四川、云南等地。印度至马来西亚。**【其他观赏地点】**野生姜园。

1

2

3

4

1, 2. 郁金　3, 4. 莪术

1 2 3 4 5

火炬姜 *Etlingera elatior*

【科属】姜科 茴香砂仁属。【常用别名】瓷玫瑰。【简介】丛生高大草本，高达 5 m。叶片披针形长约 80 cm。花序从地下抽出，高达 0.8 ~ 1 m，如火炬状，苞片肉质，红色或粉红色，品种繁多，花多数，与苞片同色。果实球形，密集。花期几乎全年。【产地】印度尼西亚、马来西亚、泰国。【其他观赏地点】百花园、沟谷雨林、野菜园。

蜂巢姜 *Zingiber spectabile*

【科属】姜科 姜属。【简介】多年生草本，高达 2.5 m，花序由众多黄色苞片层层叠叠包围，每个苞片内部都会开出一朵紫黑色的小花。喜温暖、半阴和湿润环境，观赏期长达半年，可作为高档切花。花期 6—10 月。【产地】泰国和马来西亚。

1，2，3. 火炬姜 4，5. 蜂巢姜

1

2

银烛木 *Whitfieldia elongata*

【科属】爵床科 银烛木属。【常用别名】白烛芦莉。【简介】小灌木，高达 1 m 或更高。叶椭圆形，先端尾尖，基部楔形。穗状花序，苞片 2，花萼 5，白色，上面具柔毛，花冠漏斗状，白色，花蕊伸出花冠外。花期 12 月—翌年 2 月。【产地】北美洲。【其他观赏地点】奇花园、名人园。

大花芒毛苣苔 *Aeschynanthus mimetes*

【科属】苦苣苔科 芒毛苣苔属。【简介】常绿附生小灌木。叶片革质，长圆状披针形。花数朵簇生茎或短枝顶端，花萼钟状筒形，长 1.2 ~ 1.5 cm，无毛，5 浅裂；花冠橘红色，裂片中央有暗紫色斑。蒴果线形。花期 6—9 月。【产地】云南和西藏。缅甸、老挝、越南。【其他观赏地点】树木园。

1. 银烛木 2. 大花芒毛苣苔

同属植物

毛萼口红花 *Aeschynanthus radicans*

【简介】常绿附生或岩生藤本，蔓长可达 1.5 m。叶革质，卵形至披针形，对生或轮生。花着生于枝条末端叶腋，花管状，萼片紫红色，具糙伏毛，花红色，花瓣内面具黄色纵纹。花期 4—5 月。【产地】马来西亚和印度尼西亚。

金红岩桐 *Chrysothemis pulchella*

【科属】苦苣苔科 金红岩桐属。【简介】多年生草本植物，地下有球根。高约 40 cm，茎略透明，四棱形。叶对生，长椭圆状披针形。伞形花序，腋生。有花。萼片 5 枚，合生成五棱状杯形，胭脂红色，花长筒状，花瓣金黄色，半圆形。花期 6—10 月。【产地】中南美洲。

喜阴花 *Episcia cupreata*

【科属】苦苣苔科 喜阴花属。【常用别名】红桐草。【简介】多年生草本植物，高 15 ~ 25 cm。叶对生，长椭圆形，先端尖，基部楔形，叶面灰绿色，叶缘具锯齿，叶上布满细绒毛。花腋生，花瓣 5 枚，花红色。栽培的品种有‘粉豹’喜阴花 E.‘Pink Panther’，花粉色。花期 5—9 月。【产地】南美洲。

1

2

3

1. 毛萼口红花
2. 金红岩桐
3. 喜荫花

毛唇岩桐 *Seemannia sylvatica* (*Gloxinia sylvatica*)

【科属】苦苣苔科 毛唇岩桐属（小岩桐属）。**【常用别名】**小岩桐。**【简介】**多年生肉质草本，高 15 ~ 30 cm，全株具细毛，地下横走茎多数。叶对生，披针形或卵状披针形，先端尖，基部下延成柄，全缘。花 1 ~ 2 朵腋生，花冠橙红色。蒴果。花期 10 月—翌年 3 月。**【产地】**秘鲁及玻利维亚。

坛花兰 *Acanthephippium sylhetense*

【科属】兰科 坛花兰属。**【简介】**地生兰。假鳞茎卵状圆柱形，长达 15 cm，具 2 ~ 4 节。叶 2 ~ 4 枚，互生于假鳞茎上端，厚纸质，长椭圆形，通常具 5 条主脉。花葶肉质而肥厚，总状花序具 3 ~ 4 朵花，花白色或稻草黄色，内面在中部以上具紫褐色斑点。花期 4—5 月。**【产地】**中国台湾。孟加拉国、印度、日本、老挝、马来西亚、缅甸、泰国。**【其他观赏地点】**野生兰园。

1

2

3

1, 2. 毛唇岩桐 3. 坛花兰

1

扇唇指甲兰 *Aerides flabellata*

【科属】兰科 指甲兰属。【简介】附生兰。茎粗壮，长10 ~ 30 cm。叶厚革质，狭长圆形或带状，先端不等侧2裂。总状花序从叶腋发出，1 ~ 2个，疏生少数花，花质地厚，黄褐色带红褐色斑点，中裂片扇形，白色带紫色斑点。花期5—6月。【产地】云南。老挝、缅甸、泰国。【其他观赏地点】藤本园。

同属植物

香花指甲兰 *Aerides odorata*

【简介】附生兰。茎粗壮。叶厚革质，宽带状。总状花序下垂，近等长或长于叶，密生许多花，白色带粉红色，芳香，唇瓣侧裂片直立，中裂片狭长圆形，先端2裂。花期5月。【产地】广东、云南。亚洲热带地区。

三褶虾脊兰 *Calanthe triplicata*

【科属】兰科 虾脊兰属。【简介】地生兰。叶片椭圆形或椭圆状披针形，先端急尖，基部收狭为柄，边缘常波状。花葶长达70 cm，总状花序密生许多花，花白色，唇瓣基部具3 ~ 4列金黄色或橘红色小瘤状附属物，3深裂。花期4—8月。【产地】福建、广东、广西、海南、台湾。亚洲和大洋洲热带地区。【其他观赏地点】野生兰园。

2

3

1. 扇唇指甲兰 2. 香花指甲兰 3. 三褶虾脊兰

栗鳞贝母兰 *Coelogyne flaccida*

【科属】兰科 贝母兰属。【简介】附生兰。根状茎粗壮，密被紫褐色的革质鞘。叶革质，长圆状披针形至椭圆状披针形。总状花序疏生 8 ~ 10 朵花，下垂，花浅黄色至白色，唇瓣上有黄色和浅褐色斑。花期 3—4 月。【产地】广西、贵州、云南。不丹、印度、老挝、缅甸、尼泊尔、泰国、越南。

纹瓣兰 *Cymbidium aloifolium*

【科属】兰科 兰属。【简介】附生兰。假鳞茎卵球形。叶 4 ~ 5 枚，带形，厚革质，先端不等的 2 圆裂或 2 钝裂。总状花序，萼片与花瓣淡黄色至奶油黄色，中央有 1 条栗褐色宽带和若干条纹，唇瓣白色或奶油黄色而密生栗褐色纵纹，唇瓣侧裂片超出蕊柱与药帽之上。花期 4—5 月。【产地】广东、广西、贵州和云南。东南亚地区。

同属植物

冬凤兰 *Cymbidium dayanum*

【简介】附生兰。假鳞茎近梭形，稍压扁。叶 4 ~ 9 枚，带形。花葶自假鳞茎基部穿鞘而出，下垂；总状花序具 5 ~ 9 朵花，萼片与花瓣白色或奶油黄色，中央有 1 条栗色纵带，唇瓣栗色。蒴果椭圆形。花期 8—12 月。【产地】福建、广东、广西、海南、台湾。亚洲热带地区。【其他观赏地点】棕榈园。

1 2 3

4

1. 栗鳞贝母兰
2, 3. 纹瓣兰
4. 冬凤兰

硬叶兰 *Cymbidium mannii*

【**简介**】附生兰。假鳞茎狭卵球形。叶 4 ~ 7 枚，带形，厚革质，先端为不等的 2 圆裂或 2 尖裂。总状花序，萼片与花瓣淡黄色至奶油黄色，中央有 1 条宽阔的栗褐色纵带，唇瓣白色至奶油黄色，有栗褐色斑，唇瓣侧裂片短于蕊柱。蒴果。花期 3—4 月。【**产地**】广东、海南、广西、贵州和云南西南部至南部。东南亚地区。【**其他观赏地点**】野生兰园。

墨兰 *Cymbidium sinense*

【**简介**】地生兰。假鳞茎卵球形。叶 3 ~ 5 枚，带形。花葶从假鳞茎基部发出，直立，总状花序具 10 ~ 20 朵花，花的色泽变化较大，暗紫色至黄白色，有较浓的香气，花瓣近狭卵形。蒴果狭椭圆形。花期 9 月—翌年 3 月。【**产地**】南方各地。印度、日本、缅甸、泰国、越南。【**其他观赏地点**】野生兰园。

兜唇石斛 *Dendrobium aphyllum*

【**科属**】兰科　石斛属。【**简介**】附生兰。茎肉质，下垂，不分枝，具多数节。叶纸质，2 列互生于整个茎上，披针形或卵状披针形。花 1 ~ 3 朵从落了叶或具叶的老茎上发出，萼片和花瓣白色带淡紫红色，唇瓣宽倒卵形或近圆形，两侧向上围抱蕊柱而形成喇叭状。蒴果狭倒卵形。花期 3—4 月。【**产地**】广西、贵州和云南。【**其他观赏地点**】野生兰园。

1, 2. 硬叶兰　3. 墨兰　4, 5. 兜唇石斛

同属植物

短棒石斛 *Dendrobium capillipes*

【简介】附生兰。茎肉质状，近扁的纺锤形。叶 2 ~ 4 枚近茎端着生，革质，狭长圆形，基部扩大为抱茎的鞘。总状花序通常从落了叶的老茎中部发出，疏生 2 至数朵花，花金黄色，开展，唇瓣的颜色比萼片和花瓣深，近肾形。花期 3—4 月。【产地】云南。印度、老挝、缅甸、尼泊尔、泰国、越南。

鼓槌石斛 *Dendrobium chrysotoxum*

【常用别名】金弓石斛。【简介】附生兰。茎直立，肉质，纺锤形。叶革质，长圆形，先端急尖而钩转，基部收狭。总状花序近茎顶端发出，斜出或稍下垂，疏生多数花，金黄色，稍带香气。蒴果。花期 3—4 月。【产地】云南。东南亚地区。【其他观赏地点】野生兰园。

1. 短棒石斛　2, 3. 鼓槌石斛

玫瑰石斛 *Dendrobium crepidatum*

【简介】附生兰。茎悬垂，肉质状肥厚，圆柱形。叶近革质，狭披针形，先端渐尖。总状花序很短，从落了叶的老茎上部发出，具1～4朵花；萼片和花瓣白色，中上部淡紫色；花瓣宽倒卵形，先端近圆形，具5条脉；唇瓣中部以上淡紫红色，中部以下金黄色，近圆形或宽倒卵形，长约等于宽，上面密布短柔毛。花期3—4月。**【产地】**云南和贵州。南亚至中南半岛。

叠鞘石斛
苏瓣石斛

叠鞘石斛 *Dendrobium denneanum*

【简介】附生兰。植株粗壮，茎长达 60 cm。叶长椭圆形，先端钝并且微凹，基部具紧抱于茎的鞘。总状花序侧生于去年生落了叶的茎上端，长约 1 cm，通常 1 ~ 2 朵花，有时 3 朵，花橘黄色，开展，唇瓣近圆形，中间具深色的斑块，有时无。花期 4—5 月。【产地】海南、广西、贵州、云南。

流苏石斛 *Dendrobium fimbriatum*

【简介】附生兰。茎粗壮，斜立或下垂，质地硬。叶 2 列，革质，长圆形或长圆状披针形，基部具紧抱于茎的革质鞘。总状花序疏生 6 ~ 12 朵花，花序轴多少弯曲，花金黄色，开展，稍具香气，花瓣长圆状椭圆形，边缘微啮蚀状，唇瓣比萼片和花瓣的颜色深，近圆形，边缘具复流苏。花期 4—6 月。【产地】广西、贵州、云南。不丹、印度、缅甸、尼泊尔、泰国、越南。【其他观赏地点】野生兰园。

苏瓣石斛 *Dendrobium harveyanum*

【简介】附生兰。茎纺锤形，质地硬，通常弧形弯曲。叶革质，斜立，常 2 ~ 3 枚互生于茎的上部，长圆形或狭卵状长圆形。总状花序出自去年生具叶的近茎端，纤细，下垂，花金黄色，开展，花瓣长圆形，边缘密生长流苏，唇瓣近圆形，边缘具复式流苏。花期 3—4 月。【产地】云南。缅甸、泰国、越南。

小黄花石斛 *Dendrobium jenkinsii*

【简介】附生兰。茎假鳞茎状，密集或丛生，顶生 1 枚叶。叶革质，长圆形，先端钝并且微凹，基部收狭。总状花序从茎上端发出，疏生数朵至 10 余朵花，花橘黄色，开展，唇瓣横长圆形或近肾形。花期 4—5 月。【产地】广东、广西、贵州、海南。印度至中南半岛。

1

2

1. 流苏石斛　2. 小黄花石斛

喇叭唇石斛 *Dendrobium lituiflorum*

【**简介**】附生兰。茎下垂，圆柱形。叶狭长圆形，先端渐尖并且一侧稍钩转，基部具鞘。总状花序多个，出自落了叶的老茎上，花大，紫色，唇瓣周边为紫色，内面有 1 条白色环带围绕的深紫色斑块。花期 3—4 月。【**产地**】云南。印度、老挝、缅甸、泰国、越南。

石斛 *Dendrobium nobile*

【**常用别名**】金钗石斛。【**简介**】附生兰。茎直立或斜出，肉质状肥厚，上部多少回折状弯曲。叶革质，长圆形，先端钝并且不等侧 2 裂，基部具抱茎的鞘。花序从老茎中部以上部分发出，花大，花被片白色，先端带淡紫色，有时全体淡紫红色，唇瓣宽卵形，中央具 1 个紫红色大斑块。花期 4—5 月。【**产地**】南方各地。亚洲热带地区。

1

2　　3

1. 喇叭唇石斛　2, 3. 石斛

1 2

蜻蜓石斛 *Dendrobium pulchellum*

【简介】附生兰。茎丛生，长 50 ～ 80 cm。新鲜叶鞘有紫褐色的纵条纹。叶呈线状长圆形，基部心形。总状花序由无叶茎或有叶茎上部的节上抽出，下垂。花大而美丽，略有麝香香气，花萼及花瓣淡乳黄色，唇盘两侧各具 1 对大型紫红斑。花期 4—6 月。【产地】印度至东南亚。

球花石斛 *Dendrobium thyrsiflorum*

【简介】附生兰。茎直立或斜立，粗状。叶 3 ～ 4 枚互生于茎的上端，革质，长圆形或长圆状披针形。总状花序侧生于带有叶的老茎上端，下垂，密生许多花，花瓣白色，唇瓣金黄色，半圆状三角形。花期 4—5 月。【产地】云南。印度、老挝、缅甸、泰国、越南。

1. 蜻蜓石斛　2. 球花石斛

1 2

3

1. 紫菀石斛
2. 绒兰
3. 管叶槽舌兰

紫菀石斛 *Dendrobium transparens*

【常用别名】紫婉石斛。**【简介】**附生兰。茎肉质状，长 30 ~ 60 cm。叶生于嫩茎，呈 2 列状互生，薄革质，长披针形。总状花序自茎近上端的节上抽出，具 1 ~ 3 朵花，花白色，唇瓣具紫色的斑点，有香味。花期 4—5 月。**【产地】**云南。印度、孟加拉国、老挝、缅甸、越南、巴基斯坦、尼泊尔、不丹。

绒兰 *Dendrolirium tomentosum* (*Eria tomentosa*)

【科属】兰科 绒兰属（毛兰属）。**【常用别名】**黄绒毛兰。**【简介】**附生兰。假鳞茎椭圆形，略压扁，顶端着生 3 ~ 4 枚叶。叶较厚，有时肉质，椭圆形或长圆状披针形。花序粗壮，密被黄棕色的绒毛，花黄色，花瓣线状披针形，唇瓣轮廓近长圆形，3 裂。蒴果圆柱形。花期 4—5 月。**【产地】**海南和云南。

管叶槽舌兰 *Holcoglossum kimballianum*

【科属】兰科 槽舌兰属。**【简介】**附生兰。常具 4 ~ 5 枚叶，叶肉质，圆柱形，近轴面具 1 条凹槽。花序弯垂，长 10 ~ 28 cm，不分枝，总状花序疏生多数花。花大而美丽，萼片和花瓣相似，近等大，白色；唇瓣紫色，3 裂；距白色，狭长，长约 1.5 cm。花期 10—11 月。**【产地】**云南南部。泰国、缅甸、越南。

薄叶腭唇兰 *Maxillaria tenuifolia*

【**科属**】兰科 腭唇兰属。【**常用别名**】腋唇兰。【**简介**】附生兰。根状茎直立或斜升，上生有假鳞茎，假鳞茎卵圆形，着生 1 枚叶片，条形，绿色。花梗自鳞茎基部抽出，着花 1 朵，花瓣及萼片紫红色，唇瓣近白色带紫色斑点。花期春季。花期 4—5 月。【**产地**】墨西哥、危地马拉、萨尔瓦多、洪都拉斯及哥斯达黎加。

杏黄兜兰 *Paphiopedilum armeniacum*

【**科属**】兰科 兜兰属。【**简介**】地生或半附生兰。叶基生，2 列，5 ~ 7 枚，叶片长圆形，上面有网格斑，背面有紫色斑点。花葶直立，长 15 ~ 28 cm，花大，纯黄色，唇瓣深囊状。花期 2—4 月。【**产地**】云南。

1

2

1. 薄叶腭唇兰 2. 杏黄兜兰

同属植物

巨瓣兜兰 *Paphiopedilum bellatulum*

【简介】地生或半附生兰。叶片狭椭圆形或长圆状椭圆形，上面有网格斑，背面密布紫色斑点。花葶短，顶端生1花，花大，白色，具紫红色或紫褐色粗斑点，唇瓣深囊状。花期4—6月。【产地】广西、贵州、云南。缅甸、泰国。

同色兜兰 *Paphiopedilum concolor*

【简介】地生或半附生兰。叶片狭椭圆形至椭圆状长圆形，上面有网格斑，背面密具紫点或几乎完全紫色。花葶直立，长5～12 cm，顶端具1～2花，花淡黄色，具紫色细斑点，唇瓣深囊状。花期4—5月。【产地】广西、贵州、云南。柬埔寨、老挝、缅甸、泰国、越南。

德氏兜兰 *Paphiopedilum delenatii*

【简介】地生或半附生兰。叶片狭椭圆形至椭圆状长圆形，上面有网格斑，背面密具紫点。花葶高14～22 cm，花白色，唇瓣深兜状，白色或淡紫色。花期3—4月。【产地】广西和云南。越南。

长瓣兜兰 *Paphiopedilum dianthum*

【简介】附生兰。较高大。叶片宽带形或舌状。花葶近直立，长30～80 cm，总状花序具2～4花，花大，中萼片白色花瓣下垂，长带形，黄绿色，扭曲，从中部至基部边缘波状，唇瓣倒盔状，带紫色。花期7—9月。【产地】广西、贵州、云南。越南。

1

2

3

4

1. 巨瓣兜兰 2. 同色兜兰 3. 德氏兜兰 4. 长瓣兜兰

1

2

瑰丽兜兰（格力兜兰）*Paphiopedilum gratrixianum*

【简介】地生或附生植物。花大，中萼片中央紫栗色而有白色或黄绿色边缘，花瓣具紫褐色中脉，唇瓣倒盔状，亮褐黄色而略有暗色脉纹。花期 11 月—翌年 3 月。【产地】云南。越南、柬埔寨、老挝、泰国。

带叶兜兰 *Paphiopedilum hirsutissimum*

【简介】地生或半附生兰。叶片带形。花葶直立，长 20 ~ 30 cm，花较大，紫色，中萼片宽卵形或宽卵状椭圆形，边缘具缘毛，花瓣匙形或狭长圆状匙形，稍扭转，下部边缘皱波状，唇瓣倒盔状。花期 4—5 月。【产地】广西、贵州、云南。印度、老挝、泰国、越南。

1. 瑰丽兜兰　2. 带叶兜兰

1　　2

麻栗坡兜兰 *Paphiopedilum malipoense*

【简介】地生或半附生兰。叶片长圆形或狭椭圆形。花葶直立，长 30 ~ 40 cm，花呈黄绿色，花瓣上有紫褐色条纹或由斑点组成的条纹，唇瓣上有时有不甚明显的紫褐色斑点，深囊状。花期 12 月—翌年 3 月。【产地】广西、贵州、云南。越南。

硬叶兜兰 *Paphiopedilum micranthum*

【简介】地生或半附生兰。叶片长圆形或舌状。花葶直立，长 10 ~ 26 cm，花大，艳丽，中萼片与花瓣通常白色而有黄色晕和淡紫红色粗脉纹，唇瓣白色至淡粉红色，唇瓣深囊状，卵状椭圆形至近球形。花期 3—5 月。【产地】广西、贵州、云南。越南。

1. 麻栗坡兜兰　2. 硬叶兜兰

1

白旗兜兰 *Paphiopedilum spicerianum*

【简介】地生或半附生兰。叶片长圆形，边缘波状。花葶直立，长 9 ~ 22 cm，上萼近圆形，白色，花瓣长圆形，边缘皱波状，黄绿色，唇瓣盔状。花期 9—10 月。【产地】云南。缅甸。【其他观赏地点】野生兰园。

彩云兜兰 *Paphiopedilum wardii*

【简介】地生植物。叶片狭长圆形，先端钝的 3 浅裂。花葶直立，长 12 ~ 25 cm，花较大，萼片白色而有绿色粗脉纹，花瓣长圆形，绿白色，密被暗栗色斑点，唇瓣倒盔状，绿黄色而具暗色脉。花期 12 月—翌年 3 月。【产地】云南。缅甸。

2 3

1. 白旗兜兰　2，3. 彩云兜兰

凤蝶兰 *Papilionanthe teres*

【科属】兰科　凤蝶兰属。【简介】附生兰。茎坚硬，粗壮，伸长而向上攀缘，通常长达 1 m 以上，节上常生有 1 ~ 2 条长根。叶圆柱形，肉质。总状花序比叶长，疏生 2 ~ 5 朵花，花粉红色，唇瓣 3 裂，侧裂片围抱蕊柱，中裂片向前伸展，先端深紫红色并具深 2 裂。花期 5—6 月。【产地】云南。孟加拉国、不丹、印度、老挝、缅甸、尼泊尔、泰国、越南。【其他观赏地点】百果园、树木园。

1

2

鹤顶兰 *Phaius tancarvilleae*

【科属】兰科 鹤顶兰属。【简介】地生兰。植株高大。假鳞茎圆锥形。叶 2 ~ 6 枚，互生于假鳞茎的上部，长圆状披针形，先端渐尖。总状花序具多数花，花大，美丽，背面白色，内面暗赭色或棕色，萼片近相似，花瓣长圆形，唇瓣面白色带茄紫色的前端，内面茄紫色带白色条纹。花期 1—4 月。【产地】亚洲热带和亚热带地区，以及大洋洲。【其他观赏地点】南药园、百花园、野生兰园。

同属植物

仙笔鹤顶兰 *Phaius columnaris*

【简介】地生兰。多年生草本，假鳞挺直，粗壮，圆柱形。叶通常 6 ~ 7 枚，互生于假鳞茎的上部，纸质，椭圆形，叶鞘互相包卷而形成假茎。总状花序具数花，花不甚张开，白色，唇盘具 2 ~ 3 条黄色的龙骨状脊。花期 6—7 月。【产地】广东、贵州、云南。

紫花鹤顶兰 *Phaius mishmensis*

【简介】地生兰。高达 80 cm，假鳞茎直立，圆柱形，上部互生 5 ~ 6 枚叶。叶椭圆形或倒卵状披针形，先端急尖，基部收狭为抱茎的鞘，叶鞘互相套叠而形成假茎。花序轴纤细，疏生少数花，花淡紫红色。花期 11—12 月。【产地】广东、广西、台湾。不丹、印度、日本、老挝、缅甸、菲律宾、泰国、越南。

麻栗坡蝴蝶兰 *Phalaenopsis malipoensis*

【科属】兰科 蝴蝶兰属。【简介】附生兰。茎短缩，根扁平。叶 3 ~ 5 枚，长圆形至椭圆形，先端钝。总状花序 3 ~ 4 枚，花小，白色，花瓣开展，唇瓣橘黄色。花期 4—5 月。【产地】云南。

1. 鹤顶兰 2. 仙笔鹤顶兰

紫花鹤顶兰

麻栗坡蝴蝶兰

1

2

3

火焰兰 *Renanthera coccinea*

【科属】兰科 火焰兰属。【简介】附生兰。茎粗壮。叶 2 列，斜立或近水平伸展，舌形或长圆形，先端稍不等侧 2 圆裂，基部抱茎并且下延为抱茎的鞘。圆锥花序或总状花序疏生多数花，花火红色，开展。蒴果。花期 4—6 月。【产地】海南、广西。东南亚地区。

紫花苞舌兰 *Spathoglottis plicata*

【科属】兰科 苞舌兰属。【简介】地生兰。假鳞茎卵状圆锥形，具 3 ~ 5 枚叶。叶质地薄，淡绿色，狭长，先端渐尖或急尖，基部收狭为长柄。总状花序短，花苞片紫色，花紫色，中萼片卵形，花瓣近椭圆形，比萼片大，唇瓣贴生于蕊柱基部。花期 3 9 月。【产地】中国台湾。东南亚地区、新几内亚岛到太平洋部分群岛。

1, 2. 火焰兰 3. 紫花苞舌兰

1

2

3

大花万代兰 *Vanda coerulea*

【科属】兰科 万代兰属。【简介】附生兰。茎粗壮。叶厚革质，带状，下部常“V”字形对折。花序 1 ~ 3 个，长达 37 cm，不分枝，疏生数朵花，花大，质地薄，天蓝色。花期 10—12 月。【产地】云南。印度、缅甸、泰国。

同属植物

小蓝万代兰 *Vanda coerulescens*

【简介】附生兰。茎长 2 ~ 8 cm 或更长，基部具许多长而分枝的气根。叶多少肉质，2 列，斜立，带状，常“V”字形对折。花序近直立，长达 36 cm，不分枝，疏生许多花，花中等大，伸展，淡蓝色或白色带淡蓝色晕。花期 3—4 月。【产地】云南。印度、缅甸、泰国。

拟万代兰 *Vandopsis gigantea*

【科属】兰科 拟万代兰属。【简介】附生兰。植株大型，具 2 列叶。叶肉质，外弯，宽带形，先端钝并且不等侧 2 圆裂，基部具宿存、抱茎而彼此紧密套叠的鞘。花序出自叶腋，总状花序下垂，密生多数花，花金黄色带红褐色斑点，肉质，开展。蒴果。花期 3—4 月。【产地】广西、云南。东南亚等地区。【其他观赏地点】野生兰园。

1. 大花万代兰 2. 小蓝万代兰 3. 拟万代兰

大香荚兰 *Vanilla siamensis*

【科属】兰科 香荚兰属。【简介】附生兰。草质攀缘藤本，长达 10 m。叶散生，肉质，椭圆形，先端渐尖，基部略收狭。总状花序生于叶腋，具多花，花开放时间很短，萼片与花瓣淡黄绿色，唇瓣乳白色而具黄色的喉部。花期 5—6 月。【产地】云南。泰国。【其他观赏地点】南药园。

土连翘 *Hymenodictyon flaccidum*

【科属】茜草科 土连翘属。【简介】落叶乔木。叶纸质，卵状椭圆形或宽椭圆形。圆锥花序，花小，极密集，花冠红色。蒴果椭圆形，有斑点。花期 4—7 月，果期 10—11 月。【产地】广西、四川、云南。南亚至东南亚地区。【其他观赏地点】树木园、民族园。

1

2 3

1, 2. 大香荚兰 3. 土连翘

龙须石蒜 *Eucrosia bicolor*

【科属】石蒜科　龙须石蒜属。【简介】多年生球根植物，有明显休眠期。叶片长卵形，叶基部渐狭成柄，先端渐尖，全缘，绿色。伞形花序，高达 60 cm。花红色，两侧对称，雄蕊远伸出花冠外，花丝白色。花期 3—4 月。【产地】厄瓜多尔和秘鲁。【其他观赏地点】奇花园。

龙须石蒜

1

2

3

石榴朱顶红 *Hippeastrum puniceum*

【科属】石蒜科 朱顶红属。【简介】多年生球根植物，地下鳞茎圆球形。叶片长带形，花葶中空。伞形花序有花 5 ~ 10 朵，花中等大小，漏斗状，花瓣橙红色，近基部黄色。花期 4—6 月。【产地】南美洲。【其他观赏地点】奇花园、民族园、百花园。

玉簪水仙 *Proiphys amboinensis*

【科属】石蒜科 玉簪水仙属。【常用别名】假玉簪。【简介】多年生球根植物。基生叶 5 ~ 10 枚，阔卵状心形，侧脉整齐，弧形，向下凹陷明显；伞形花序，有花 10 朵左右，花冠裂片 6 枚，白色，基部合生成狭长管状。雄蕊 6 枚，花丝基部合生成浅杯状，边缘撕裂状。花期 5—6 月。【产地】东南亚地区。

1，2. 石榴朱顶红　3. 玉簪水仙

1

南美水仙 *Urceolina × grandiflora* (*Eucharis × grandiflora*)

【**科属**】石蒜科 瓶水仙属（南美水仙属）。【**常用别名**】亚马孙百合。【**简介**】常绿多年生草本。地下鳞茎长圆球形。叶片阔椭圆形。伞形花序，着花 6 ~ 10 朵。花朵下垂，白色，花被片 6 枚，6 枚雄蕊花丝基部联合成杯状。花期 1—3 月。【**产地**】南美洲热带地区。【**其他观赏地点**】奇花园。

辐射蜘蛛抱蛋 *Aspidistra radiata*

【**科属**】天门冬科 蜘蛛抱蛋属。【**简介**】常绿多年生草本，叶单生，叶片阔卵形至长圆状卵形，具长 13 ~ 50 cm 的叶柄，叶面有时稍具黄白色斑点。花紫黑色，直径可达 18 cm，花被裂片多达 18 个。柱头盘状，从中央向边缘有 8 条辐射状排列的隆起。花期 4 月。【**产地**】云南。

2

3

1. 南美水仙　2，3. 辐射蜘蛛抱蛋

同属植物

辐花蜘蛛抱蛋 *Aspidistra subrotata*

【简介】常绿多年生草本，根茎圆柱状，密被鳞片。叶片长圆状倒披针形，花单生于根茎基部，花被片深紫色，裂片常有 6 ~ 8 枚，卵状披针表，水平展开，正面具有微小的乳突。花期 10—11 月。【产地】广西。泰国和越南。

长柱开口箭 *Tupistra grandistigma*

【科属】天门冬科 长柱开口箭属。【简介】常绿多年生草本。根状茎圆柱形。叶 3 ~ 5 枚或更多，生于短茎上，纸质，矩圆状倒披针形，先端渐尖，下部渐狭成明显或稍明显的柄。穗状花序，花钟状，花被筒裂片披针形，肉质，黑紫色。浆果球形。花期 10—11 月。【产地】广西、云南。越南。

1, 2. 辐花蜘蛛抱蛋 3, 4. 长柱开口箭

孔叶龟背竹 *Monstera adansonii*

【科属】天南星科 龟背竹属。【简介】常绿附生藤本。叶片大，长圆形，边缘整齐，两侧不等大，叶面布满大小不一的孔洞。佛焰苞舟状，白色或淡黄色，肉穗花序近圆柱形。花期 7—9 月。【产地】墨西哥至南美洲热带。【其他观赏地点】藤本园。

云南假韶子 *Paranephelium hystrix*

【科属】无患子科 假韶子属。【简介】常绿乔木。一回奇数羽状，小叶 7 ~ 11 枚，薄革质，长圆形至披针形。花序自老茎上生出，多个簇生，被柔毛，花瓣 5 枚，雄蕊 6 ~ 8 枚，伸出，子房被红色绒毛。蒴果木质，黄色，通常椭圆形。花期 2—3 月。【产地】云南。缅甸。【其他观赏地点】野花园。

1

2

3

1. 孔叶龟背竹　2, 3. 云南假韶子

云南假韶子

1　　2

3　　4

吐烟花 *Pellionia repens*

【科属】荨麻科　赤车属。【简介】多年生草本。茎肉质，平卧。叶片斜长椭圆形或斜倒卵形，顶端钝、微尖或圆形，边缘有波状浅钝齿或近全缘。花序雌雄同株或异株，雄花花被片5枚，宽椭圆形或椭圆形；雌花花被片5枚，狭长圆形。瘦果。花期5—10月。【产地】云南及海南。越南、老挝、柬埔寨。

石海椒 *Reinwardtia indica*

【科属】亚麻科　石海椒属。【常用别名】迎春柳。【简介】常绿灌木。叶纸质，椭圆形或倒卵状椭圆形，先端急尖或近圆形，有短尖，基部楔形，全缘或有圆齿状锯齿。花序顶生或腋生，花瓣5枚，黄色。蒴果球形。花期2—4月。【产地】湖北、福建、广东、广西、四川、贵州、云南。东南亚地区。【其他观赏地点】南药园。

1，2. 吐烟花　3，4. 石海椒

绿羽竹芋 *Goeppertia majestica* (Calathea princeps)

【科属】竹芋科 肖竹芋属（叠苞竹芋属）。【常用别名】巴西竹芋。【简介】常绿多年生草本，高达 1 m。叶长椭圆形，先端尖，基部楔形，叶脉及叶缘浓绿色，侧脉间呈浅黄绿色，叶背淡紫红色。花序大，苞片黄绿色，花紫红色。花期 8—10 月。【产地】南美洲地区。【其他观赏地点】树木园。

同属植物

绒叶肖竹芋 *Goeppertia zebrina* (*Calathea zebrina*)

【常用别名】斑马竹芋。【简介】常绿多年生草本。叶长圆状披针形，不等侧，顶端钝，基部渐尖，叶面深绿，间以黄绿色的条纹。头状花序单独生于花葶上，苞片覆瓦状排列，萼片长圆形，花冠深紫色。花期 5—6 月。【产地】巴西。【其他观赏地点】奇花园。

1

2

3

4

1, 2. 绿羽竹芋 3, 4. 绒叶肖竹芋

长节芦竹芋 *Marantochloa leucantha*

【科属】竹芋科 芦竹芋属。【简介】常绿多年生草本，茎直立，多分枝。叶片纸质，光亮，矩圆状卵圆形。花序自茎顶端叶鞘基部抽出，多分枝，下垂。花小，白色，具长梗。果实球形，成熟时白色或红色。花期6—7月，果期8—9月。【产地】非洲热带地区。

松叶蕨 *Psilotum nudum*

【科属】松叶蕨科 松叶蕨属。【简介】小型蕨类，附生树干上或岩缝中。地上茎直立，下部不分枝，上部多回二叉分枝。叶为小型叶，散生，二型，不育叶鳞片状三角形，草质，孢子叶二叉形。孢子囊单生在孢子叶叶腋，球形，2瓣纵裂，黄褐色。孢子肾形。【产地】中国西南至东南地区。全世界热带和亚热带地区。【其他观赏地点】蕨园。

1, 2, 3. 长节芦竹芋 4, 5. 松叶蕨

1 2 3 4

披针观音座莲 *Angiopteris caudatiformis*

【科属】合囊蕨科（观音座莲科）观音座莲属。【简介】大型陆生植物，高 1 ~ 2 m，根状茎肥大，肉质圆球形，辐射对称。叶二回羽状，小羽片 14 ~ 18 对，长披针形，基部近圆形，先端长渐尖，边缘有锯齿。孢子囊群线形，距边缘 1 mm 处着生。【产地】云南。缅甸、越南。【其他观赏地点】沟谷雨林。

戟叶黑心蕨 *Calciphilopteris ludens*

【科属】凤尾蕨科 戟叶黑心蕨属。【简介】草本。叶二型，柄为亮栗黑色，不育叶分裂浅而粗，五角状披针形或戟形，能育叶高出不育叶，羽状深裂达叶轴的阔翅，侧生羽片 3 ~ 4 对，基部一对最大。孢子囊群生能育裂片的边缘上。【产地】云南。印度、缅甸、越南、老挝、柬埔寨、马来西亚及菲律宾。

1，2. 披针观音座莲　3，4. 戟叶黑心蕨

水生植物园及湿生植物区

水生植物园位于棕榈园和荫生园之间的王莲池，占地面积约 8.7 亩，现收集保存了约 90 种植物，主要向公众展示王莲和睡莲。每年夏季水中的王莲生长旺盛，直径可达 2 m，常形成“千张王莲水上漂”的壮观景象，与湖岸上高大的王棕形成鲜明的对比，成为版纳植物园最为人熟知的热带风景。每年的 6—10 月，水生植物园将为慕名而来的游客举办“王莲坐人”体验活动，感受“水中大力士”王莲以叶作舟的神奇与风采。

湿生植物区位于近环江路的棕榈园新区中，以自然式的湖岸串联起多个小湖，可供大量喜浅水环境的水生和湿生植物生长。湿地区占地面积约 3.6 亩，现收集保存了约 80 种植物（含品种），水生植物类群主要包括露兜树科、睡莲科、睡菜科、禾本科、莎草科、竹芋科、泽泻科、环花草科等。

卤蕨 *Acrostichum aureum*

【科属】凤尾蕨科 卤蕨属。【简介】常绿多年生草本，高可达 2 m。叶簇生，叶片一回羽状，羽片多达 30 对，全缘，通常上部的羽片较小，能育。叶脉网状，两面可见。叶厚革质，干后黄绿色，光滑。孢子囊满布能育羽片下面，无盖。【产地】广东、海南、云南。世界热带地区广布。【其他观赏地点】百花园。

池杉 *Taxodium distichum* var. *imbricatum*

【科属】柏科 落羽杉属。【简介】落叶乔木。干基通常膨大，常有屈膝状的呼吸根。叶钻形，在枝上螺旋状伸展。球果球形或卵圆形。花期 3—4 月，果期 10—12 月。【产地】北美东南部。【其他观赏地点】百花园。

1, 2. 卤蕨 3, 4, 5. 池杉

环花草 *Cyclanthus bipartitus*

【科属】环花草科　环花草属。【简介】粗壮草本，高达 1.5 m。叶大型，两面光滑无毛，先端 2 浅裂，叶柄细长。花序从基部叶腋长出，高达 50 cm，苞片肉质，黄色，环状雌花群与环状雄花群相间分布。花期 4—5 月。【产地】南美洲。

翅柄玉须草 *Asplundia alata*

【科属】环花草科　玉须草属。【简介】粗壮草本，高达 1 m。叶轮廓倒卵形，顶端 2 深裂，基部沿叶柄下延成翅，具折扇状脉。穗状花序圆柱形，雌雄花混生，无花被片，雌花具发状退化雄蕊。花期 6—9 月。【产地】南美洲。

1, 2. 环花草　3, 4. 翅柄玉须草

1　　2

3　　4　　5

露兜树 *Pandanus tectorius*

【科属】露兜树科　露兜树属。【简介】常绿多分枝灌木。支柱根粗大。叶簇生于枝顶，紧密螺旋状排列，条形，长达 80 cm，叶缘和背面中脉均有粗壮的锐刺。雄花序由若干穗状花序组成，雌花序单生于枝顶，圆球形。聚花果由 40 ~ 80 个核果束组成。【产地】中国东南沿海。东南亚、太平洋岛屿等。【其他观赏地点】棕榈园、藤本园。

同属植物

香露兜 *Pandanus amaryllifolius*

【简介】常绿多年生草本。地上茎直立，有分枝。叶长剑形，长约 30 cm，宽约 1.5 cm，叶缘具微刺，叶尖刺稍密。花果未见。【产地】印度尼西亚（马鲁古群岛）。【其他观赏地点】荫生园。

红刺露兜树 *Pandanus utilis*

【常用别名】扇叶露兜树。【简介】常绿多分枝灌木。支柱根粗大。叶螺旋生长，直立，长披针形，叶缘及背面中脉有细小红刺。花单性异株，雄花序下垂，花芳香。聚花果圆球形或长圆形。花期秋季，第二年秋季果熟。【产地】马达加斯加。【其他观赏地点】国花园。

1. 露兜树　2. 香露兜　3，4，5. 红刺露兜树

1, 2. 分叉露兜　3. 粉美人蕉　4, 5. 爆仗竹

分叉露兜 *Pandanus urophyllus*

【**简介**】常绿乔木，高 7 ~ 12 m。常于茎端二歧分枝，具粗壮气根。叶聚生茎端，叶片革质，带状，长 1 ~ 4 m，边缘具较密的细锯齿。雌雄异株。聚花果椭圆形，红棕色，外果皮肉质而有香甜味；核果或核果束骨质，1 ~ 2 室，宿存柱头呈二歧刺状。花果期 6—10 月。【**产地**】云南、广东、广西、西藏。印度北部至中南半岛。【**其他观赏地点**】荫生园、名人园、树木园。

粉美人蕉 *Canna glauca*

【**科属**】美人蕉科 美人蕉属。【**简介**】常绿多年生草本。叶片披针形，叶背绿色，被白粉。总状花序疏花，花黄色、粉色或红色，无斑点，花冠裂片线状披针形，外轮退化雄蕊 3 枚，花瓣状，倒卵状长圆形，唇瓣狭。蒴果。花期 6—9 月。【**产地**】中美洲、南美洲。【**其他观赏地点**】百花园。

爆仗竹 *Russelia equisetiformis*

【**科属**】车前科（玄参科）爆仗竹属。【**简介**】灌木，枝条绿色，多分枝，常弓曲。叶轮生，卵形，边缘具疏齿，常退化而不明显。花生小枝端，花冠筒状，红色或黄白色。花期几乎全年。【**产地**】墨西哥。【**其他观赏地点**】百花园、荫生园。

圆叶节节菜 *Rotala rotundifolia*

【科属】千屈菜科 节节菜属。【简介】多年生草本，根茎细长，匍匐地上。叶对生，近圆形。花单生组成顶生稠密的穗状花序，花极小，花瓣 4 枚，淡紫红色。花期 3—5 月。【产地】长江以南大部分地区。东南亚及日本。【其他观赏地点】百花园。

纸莎草 *Cyperus papyrus*

【科属】莎草科 莎草属。【常用别名】埃及纸莎草。【简介】多年生常绿挺水草本。茎秆直立丛生，三棱形，不分枝。叶退化成鞘状，棕色，包裹茎秆基部。总苞叶状，顶生，线形。花小，淡紫色。花期 6—7 月。【产地】非洲。

1 2

3

1, 2. 圆叶节节菜 3. 纸莎草

水鬼蕉 *Hymenocallis littoralis*

【科属】石蒜科　水鬼蕉属。【常用别名】蜘蛛兰。【简介】常绿多年生草本。叶剑形，顶端急尖，基部渐狭，深绿色。花茎扁平，花茎顶端生花 3 ~ 8 朵，白色，花被管纤细，雄蕊杯钟形。花期 4—6 月。【产地】中美洲、南美洲。【其他观赏地点】荫生园、名人园、南药园。

圆齿荇菜 *Nymphoides crenata*

【科属】睡菜科　荇菜属。【简介】多年生浮叶水生草本。叶片圆心形，边缘有浅圆齿。花数朵簇生在一起，花冠黄色，5 深裂，密生黄色流苏状长柔毛。花期 4—10 月。【产地】澳大利亚。

同属植物

金银莲花 *Nymphoides indica*

【简介】多年生浮叶水生草本。叶近圆形，基部心形。花多数，簇生节上。花冠白色，5 深裂，基部黄色，密生白色流苏状长柔毛。花期 4—10 月。【产地】亚洲热带和亚热带地区，现世界广泛栽培。【其他观赏地点】百花园。

1

2

3

1. 水鬼蕉　2. 圆齿荇菜　3. 金银莲花

圆齿荇菜
金银莲花

红柱萍蓬草 *Nuphar × rubrodisca*

【科属】睡莲科 萍蓬草属。【简介】多年生浮叶水生草本。根状茎肥厚，横生。叶近圆形，基部心形。花常挺出水面，花萼常 5 枚，革质，黄色，花瓣状；花瓣多数，条状，雄蕊多数。柱头盘常 10 浅裂，红色。浆果卵形。花果期几乎全年。【产地】广布欧亚大陆。【其他观赏地点】百花园。

巨叶睡莲 *Nymphaea gigantea*

【科属】睡莲科 睡莲属。【常用别名】澳洲巨花睡莲、蓝巨睡莲。【简介】多年生浮叶水生草本，叶圆形，直径可达 75 cm，绿色，基部具弯缺，边缘具齿。花大，花初期淡紫色，后变为淡蓝色，后几乎为白色，直径可达 30 cm。花期几乎全年。【产地】澳大利亚和巴布亚新几内亚。

1　2　3

1, 2. 红柱萍蓬草　3. 巨叶睡莲

同属植物

齿叶睡莲 *Nymphaea lotus*

【**常用别名**】埃及白睡莲。【**简介**】多年生浮叶水生草本。叶纸质，卵状圆形，基部具深弯缺，裂片圆钝。花瓣白色，先端圆钝，雄蕊花药先端不延长，外轮花瓣状。花期几乎全年。【**产地**】印度、缅甸、泰国、菲律宾、匈牙利及非洲北部。【**其他观赏地点**】百花园、荫生园。

印度红睡莲 *Nymphaea rubra*

【**常用别名**】红花睡莲。【**简介**】多年生浮叶水生草本，叶圆形，直径 25 ~ 48 cm，幼叶常紫红色，叶缘具齿。花大，粉红色至深紫红色。常于夜间开放，至次日中午前闭合。花期可达全年。【**产地**】南亚至东南亚地区。【**其他观赏地点**】百花园。

1

2

3

1. 齿叶睡莲　2, 3. 印度红睡莲

王莲 *Victoria amazonica*

【科属】睡莲科　王莲属。【常用别名】王马孙王莲。【简介】大型浮叶水生草本。叶柄及花梗密被尖刺，叶片圆盘状，直径达 2 m。成熟叶圆形，叶缘向上反折，高约 5 cm。花单生，花萼外面被细长尖刺，花初开时白色，芳香，后变粉红色至红色。浆果，具多数种子。花期 5—9 月，果期 9—11 月。【产地】南美洲热带地区。【其他观赏地点】百花园。

同属植物

克鲁兹王莲 *Victoria cruziana*

【常用别名】小王莲。【简介】大型浮叶水生草本。叶圆盘状，浮于水面，直径达 2 m。成熟叶圆形，叶缘向上反折，高达 20 cm。花单生，花萼外面光滑无刺，初开时白色，有香气，次日逐渐变为粉红色，至凋落时变紫红色。浆果。花期 5—9 月，果期 9—11 月。【产地】南美洲热带地区。

1

2

3

4

1, 2. 王莲　3, 4. 克鲁兹王莲

1　2　3　4　5

垂枝红千层 *Callistemon viminalis*

【科属】桃金娘科 红千层属。【常用别名】串钱柳。【简介】常绿小乔木。枝条柔软下垂，叶狭线形，柔软，细长如柳，嫩叶绿色，叶片内具透明腺点。穗状花序顶生，花两性，花丝红色，下垂。蒴果。花期 3—9 月。【产地】澳大利亚。【其他观赏地点】能源园、南药园、国花园。

喜光千年健 *Homalomena expedita*

【科属】天南星科 千年健属。【简介】常绿多年生草本。根茎匍匐，丛生。叶片膜质至纸质，圆心形。花序生于叶柄基部，佛焰苞直立，常浅绿色，包围肉穗花序，几乎不打开。花期 4—5 月，果期 7—8 月。【产地】婆罗洲。【其他观赏地点】百花园。

1, 2, 3. 垂枝红千层　4, 5. 喜光千年健

1

2

3

4

象蒲 *Typha elephantina*

【科属】香蒲科 香蒲属。【简介】多年生挺水草本。叶条形，直立。花单性，雌雄同株，穗状花序棒状，红棕色，雌雄花序远离。花期6—9月，果期6—9月。【产地】云南。南亚、中亚、非洲。【其他观赏地点】百花园。

粉绿狐尾藻 *Myriophyllum aquaticum*

【科属】小二仙草科 狐尾藻属。【常用别名】大聚藻。【简介】多年生挺水草本。叶多为5叶轮生，叶片圆扇形，一回羽状，两侧有8～10片淡绿色的丝状小羽片。雌雄异株，穗状花序，白色。分果。花期7—8月。【产地】南美洲。【其他观赏地点】百花园、南药园。

1, 2. 象蒲　3, 4. 粉绿狐尾藻

高莛雨久花 *Monochoria elata*

【科属】雨久花科 雨久花属。【简介】多年生挺水草本。叶基生，箭形，先端渐尖，全缘。花茎直立，总状花序，花被片紫蓝色，花药黄色。蒴果长圆形。花期 8—10 月。【产地】海南。马来西亚、缅甸、泰国。

梭鱼草 *Pontederia cordata*

【科属】雨久花科 梭鱼草属。【常用别名】海寿花。【简介】多年生挺水草本植物。基生叶广卵圆状心形，顶端急尖或渐尖，基部心形，全缘。由 10 余朵花组成总状花序，顶生，花蓝色。花期 5—10 月。【产地】北美洲。

1 2

3 4

1, 2. 高莛雨久花　3, 4. 梭鱼草

象耳泽泻 *Aquarius cordifolius*

【科属】泽泻科 象耳泽泻属。【简介】多年生常绿挺水草本。叶基生，具长柄，心形至长心形。圆锥花序比叶长，花萼 3 枚，绿色，宿存。花瓣 3 枚白色，阔卵圆形。雄蕊多枚，雌蕊群聚集成球状。花期 5—9 月。【产地】美国东南部、墨西哥至南美洲北部地区。

黄花蔺 *Limnocharis flava*

【科属】泽泻科（花蔺科） 黄花蔺属。【简介】水生草本。叶丛生，挺出水面，叶片卵形至近圆形，先端圆形或微凹，基部钝圆或浅心形。花葶基部稍扁，伞形花序，苞片绿色，内轮花瓣状花被片淡黄色。花期 4—8 月。【产地】云南和广东。东南亚及美洲。【其他观赏地点】百花园。

雪茄竹芋 *Calathea lutea*

【科属】竹芋科 肖竹芋属。【常用别名】黄花竹芋。【简介】常绿多年生草本，高可达 2 m 或更高，具重叠的叶鞘组成的假茎。叶大，长可达 1 m，卵形到椭圆形，先端圆，全缘，绿色。穗状花序由叶鞘中伸出，有 5 ~ 12 个革质的覆叠瓦状苞片，青铜色或红棕色。花黄色。花期 3—4 月。【产地】热带美洲沿海地区。【其他观赏地点】荫生园。

1　　2

3

4

1. 象耳泽泻
2. 黄花蔺
3, 4. 雪茄竹芋

象耳泽泻
黄花蔺

席叶蕉 *Schumannianthus benthamianus*

【科属】竹芋科 席叶蕉属。【简介】常绿多年生草本。茎直立，多分枝。叶椭圆形，全缘，两面光滑。穗状花序常生于小枝顶端，花较大，白色。浆果较硬，常有3棱。花期5—9月。【产地】南亚至东南亚地区。

垂花水竹芋 *Thalia geniculata*

【科属】竹芋科 水竹芋属。【简介】多年生挺水植物。叶鞘绿色，叶片长卵圆形，先端尖，基部圆形，全缘。花茎可达3 m，直立，花序细长，弯垂，花不断开放，花梗呈“之”字形。花冠粉紫色，先端白色。另有栽培品种红鞘垂花水竹芋‘Ruminoides’，与原种的主要区别为叶鞘红色。花期6—9月。【产地】非洲热带地区。【其他观赏地点】百花园。

1, 2. 席叶蕉　3, 4. 垂花水竹芋

棕榈园

棕榈园于 1976 年建立，通过不断的改造、扩建，现有面积约 140 亩，共收集来自世界各地的棕榈科植物 400 余种，保存有列为国家重点保护植物的琼棕、矮琼棕、董棕、龙棕等，并重点对棕榈科有重要食用价值和经济价值的种类进行了收集，如棕榈类水果（蛇皮果和糖椰）、棕榈科重要经济植物（油棕、椰子、海枣、砂糖椰子、桃果椰子）等。此外，在棕榈园中还专门开辟了藤本类棕榈植物收集区，收集藤本棕榈类约 35 种，分属于省藤属、黄藤属、钩叶藤属。

在植物分类上，棕榈科分为省藤亚科、水椰亚科、贝叶棕亚科、蜡椰亚科、槟榔亚科 5 个亚科。棕榈园的分区便采用了这一分类方法，通过构建多样性的生境，以满足各种类型的棕榈科植物生长所需的条件。通过引水入园，在棕榈园创造了一个自然的湿地环境，配以不同形态的棕榈科植物高低错落、疏密交互种植，形成一个与自然界相仿的棕榈植物生长环境。园中搭建的仿自然式建筑——露兜舫、槟榔榭、听雨阁和南熏轩点缀其中，并以水上曲桥及园中小径将其相连，可供游人欣赏不同角度的多样景观。园中最佳视角便是登高步入南熏轩，可以俯视全景的角度品味这里具有浓郁热带风光的棕榈与湿地景色。该园收集的棕榈类物种数量在国内外处于领先地位，是世界上户外保存棕榈种类最多的专类园之一。

轮羽棕 *Allagoptera arenaria*

【科属】棕榈科　香花椰子属。【简介】灌木状，茎干单生或丛生。叶长 2 ~ 3 m，羽状深裂，常 4 ~ 6 枚轮生，顶端常向后反卷。穗状花序生于茎顶叶腋，比叶短，外观呈棒状，被 1 枚佛焰苞包裹。花雌雄同株。果实成熟时橙黄色，可食用。花期 5—8 月。【产地】巴西。

轮羽棕

1, 2, 3. 山棕　4, 5. 砂糖椰子

山棕 *Arenga engleri*

【科属】棕榈科 桄榔属。【常用别名】香桄榔。【简介】丛生灌木。叶羽状全裂，长 2 ~ 3 m，羽片互生，顶部的羽片顶端变宽而具啮蚀状齿。叶柄及叶轴被黑色鳞秕，叶鞘为黑色的网状纤维。花序生于叶间，多分枝，雌雄同株。雄花稍大，金黄色，有香气。雌花近球形，长约 6 mm。果实近球形，钝三棱，成熟时红色。花期 5—6 月，果期 11—12 月。【产地】中国台湾。【其他观赏地点】名人园。

同属植物

砂糖椰子 *Arenga pinnata*

【简介】大乔木状。叶片一回羽状分裂，常竖直生长，羽片多达 150 对，条形，在叶轴上排成不同平面，叶面深绿色，背面银白色。雌雄同株，腋生花序下垂。果实球形至卵球形。【产地】印度至东南亚地区。

1　　2

3　　4

桃果椰子 *Bactris gasipaes*

【科属】棕榈科　桃果椰子属。【常用别名】桃果棕。【简介】乔木状，茎干常丛生，密被黑色长刺，有老叶脱落后留下的环状叶痕。叶片羽状全裂，长约 2 m。花雌雄同株。果卵圆形，成熟后橙红色，果肉可食用。【产地】南美洲。

霸王棕 *Bismarckia nobilis*

【科属】棕榈科　霸王棕属。【常用别名】霸王榈。【简介】大乔木状。叶丛生，掌状深裂，银绿色，裂片达 100 枚或更多，叶缘深裂，先端钝，2 裂。穗状花序，下垂，雌雄异株。核果。【产地】马达加斯加。

1，2. 桃果椰子　3，4. 霸王棕

埃塞俄比亚糖棕 *Borassus aethiopum*

【科属】棕榈科 糖棕属。【常用别名】糖椰。【简介】乔木状。叶大型，掌状分裂，裂至中部。花雌雄异株，花序大，生于叶腋。果实大，近球形，压扁，外果皮成熟时橙黄色。果期几乎全年。【产地】非洲热带地区。

滇南省藤 *Calamus henryanus*

【科属】棕榈科 省藤属。【简介】木质攀缘藤本，茎细长，长约 10 m。叶羽状全裂，顶端不具纤鞭，羽片整齐排列，线状剑形。雌雄花序同型或异型，二回分枝。果实倒卵球形，具急尖而明显的喙，鳞片黄褐色。花期 3—5 月，果期 11 月。【产地】广西、四川和云南。中南半岛。

1, 2. 埃塞俄比亚糖棕 3, 4. 滇南省藤

同属植物

白藤 *Calamus tetradactylus*

【简介】木质攀缘藤本，茎细长，叶羽状全裂，顶端不具纤鞭。羽片少，2 ~ 3片成组排列，顶端4 ~ 6片聚生，披针状椭圆形或长圆状披针形。雌雄花序异型。果实球形，鳞片中央有沟槽，稍光泽，淡黄色。花期5—6月。【产地】广东、广西、福建、海南。越南。

董棕 *Caryota obtusa*

【科属】棕榈科 鱼尾葵属。【简介】乔木状。叶弓状下弯，羽片宽楔形或狭的斜楔形，幼叶近革质，老叶厚革质。花序具多数、密集的穗状分枝花序，花序梗圆柱形，粗壮，萼片近圆形。果实球形至扁球形。花期6—10月，果期5—10月。【产地】广西、云南等。印度、斯里兰卡、缅甸至中南半岛。

1, 2, 3. 白藤　4, 5. 董棕

1，2. 短穗鱼尾葵
3，4. 椰子
5. 三角椰子

1 2 3 4 5

同属植物

短穗鱼尾葵 *Caryota mitis*

【简介】丛生灌木状。叶下部羽片小于上部羽片，羽片呈楔形或斜楔形，外缘笔直，内缘一半以上弧曲成不规则的齿缺。花序短，雄花花瓣狭长圆形，雌花花瓣卵状三角形。果球形，成熟时紫红色。花期 4—6 月，果期 8—11 月。【产地】海南、广西至东南亚。

椰子 *Cocos nucifera*

【科属】棕榈科 椰子属。【常用别名】可可椰子。【简介】乔木状。叶羽状全裂，长 3 ～ 4 m，裂片多数，外向折叠，革质，线状披针形。花序腋生，多分枝，佛焰苞纺锤形，花瓣 3 枚。果卵球状或近球形。花果期全年。【产地】广东、海南、台湾及云南热带地区。沿海热带。【其他观赏地点】民族园、藤本园。

三角椰子 *Dypsis decaryi*

【科属】棕榈科 金果椰属。【简介】中等乔木状。叶一回羽状，浅灰蓝色，整齐地排成 3 列，叶鞘外侧中央具 1 显著突出的脊，由叶鞘包裹的植株基部呈三角状，小叶排列整齐。花序生叶间，花绿黄色。果卵圆形。花期 5—7 月，果期 9—10 月。【产地】马达加斯加。

1, 2. 酒瓶椰
3, 4, 5. 叉茎棕

1

2

3

4

5

酒瓶椰 *Hyophorbe lagenicaulis*

【**科属**】棕榈科 酒瓶椰属。【**常用别名**】酒瓶椰子、酒瓶棕。【**简介**】小乔木状，茎单生，高达 6 m，基部膨大如酒瓶。一回羽状复叶集生茎端，拱形、旋转，羽片可达 100 枚，整齐排成 2 列。花小，黄绿色。果实卵圆形。花期 11 月—翌年 3 月，果期 3—9 月。【**产地**】马斯克林群岛。【**其他观赏地点**】奇花园、国花园。

叉茎棕 *Hyphaene coriacea*

【**科属**】棕榈科 叉茎棕属。【**简介**】大灌木状，茎干常有分枝，密被残留的黑色叶鞘。叶片灰绿色，聚生于枝顶，掌状分裂，叶轴顶端呈拱形弯曲，叶柄基部两侧具黑色钩刺。花序生于叶腋，一回分枝。果实梨形，成熟时红棕色。花期 5—6 月，果期 10 月—翌年 2 月。【**产地**】非洲热带地区。

菱叶棕 *Johannesteijsmannia altifrons*

【科属】棕榈科 菱叶棕属。【常用别名】泰氏榈。【简介】小灌木状，主茎矮小。叶长椭圆状菱形，边缘有锯齿，羽状脉整齐，形成明显的褶皱。叶面深绿色，叶背灰白色。叶柄细长，基部有刺。圆锥花序生于茎干顶部。果球形，黄褐色，外壳表面具圆锥状突起。花期 4—5 月，果期 10—12 月。【产地】东南亚地区。

菱叶棕

红脉棕 *Latania lontaroides*

【科属】棕榈科 红脉葵属。【常用别名】红脉葵。【简介】乔木状，茎单生。叶掌状深裂。幼叶的叶柄、叶脉常带红色。肉质穗状花序，褐色，花序从叶腋间抽出，雌雄异株。果椭圆形，外果皮革质，绿褐色。花期 10—11 月。【产地】留尼汪岛。

圆叶刺轴榈 *Licuala grandis*

【科属】棕榈科 轴榈属。【简介】小乔木状，茎单生，高 2 ~ 3 m。叶聚生茎干顶端，圆形或半圆形，通常不分裂，叶缘锯齿状。花雌雄同株，大型圆锥状花序生于叶腋。果实球形，成熟时红色。【产地】所罗门群岛及瓦努阿图。【其他观赏地点】名人园。

1, 2. 红脉棕　3, 4. 圆叶刺轴榈

1

2　3

4

同属植物

圆盾轴榈 *Licuala peltata* var. *sumawongii*

【常用别名】苏玛旺氏轴榈。【简介】常绿灌木，单干型，高达 2 ~ 3 m。叶圆形，径达 2 m，质地薄，亮绿色，边缘截状裂。花序轴直立，超出叶，花序悬垂，不分枝，花小，黄绿色，具 6 齿的雄蕊杯，白色。果实橘红色。【产地】泰国和马来半岛。

蒲葵 *Livistona chinensis*

【科属】棕榈科 蒲葵属。【简介】乔木状。叶阔肾状扇形，直径达 1 m，掌状深裂至中部，裂片线状披针形，顶部长渐尖。花序呈圆锥状，粗壮，花小，两性。果实椭圆形，种子椭圆形。花果期 4 月。【产地】中国南部。中南半岛。【其他观赏地点】名人园。

1. 圆盾轴榈　2, 3, 4. 蒲葵

1 2 3

4

同属植物

大叶蒲葵 *Livistona saribus*

【简介】大乔木状，高达 20 m。叶大型，圆形或心状圆形，两面绿色，有一个大的、圆形的、不分裂的中心部分，周围分裂成多数的向先端渐狭的裂片，每裂片先端具短 2 裂的小裂片，长约 10 cm，硬挺，不下垂。叶柄粗壮，两侧密被黑褐色的粗壮、压扁、下弯的刺。果实椭圆形，较大，淡蓝色。花果期 5—6 月。【产地】广东、海南及云南。东南亚。【其他观赏地点】百花园、名人园。

阿富汗寒棕 *Nannorrhops ritchieana*

【科属】棕榈科 寒棕属。【简介】丛生棕榈，高达 6 m。叶片呈扇形，通常为蓝绿色至银白色，具主轴的掌状深裂。茎和叶柄无刺，叶柄基部密被黄褐色厚绒毛，可耐 – 20 ~ – 15 ℃低温。圆锥花序顶生。【产地】中亚至西亚地区。

1，2. 大叶蒲葵 3，4. 阿富汗寒棕

江边刺葵 *Phoenix roebelenii*

【科属】棕榈科 海枣属。【常用别名】美丽针葵、软叶刺葵。【简介】灌木状，茎丛生。茎干具宿存的三角状叶柄基部。叶长约 2 m，羽片线形，较柔软，呈 2 列排列，下部羽片变成细长软刺。分枝花序长而纤细，长达 20 cm。果实长圆形，成熟时枣红色，果肉薄而有枣味。花期 4—5 月，果期 6—9 月。【产地】云南。缅甸至越南。【其他观赏地点】国花园。

粉酒椰 *Raphia farinifera*

【科属】棕榈科 酒椰属。【常用别名】象鼻棕。【简介】中等乔木状。叶为羽状全裂，羽片条形。多个花序从顶部叶腋中同时抽出，粗壮，下垂。雄花着生于上部，雌花着生于基部。果实被覆瓦状排列的鳞片。花期 3—5 月，果期为第三年的 2—12 月。【产地】非洲热带地区。

1, 2, 3. 江边刺葵 4, 5, 6. 粉酒椰

国王椰子 *Ravenea rivularis*

【科属】棕榈科 国王椰属。【简介】乔木状，茎单生，圆柱形，中部稍膨大，有环状叶痕。叶羽状全裂，小叶线形，排列整齐。花雌雄同株，花序通常大型多分枝，被一个佛焰苞所包围。果实球形，成熟时红色。【产地】马达加斯加。

大王椰 *Roystonea regia*

【科属】棕榈科 大王椰属。【常用别名】王棕。【简介】乔木状。叶羽状全裂，弓形并常下垂，羽片呈 4 列排列。花序长达 1.5 m，多分枝，花小，雌雄同株。果实近球形至倒卵形，暗红色至淡紫色。花期 7—10 月，果期 10 月。【产地】美洲热带地区。【其他观赏地点】名人园。

1

2 3

1. 国王椰子 2, 3. 大王椰

长序蛇皮果 *Salacca wallichiana*

【科属】棕榈科　蛇皮果属。【简介】丛生灌木，高达 7 m，无地上茎。叶一回羽状分裂，叶面浓绿色，背面灰绿色，叶片不规则排列。花序基生，从叶鞘中抽出，雌雄异株，花序异形。果实梨形，紫色至黄褐色。花期 7—8 月。【产地】东南亚热带地区。

女王椰子 *Syagrus romanzoffiana*

【科属】棕榈科 金山葵属。【常用别名】金山葵。【简介】乔木状，茎单生。叶羽状全裂，长 4 ~ 5 m。花序生于叶腋间，被佛焰苞所包围，一回分枝，分枝多达 80 个或更多。花雌雄同株。果实近球形，果肉橙黄色，可食用。【产地】南美洲。

狐尾椰 *Wodyetia bifurcata*

【科属】棕榈科 狐尾椰属。【常用别名】狐尾棕。【简介】中等乔木状。叶片长达 3 m，复羽状分裂为 11 ~ 17 枚小羽片，小羽片先端啮蚀状，辐射状排列使叶片呈狐尾状。雌雄同株，花黄绿色。果实卵形，红色。花期 8—10 月，果期翌年 6—8 月。【产地】澳大利亚。

1 2 3

4

1，2. 女王椰子 3，4. 狐尾椰

树木园

树木园是植物园重要种质资源基因库，也是版纳植物园最大活标本收藏库。其主要任务是收集、保护热带野生木本植物资源和珍稀濒危植物，引进国内外重要经济植物，为科学研究和生产实践储备资源。在园林应用上，可利用不同的树木构建各种引人入胜的景观。

树木园始建于 1959 年，占地面积约 50 亩，是版纳植物园最早建立的第一个植物专类园。目前已收集保存国内外植物 600 余种，以热带和亚热带的乔木树种为主，兼顾少量灌木和林下草本植物。收集的乔木类以豆科、大戟科、楝科、樟科、木兰科、紫葳科等为主，灌木类以茜草科、紫金牛科、爵床科为主。经过数十年的栽培管理和自然更新，树木园内绿树成荫、蔚然成林，与林下各种观花观果植物构成了优美的园林景观。

朱砂根 *Ardisia crenata*

【**科属**】报春花科（紫金牛科）紫金牛属。【**常用别名**】郎伞树。【**简介**】常绿灌木，高 1 ~ 2 m。叶片革质或坚纸质，椭圆形、椭圆状披针形至倒披针形，顶端急尖或渐尖，基部楔形。伞形花序或聚伞花序，花瓣白色，稀略带粉红色。果球形，鲜红色。花期 5—6 月，果期 10 月—翌年 4 月。【**产地**】中国东南部。印度，缅甸经马来半岛、印度尼西亚至日本。

1, 2, 3. 东方紫金牛　4, 5. 矮紫金牛　6. 白花紫金牛

同属植物

东方紫金牛 *Ardisia elliptica*

【常用别名】春不老。【简介】常绿灌木，高达 2 m。叶厚，新鲜时略肉质，倒披针形或倒卵形，顶端钝和有时短渐尖，基部楔形。亚伞形花序或复伞房花序，花粉红色至白色，萼片圆形，花瓣广卵形。果红色至紫黑色。花期 6—8 月，果期 8 月—翌年 3 月。【产地】中国台湾。

矮紫金牛 *Ardisia humilis*

【简介】灌木，高 1 ~ 2 m，有时达 3 ~ 5 m。叶片革质，倒卵形或椭圆状倒卵形，稀倒披针形，顶端广急尖至钝，基部楔形，微下延。圆锥花序，花瓣粉红色或红紫色。果球形，暗红色至紫黑色。花期 3—4 月，果期 11—12 月。【产地】广东和海南。南亚至东南亚地区。

白花紫金牛 *Ardisia merrillii*

【简介】常绿灌木，高 2 ~ 3 m。叶片坚纸质或革质，椭圆状披针形，顶端急尖或渐尖，基部楔形。二回伞房花序，着生于侧生特殊花枝顶端，花瓣白色。果红色。花期 5—6 月，果期 11 月—翌年 3 月。【产地】云南、广西、海南。越南。

矮紫金牛

白花紫金牛

雪下红 *Ardisia villosa*

【简介】常绿灌木，高达 1 m。叶坚纸质，椭圆状披针形或卵形，先端尖或渐尖，基部楔形。单或复聚伞花序或伞形花序，被锈色长柔毛，侧生或着生于侧生特殊花枝顶端，花瓣淡紫色或粉红色。果球形，深红色或带黑色，被毛。花期 5—7 月，果期 2—5 月。【产地】广东、广西、海南和台湾。越南至印度半岛。

亚洲石梓 *Gmelina asiatica*

【科属】唇形科　石梓属。【简介】小乔木。叶片纸质，卵圆形至倒卵圆形，基部楔形或宽楔形，顶端渐尖，全缘或 3 ~ 5 浅裂。聚伞花序组成顶生总状花序，苞片叶状，早落，花大，黄色，具短柄。核果倒卵形至卵形，无毛。花期 4—5 月，果期 6 月。【产地】广东和广西。东南亚地区。

1, 2. 雪下红　3, 4. 亚洲石梓

柚木 *Tectona grandis*

【科属】唇形科（马鞭草科） 柚木属。【简介】落叶大乔木，小枝淡灰色或淡褐色，四棱形。叶大，对生，卵状椭圆形或倒卵形，厚纸质，全缘。圆锥花序顶生，花有香气，花萼钟状，被白色星状绒毛，花冠白色。花期8月，果期10月。【产地】印度、缅甸、马来西亚和印度尼西亚。【其他观赏地点】名人园。

红背桂 *Excoecaria cochinchinensis*

【科属】大戟科 海漆属。【简介】常绿小灌木。叶对生，纸质，叶片狭椭圆形或长圆形，顶端长渐尖，基部渐狭，边缘有疏细齿，腹面绿色，背面紫红或血红色。花单性，雌雄异株，聚集成腋生或稀兼有顶生的总状花序，花小，无花被片。花期几乎全年。【产地】广东、广西、海南、福建和台湾。东南亚地区。【其他观赏地点】百花园。

1 2

3 4 5

1, 2. 柚木 3, 4, 5. 红背桂

1，2，3. 响盒子
4，5. 长梗三宝木

响盒子 *Hura crepitans*

【科属】大戟科 响盒子属。【常用别名】胡拉木、沙盒树。【简介】乔木，高 10 ~ 40 m，茎密被粗肿的硬刺。叶纸质，卵形或卵圆形，顶端尾状渐尖或骤然紧缩，具小尖头，基部心形。雄花，穗状花序卵状圆锥形，红色，雌花萼管长 4 ~ 6 mm，柱头紫黑色。花期 5—8 月，果期 8—12 月。【产地】美洲热带地区。【其他观赏地点】综合区。

长梗三宝木 *Trigonostemon thyrsoideus*

【科属】大戟科 三宝木属。【简介】灌木至小乔木。叶纸质，倒卵状椭圆形至披针形，顶端短尖至短渐尖，基部阔楔形至近圆形，边缘有不明显疏细锯齿，齿端有腺。圆锥花序顶生，雌雄异花，花瓣 5 枚，长圆形，黄色。蒴果具 3 深纵沟。花期 4—7 月，果期 8—10 月。【产地】云南、广西、贵州。越南北部地区。

缅茄 *Afzelia xylocarpa*

【**科属**】豆科 缅茄属。【**简介**】落叶乔木，高 15 ~ 25 m。小叶 3 ~ 5 对，卵形至近圆形。花萼管状，裂片 4 枚，绿色；花瓣仅 1 枚，红紫色，倒卵形至近圆形，具柄；能育雄蕊 7 枚，基部稍合生；子房狭长形，被毛，花柱长而突出。荚果扁长圆形，长 11 ~ 17 cm，黑褐色，木质，坚硬；种子基部有 1 角质、坚硬的假种皮状种柄。花期 4—5 月，果期 11—12 月。【**产地**】东南亚地区。【**其他观赏地点**】百花园。

栗豆树 *Castanospermum australe*

【科属】豆科 栗豆树属。【常用别名】绿元宝。【简介】常绿乔木，高 8 ~ 20 m，原产地可达 40 m。一回奇数羽状复叶，小叶呈长椭圆形，先端尖，基部圆，近对生，全缘，革质。圆锥花序，萼片黄绿色，花橙黄色。荚果，种子极大，如鸡蛋大小。花期 4—5 月，果期 8—9 月。【产地】澳大利亚。

象耳豆 *Enterolobium cyclocarpum*

【科属】豆科 象耳豆属。【简介】落叶大乔木，高 10 ~ 20 m，小枝绿色。二回羽状复叶，羽片 4 ~ 9 对，小叶 12 ~ 25 对，镰状长圆形，先端具小尖头，基部截平。头状花序圆球形，有花 10 余朵，簇生或呈总状花序式排列，花绿白色。荚果弯曲成耳状，熟时黑褐色，肉质，不开裂。花期 4—6 月，果期 11 月—翌年 2 月。【产地】中美洲、南美洲。

1, 2. 栗豆树　3, 4, 5. 象耳豆

变色崖豆 *Millettia versicolor*

【科属】豆科 崖豆藤属。**【简介】**乔木，羽状复叶，小叶 5 ~ 6 对，长圆状椭圆形。总状圆锥花序生于枝顶，花排列密集，花冠粉紫色。荚果扁平，坚硬。花期 7—9 月，果期 9—11 月。**【产地】**非洲。

云南无忧花 *Saraca griffithiana*

【科属】豆科 无忧花属。**【简介】**乔木，高达 18 m。小叶 4 ~ 6 对，纸质，长圆形或倒卵状长圆形，先端圆钝，基部圆或楔形。伞房状圆锥花序腋生，有密而短小的分枝，花多数，密集，花橘红色，具长梗，雄蕊 4 枚，长约 3 cm。花期 2—3 月。**【产地】**云南。缅甸。**【其他观赏地点】**藤本园、民族园、野菜园。

1, 2. 变色崖豆 3, 4. 云南无忧花

美丽决明 *Senna spectabilis* (*Cassia spectabilis*)

【科属】豆科 决明属（腊肠树属）。【简介】常绿小乔木，高约 5 m。叶互生，具小叶 6 ~ 15 对，小叶对生，椭圆形或长圆状披针形，顶端短渐尖，基部阔楔形或稍带圆形。花组成顶生的圆锥花序或腋生的总状花序，花瓣黄色。荚果。花期 9—12 月，果期翌年 4—5 月。【产地】中美洲、南美洲。【其他观赏地点】能源园。

囊瓣哥纳香 *Goniothalamus saccopetaloides*

【科属】番荔枝科 哥纳香属。【简介】灌木，高达 1.5 m。叶革质，倒卵形，先端尾状渐尖，基部楔形。花生老茎上，萼片开展，花瓣肉质，初开时黄绿色，后变粉红色。果实球形，聚生，成熟时红色。花期 4—5 月，果期 9—10 月。【产地】老挝。

1　2　3

1. 美丽决明　2, 3. 囊瓣哥纳香

金钩花 *Pseuduvaria trimera*

【科属】番荔枝科 金钩花属。【简介】常绿乔木，高约 10 m。叶纸质，长圆形，顶端渐尖，基部宽楔形至近圆形。花黄色，多朵簇生于叶腋内，内轮花瓣在花蕾时向内弯拱而粘合成帽状体。果圆球状，有很多小瘤体凸起，密被短柔毛。花期 2—3 月，果期 7—10 月。【产地】云南南部。越南。

印度钩枝藤 *Ancistrocladus heyneanus*

【科属】钩枝藤科 钩枝藤属。【简介】攀缘灌木，长达 4 ~ 10 m，幼时常呈直立灌木状，枝具环形内弯的钩。叶常聚集于茎顶，叶片革质，长圆形、倒卵长圆形至倒披针形，先端圆或圆钝，基部渐窄而下延。花序二歧状分枝，花瓣基部合生，质厚，红色。花期 2—3 月。【产地】印度。

1, 2, 3. 金钩花 4, 5. 印度钩枝藤

台琼海桐 *Pittosporum pentandrum* var. *formosanum*

【科属】海桐科 海桐花属。【简介】常绿小乔木或灌木，高达 12 m。叶簇生于枝顶，呈假轮生状，倒卵形或矩圆状倒卵，先端钝，基部下延。圆锥花序顶生，由多数伞房花序组成，花淡黄色，有芳香。蒴果扁球形，黄色。花期 5—8 月，果期 8—12 月。【产地】台湾、海南。越南。【其他观赏地点】民族园。

刺黄果 *Carissa carandas*

【科属】夹竹桃科 假虎刺属。【简介】常绿灌木，具有不规则而弯曲的茎，枝腋内或腋间通常具分叉的刺。叶革质，广卵形至近圆形。聚伞花序顶生，稀腋生；总花梗短，长达 1 cm，被短柔毛，通常着花 3 朵，白色或稍带玫瑰色，微香。浆果球形或椭圆形。花期 3—6 月，果期 7—12 月。【产地】印度、斯里兰卡、缅甸和印度尼西亚。【其他观赏地点】综合区。

同属植物

大花假虎刺 *Carissa macrocarpa*

【简介】直立灌木。叶革质，广卵形，顶端具急尖而有小尖头，基部浑圆或钝。聚伞花序顶生，花冠高脚碟状，白色，芳香。浆果卵圆形至椭圆形，亮红色，种子圆形。花期 5—6 月，果期 6—10 月。【产地】非洲南部地区。

1, 2. 台琼海桐
3, 4. 刺黄果
5, 6. 大花假虎刺

海杧果 *Cerbera manghas*

【科属】夹竹桃科 海杧果属。【简介】乔木，高 4 ~ 8 m，全株具丰富乳汁。叶厚纸质，倒卵状长圆形或倒卵状披针形，顶端短渐尖，基部楔形。花冠筒圆筒形，上部膨大，下部缩小，喉部红色，花冠裂片白色，顶端具短尖头。果实椭球形，光滑。花期 3—10 月，果期 7 月—翌年 4 月。【产地】广东、广西和台湾。亚洲和澳大利亚热带地区。【其他观赏地点】南药园。

古城玫瑰树 *Ochrosia elliptica*

【科属】夹竹桃科 玫瑰树属。【常用别名】红玫瑰木。【简介】常绿乔木或灌木状。叶 3 ~ 4 枚轮生，稀对生，倒卵状长圆形至宽椭圆形。伞房状聚伞花序生于枝顶的叶腋，花冠筒细长，裂片线形，白色。核果鲜时红色，渐尖。花期 5—8 月，果期 9—10 月。【产地】澳大利亚。

1　　2　　3

1. 海杧果　2，3. 古城玫瑰树

反瓣狗牙花 *Tabernaemontana pachysiphon*

【科属】夹竹桃科 狗牙花属。**【常用别名】**鱼尾山马茶。**【简介】**乔木，高 10 m，偶达 25 m。叶倒卵状长圆形或倒卵形椭圆形，基部楔形下延，叶柄短或无。聚伞花序，多花。花萼裂片宽卵形至长圆形，花冠黄或白色。花期 3—10 月，果期 6—10 月。**【产地】**非洲西部。**【其他观赏地点】**能源园。

夜灵木 *Tabernanthe iboga*

【科属】夹竹桃科 夜灵木属。**【常用别名】**鹅花树。**【简介】**灌木，高 2 ~ 3m。叶椭圆状倒卵形，先端短尾尖，基部圆形。聚伞花序松散，生小枝顶部叶腋，花黄白色，具粉红色斑点。果实单生，卵形，成熟时黄色。花期 3—4 月，果期 9—10 月。**【产地】**非洲。**【其他观赏地点】**奇花园。

1，2. 反瓣狗牙花 3，4. 夜灵木

倒吊笔 *Wrightia pubescens*

【科属】夹竹桃科 倒吊笔属。**【简介】**乔木，高 8 ~ 20 m。叶坚纸质，每小枝有叶片 3 ~ 6 对，长圆状披针形、卵圆形或卵状长圆形，顶端短渐尖，基部急尖至钝。聚伞花序，花冠漏斗状，白色、浅黄色或粉红色，副花冠呈流苏状。蓇葖果 2 个黏生，线状披针形。花期 4—8 月，果期 8 月—翌年 2 月。**【产地】**广东、广西、贵州和云南。东南亚至澳大利亚。**【其他观赏地点】**名人园。

同属植物

红花倒吊笔 *Wrightia dubia*

【简介】灌木至小乔木，高达 5 m。叶对生，长椭圆形，先端短尾尖，基部圆形。聚伞花序腋生，着花 3 ~ 5 朵，花红色，裂片披针形。蓇葖果双生，互相靠近，线形。花期 6—7 月。**【产地】**东南亚地区。

无冠倒吊笔 *Wrightia religiosa*

【常用别名】水梅。**【简介】**常绿灌木，高达 3 m。叶片椭圆形、卵形或狭矩圆形，沿中脉被柔毛。聚伞花序，总梗短，1 ~ 13 花。花萼卵形，花冠白色，裂片卵形，两面密生柔毛。蓇葖果线形，离生。花期 4—6 月，果期 12 月—翌年 4 月。**【产地】**亚洲热带地区。**【其他观赏地点】**综合区。

1，2. 倒吊笔 3. 红花倒吊笔 4，5. 无冠倒吊笔

亮叶金虎尾 *Malpighia glabra*

【科属】金虎尾科 金虎尾属。【常用别名】西印度樱桃。【简介】常绿小灌木，高约 1 m。叶对生，卵形，先端长渐尖，基部楔形。聚伞花序常生枝顶叶腋，花粉红色，花瓣半圆形，边缘撕裂状，具长爪。浆果近球形，成熟时红色。花期 4—10 月。【产地】中美洲、南美洲。【其他观赏地点】百花园。

火桐 *Firmiana colorata*

【科属】锦葵科（梧桐科） 梧桐属。【简介】落叶乔木，高达 15 m。叶广心形，顶端 3 ~ 5 浅裂，基部心形，基生脉 5 ~ 7 条。聚伞花序作圆锥花序式排列，密被橙红色星状短柔毛，花红色，雌雄异花。蓇葖果有柄，膜质，成熟前甚早就开裂成叶状。花期 2—3 月，果期 4—5 月。【产地】云南。印度、斯里兰卡、缅甸、越南、泰国。【其他观赏地点】名人园、综合区、野花园。

1, 2. 亮叶金虎尾　3, 4, 5. 火桐

1 2 3 4 5

大叶木槿 *Hibiscus macrophyllus*

【科属】锦葵科 木槿属。【简介】乔木，高 6 ~ 9 m，树皮灰白色。叶近圆心形，直径 20 ~ 36 cm，全缘或具锯齿，先端渐尖，两面均密被星状长绒毛。多花排列成顶生聚伞花序，花大，黄色，内面基部紫色。蒴果长圆形。花期 3—5 月，果期 7 月。【产地】云南。亚洲其他热带地区。【其他观赏地点】民族园。

云南可爱花 *Eranthemum tetragonum*

【科属】爵床科 喜花草属。【简介】草本，高 1 m。叶片披针形、线状披针形到长圆形，基部渐狭并下延至叶柄，边全缘或具细齿，先端渐尖。苞片具柔毛，花冠蓝色到浅紫色。蒴果。花期 1—3 月，果期 3—5 月。【产地】云南。柬埔寨、老挝、缅甸、泰国、越南。

山楝 *Aphanamixis polystachya*

【科属】楝科 山楝属。【简介】常绿乔木。叶为奇数羽状复叶，小叶对生，先端渐尖，基部楔形或宽楔形，边全缘。花序腋生，花瓣 3 枚。蒴果，熟后开裂为 3 果瓣，种子有红色假种皮。花期 5—9 月，果期 10 月—翌年 4 月。【产地】广东、广西、云南。印度、中南半岛、印度尼西亚等。【其他观赏地点】能源园、综合区。

1, 2. 大叶木槿　3. 云南可爱花　4, 5. 山楝

杜楝 *Turraea pubescens*

【科属】楝科 杜楝属。【简介】落叶灌木，叶片椭圆形或卵形。总状花序腋生，呈伞房花序状，总花梗极短，有花 4 ~ 5 朵，花瓣 5 枚，白色，条形，雄蕊合生成管状。蒴果球形。花期 4—5 月，果期 8—11 月。【产地】广东、广西和海南。中南半岛、印度尼西亚。

海葡萄 *Coccoloba uvifera*

【科属】蓼科 海葡萄属。【简介】灌木或小乔木。单叶互生，叶片阔心形、肾形或近圆形，先端钝或微凹，全缘，新叶红色。总状花序，花白色，花被片 5 枚。浆果状瘦果球形。花期 4—6 月，果期 6—8 月。【产地】西印度群岛。

1, 2. 杜楝　3, 4. 海葡萄

无蚁蓼树 *Triplaris cumingiana*

【**科属**】蓼科 蓼树属。【**简介**】常绿乔木。树皮光滑，树皮呈不规则斑块状驳落。叶革质，长卵形至卵状披针形。圆锥状花序生于枝顶，花单性异株，雌花结果时宿存 3 枚萼片扩大成翅状，鲜红色。花期 1—2 月，果期 3 月。【**产地**】南美洲热带地区。【**其他观赏地点**】奇花园。

灰莉 *Fagraea ceilanica*

【科属】龙胆科（马钱科） 灰莉属。【常用别名】华灰莉木、非洲茉莉。【简介】常绿乔木或灌木，叶稍肉质，互生，倒卵形或长圆形。花常单生叶腋，花冠漏斗状，白色而芳香。浆果球形。花期 4—8 月，果期 7 月—翌年 3 月。【产地】台湾、海南、广东、广西和云南。南亚至东南亚地区。【其他观赏地点】民族园。

睦南木莲 *Manglietia chevalieri*

【科属】木兰科 木莲属。【简介】常绿大乔木，高达 20 m。叶革质，倒卵形，光滑无毛。花被片 9 枚，分 3 轮排列，外轮 3 枚质薄，背面带绿色，内两轮肉质，白色而微带黄色，倒卵形；雌蕊群圆柱形。聚合果卵圆形或长圆形。花期 2—4 月，果期 9—10 月。【产地】老挝和越南。【其他观赏地点】民族园。

1，2. 灰莉 3，4. 睦南木莲

1　2　3　4　5

盖裂木 *Talauma hodgsonii*

【科属】木兰科　盖裂木属。【常用别名】楊榔木。【简介】常绿乔木。叶大型，革质，倒卵状长圆形。花顶生，花被片9枚，肉质，乳白色。聚合蓇葖果，狭椭圆形到卵球形。花期4—6月，果期8月。【产地】云南和西藏南部。印度东北部至中南半岛。【其他观赏地点】南药园、综合区、野花园。

毒麸杨 *Sorindeia madagascariensis*

【科属】漆树科　毒麸杨属。【简介】常绿小乔木。一回奇数羽状复叶，小叶披针形。圆锥花序常生于树干近基部，小花排列疏松，花粉红色，花冠5裂。核果椭圆形，顶端尖。花期4月，果期10—12月。【产地】非洲东部、马达加斯加。

1，2. 盖裂木　3，4，5. 毒麸杨

红皮青花栀 *Dioecrescis erythroclada*

【科属】茜草科 青花栀属。【简介】落叶乔木，树皮红棕色。叶片纸质，倒阔卵圆形。聚伞花序常生于枝顶叶腋，花萼裂片 5 ~ 6 枚，花瓣状，绿色，花冠裂片短于花萼，黄绿色。花期 6 月。【产地】印度至东南亚地区。

长序龙船花 *Ixora insignis*

【科属】茜草科 龙船花属。【简介】常绿小乔木。叶膜质，长圆形或倒披针形。伞房花序顶生，总花梗长约 14 cm，花冠白色，花冠管纤细，顶部 4 裂。花期 5 月，果期 9—10 月。【产地】云南河口。

同属植物

黑龙船花 *Ixora nigricans*

【简介】常绿灌木。叶纸质，椭圆形至披针形，叶面墨绿色。花密集排成三歧伞房式的聚伞花序。花冠白色，裂片线形，开后向下反折。花期 4 月。【产地】南亚至东南亚地区。

1, 2. 红皮青花栀 3, 4. 长序龙船花 5. 黑龙船花

海滨木巴戟 *Morinda citrifolia*

【**科属**】茜草科 巴戟天属。【**常用别名**】海巴戟天。【**简介**】灌木至小乔木。叶交互对生，长圆形，全缘。头状花序，花多数，花冠白色，漏斗形。聚花核果浆果状，卵形，熟时白色。花果期全年。花期5—7月，果期7—12月。【**产地**】台湾、海南。亚洲热带地区。【**其他观赏地点**】综合区、野菜园。

大苞垂枝茜 *Pouchetia baumanniana*

【**科属**】茜草科 垂雅木属。【**简介**】常绿大灌木。叶对生，椭圆形，先端尖或钝，基部楔形，全缘，绿色。总状花序，悬垂，上具覆瓦状苞片，小花浅绿色。花期2—12月，果期5—12月。【**产地**】非洲。

1，2. 海滨木巴戟　3，4. 大苞垂枝茜

1. 少花鸳鸯茉莉
2, 3. 大叶龙角
4. 万寿竹

1

2　　3　　4

少花鸳鸯茉莉 *Brunfelsia pauciflora*

【科属】茄科 鸳鸯茉莉属。【简介】常绿灌木。花大，单生或 2 ~ 3 朵簇生于枝顶，高脚碟状，初开时蓝色，后转为白色，喉部白色，芳香。花期 3—4 月。【产地】巴西。

大叶龙角 *Hydnocarpus annamensis*

【科属】青钟麻科（大风子科）大风子属。【简介】常绿乔木。叶薄革质，椭圆状长圆形。雄花深绿色，花瓣 4 ~ 5 枚，雄蕊多数。雌花淡绿色，花瓣 8 枚，子房卵圆形，密生短柔毛，柱头膨大，4 ~ 5 裂。浆果近球形，具棕色短柔毛。花期 4—6 月，果期几乎全年。【产地】云南、广西。越南。【其他观赏地点】荫生园、藤本园。

万寿竹 *Disporum cantoniense*

【科属】秋水仙科（百合科）万寿竹属。【简介】多年生草本。地下横走的根状茎，地上茎直立，上部叉状分枝。叶纸质，披针形至狭椭圆状披针形，伞形花序有花 3 ~ 10 朵，花紫色，花被片 6 枚。浆果近球形。花期 5—7 月，果期 8—10 月。【产地】中国南方大部分地区。印度、尼泊尔、不丹和泰国。

胭脂 *Artocarpus tonkinensis*

【科属】桑科 波罗蜜属。【简介】常绿大乔木。叶革质，椭圆形或长圆形。花序单生叶腋，雄花序椭圆形，雌花序球形。聚花果近球形成熟时黄色，干后红褐色。花期4月，果期7—8月。【产地】广东、广西、云南、海南、贵州。中南半岛。

藤黄 *Garcinia hanburyi*

【科属】藤黄科 藤黄属。【简介】常绿乔木。叶对生，革质，阔椭圆形，基部楔形，先端渐尖。花1至数朵簇生于枝条基部。黄瓣4枚，黄色。果实成熟时黄色。花期12月—翌年1月。【产地】中南半岛。

阔叶油点百合 *Drimiopsis maculata*

【科属】天门冬科（百合科）豹叶百合属。【简介】多年生草本。鳞茎扁球形。叶片卵状心形，具长柄，叶面散布紫黑色斑点。总状花序，小花排列紧密，花瓣绿色。花期4—6月。【产地】坦桑尼亚至南非。

1, 2. 胭脂　3, 4. 藤黄　5, 6. 阔叶油点百合

长柄七叶树 *Aesculus assamica*

【科属】无患子科（七叶树科）七叶树属。【简介】落叶大乔木。掌状复叶，小叶 6 ~ 9 枚，厚纸质，长圆披针形。圆锥花序顶生，长约 50 cm。花瓣 4 枚，白色，基部紫红色，雄蕊 5 ~ 7 枚，长短不等。蒴果倒卵圆形。花期 2—5 月，果期 6—10 月。【产地】广西、贵州、云南等。印度东北部至中南半岛。【其他观赏地点】综合区。

淡黄荚蒾 *Viburnum lutescens*

【科属】五福花科（忍冬科）荚蒾属。【简介】常绿灌木。叶近革质，宽椭圆形至矩圆形。聚伞花序复伞形式或圆锥式，顶生或腋生。花冠白色，辐射对称，5 基数，芳香。果实先红色后变黑色。花期 2—4 月，果期 10—12 月。【产地】广东、广西。南亚和东南亚地区。

1

2 3 4

1，2. 长柄七叶树　3，4. 淡黄荚蒾

扬甘比婆羽树 *Bersama yangambiensis*

【科属】新妇花科 婆羽树属。【简介】常绿小乔木。一回奇数羽状复叶，互生，小叶长椭圆形，全缘。总状花序常生于枝顶叶腋，花小，白色。蒴果成熟时开裂为 3 个果瓣，种子鲜红色。花期 6—8 月。【产地】赞比亚。

号角树 *Cecropia peltata*

【科属】荨麻科 号角树属。【常用别名】蚁栖树。【简介】常绿乔木，原产地高达 60 m。叶互生，掌状深裂，裂片 9 ~ 11 枚。雌雄异株，穗状花序，花密生。雄花序 12 ~ 30 个成 1 束，雌花序 4 ~ 6 个成 1 束。花果期几乎全年。【产地】墨西哥南部至南美洲北部和大安的列斯群岛。【其他观赏地点】奇花园。

长柄浆果鸭跖草 *Palisota barteri*

【科属】鸭跖草科 彩杜若属。【常用别名】旭日升。【简介】多年生常绿草本。叶片长椭圆形。圆锥花序多个，生于叶丛基部，小花排列密集，花瓣白色。浆果成熟时鲜红色。花期 3—5 月，果期 7—8 月。【产地】西非热带地区。

1, 2. 号角树 3, 4, 5. 长柄浆果鸭跖草

葫芦树 *Crescentia cujete*

【科属】紫葳科 葫芦树属。【常用别名】炮弹果、瓠瓜木。【简介】常绿小乔木。叶常 2 ~ 5 枚簇生，大小不等，阔倒披针形，顶端微尖，基部狭楔形，具羽状脉。花单生于小枝上，下垂。花冠钟状，微弯，淡绿黄色，具有褐色脉纹。果卵圆球形，浆果。花期 4—9 月，果期几乎全年。【产地】美洲热带地区。【其他观赏地点】名人园、综合区。

同属植物

叉叶木 *Crescentia alata*

【常用别名】十字架树。【简介】常绿小乔木。叶簇生于小枝上，小叶 3 枚，叶柄具阔翅。花常单生于小枝或老茎上，花萼淡紫色，花冠褐色，具有紫褐色脉纹，近钟状。果近球形。花期春至夏，果期秋季。花期 4—6 月，果期 8—10 月。【产地】墨西哥至哥斯达黎加。

1. 葫芦树 3，4，5. 叉叶木

1　2　3　4

吊瓜树 *Kigelia africana*

【科属】紫葳科 吊瓜树属。【简介】常绿乔木。奇数羽状复叶交互对生或轮生，小叶 7 ~ 9 枚，长圆形或倒卵形。圆锥花序，花冠橘黄色或褐红色，上唇 2 片较小，下唇 3 片较大。果下垂，圆柱形。花期 3—5 月，果期 6—10 月。【产地】非洲热带地区。【其他观赏地点】能源园。

蜡烛树 *Parmentiera cereifera*

【科属】紫葳科 蜡烛树属。【简介】常绿小乔木，细枝有刺。三出复叶，对生，总柄上有翅，小叶长椭圆形或卵状椭圆形。花常 1 至数朵簇生于树干或老枝上，花萼佛焰苞状开裂，花冠钟状，淡黄色，略带浅绿。果实长圆柱形，黄绿色，光滑，形似蜡烛。花期 5—9 月，果期 6—12 月。【产地】巴拿马。【其他观赏地点】综合区。

1，2. 吊瓜树　3，4. 蜡烛树

吊瓜树

翅叶木 *Pauldopia ghorta*

【科属】紫葳科 翅叶木属。【简介】灌木或小乔木，高 1 ~ 3 m。叶对生，为二至三回羽状复叶，叶轴具有狭翅。圆锥花序腋生于枝顶，花萼钟状，5 浅裂。花冠黄色至橙黄色，花冠筒状，裂片 5 枚，半圆形。花期 5—6 月，果期 11—12 月。【产地】云南南部。南亚至东南亚地区。【其他观赏地点】奇花园。

羽叶楸 *Stereospermum colais*

【科属】紫葳科 羽叶楸属。【简介】落叶乔木，高 15 ~ 20 m。一回羽状复叶，小叶 3 ~ 6 对，长椭圆形。圆锥花序顶生，花萼钟状，紫色。花冠淡黄色，檐部二唇形，上唇 2 裂，下唇 3 裂，靠近喉部被髯毛。蒴果细长，四棱柱形，弯曲，长 30 ~ 70 cm，果皮厚，近木质。花期 5—7 月，果期 9—11 月。【产地】云南、广西、海南等地。南亚至东南亚地区。

1

2 3 4

1. 翅叶木　2，3，4. 羽叶楸

榕树园

榕树是桑科榕属植物的总称。榕属植物在全世界约 1 000 种，主要分布于热带、亚热带地区。我国约 100 种，3 亚种，43 变种，2 变型。云南有 67 种，西双版纳有榕树植物 48 种、2 亚种和 19 变种，约占云南榕树总种数的 71.6%、占中国榕树总种数的一半。

榕属植物是热带雨林的关键种，开展的树冠、粗壮的分枝为附生植物、藤本植物、喜阴耐阴植物提供了多样的生态位，丰富的果实、鲜嫩的叶片和凋落物等为热带雨林中的鸟兽、昆虫等动物提供了四季不断的食源，而它的绞杀现象调节着热带雨林的物种更新。还有些种类，如菩提树等，被当地人视为神树和佛树，形成了独特的民族榕树文化。木瓜榕、苹果榕、厚皮榕、高榕、聚果榕、突脉榕、黄葛榕等是当地野生木本蔬菜的重要来源，还有较多种类是重要的民族药用植物。

榕树园建于 1996 年，占地面积 44 亩，收集保存榕树属资源 100 余种。园内的高榕、垂叶榕、菩提树、钝叶榕、木瓜榕等已形成独树成林、绞杀、树包塔、树包石等热带景观，丰富的科学内涵使该园日趋成为一个近于自然雨林外貌的生态人文景观。目前，该园已成为国内外开展榕树生态、民族植物文化和植物协同进化等的一个重要知识创新基地，其中榕树与榕小蜂互动关系研究在国内处于领先地位。

高山榕 *Ficus altissima*

【科属】桑科　榕属。【常用别名】大青树。【简介】常绿大乔木。叶厚革质，广卵形至广卵状椭圆形。榕果成对腋生，椭圆状卵圆形，成熟时红色或带黄色。花期 3—4 月，果期 5—7 月。【产地】海南、广西、云南、四川。东南亚地区。【其他观赏地点】民族园、能源园。

同属植物

大果榕 *Ficus auriculata*

【常用别名】木瓜榕。【简介】小乔木。叶厚纸质，广卵状心形，先端钝，基部心形。榕果簇生于树干基部或老茎短枝上，梨形或扁球形至陀螺形。花期 8 月—翌年 3 月，果期翌年 5—8 月。【产地】海南、广西、云南、贵州、四川等地。印度、巴基斯坦、越南。【其他观赏地点】沟谷林、能源园、野菜园。

水同木 *Ficus fistulosa*

【简介】常绿小乔木。叶互生，纸质，倒卵形至长圆形，先端具短尖，基部斜楔形或圆形，全缘或微波状。榕果簇生于老干发出的瘤状枝上，近球形，光滑，成熟时橘红色。花期 3—8 月，果期 7—10 月。【产地】广东、广西、云南等。南亚、东南亚地区。

1. 高山榕　2，3. 大果榕　4. 水同木

高山榕

大果榕

对叶榕 *Ficus hispida*

【简介】常绿灌木或小乔木，被糙毛，叶交互对生，厚纸质，卵状长椭圆形或倒卵状矩圆形，两面被糙毛。榕果腋生或生于落叶枝上，或老茎发出的下垂枝上，陀螺形，成熟时黄色。花期6—8月，果期10月—翌年4月。【产地】华南和西南。南亚、东南亚至大洋洲。【其他观赏地点】民族园、野花园。

壶托榕 *Ficus ischnopoda*

【简介】常绿灌木或小乔木。叶纸质，椭圆状披形至倒披针形，常集生于小枝顶。榕果单生叶腋，圆柱形或圆锥状，表面具槽纹，基部缢缩成短柄，干瘦。花果期5—8月。【产地】云南和贵州。南亚至东南亚地区。

1，2. 对叶榕 3，4. 壶托榕

1

榕树 *Ficus microcarpa*

【常用别名】小叶榕。**【简介】**常绿大乔木，树冠开展。老树常有发达的褐色气生根。叶薄革质，椭圆形或倒卵圆形，表面深绿色，有光泽，全缘。榕果成对腋生或生于已落叶枝叶腋，成熟时黄或微红色，扁球形。花期 5—6 月，果期 8 月—翌年 2 月。**【产地】**广东、广西、福建、贵州、云南等。南亚、东南亚至大洋洲。

苹果榕 *Ficus oligodon*

【简介】小乔木。树冠宽阔。叶互生，纸质，倒卵椭圆形或椭圆形，基部浅心形至宽楔形。榕果簇生于老茎发出的短枝上，梨形或近球形，成熟时深红色。花期 9 月—翌年 4 月，果期 5—6 月。**【产地】**海南、广西、贵州、云南等。南亚至东南亚地区。

2　　3

1. 榕树　2, 3. 苹果榕

聚果榕 *Ficus racemosa*

【**简介**】乔木，幼枝嫩叶和果被平贴毛，小枝褐色。叶薄革质，椭圆形或长椭圆形。榕果聚生于老茎瘤状短枝上，稀成对生于落叶枝叶腋，梨形，成熟时橙红色。花期 5—7 月，果期 9—11 月。【**产地**】广西、云南、贵州。南亚、东南亚至大洋洲。【**其他观赏地点**】南药园。

聚果榕

鸡嗉子榕 *Ficus semicordata*

【简介】小乔木，树冠平展，伞状。叶排为两列，长圆状披针形，纸质，基部偏斜，一侧耳状，表面粗糙，脉上被硬毛。榕果球形，成熟时紫红色，生于老茎基部发出的无叶小枝上，果枝下垂至根部或穿入土中。花期1—5月，果期6—10月。【产地】广西、贵州、云南等。南亚至东南亚地区。【其他观赏地点】能源园。

笔管榕 *Ficus subpisocarpa*

【简介】落叶乔木。叶互生或簇生，近纸质，椭圆形至长圆形，先端短渐尖，基部圆形。榕果扁球形，成熟时紫黑色。花期3—6月，果期7—10月。【产地】台湾、福建、浙江、海南、云南。东南亚及日本。

1

2

3

1, 2. 鸡嗉子榕　3. 笔管榕

1 2 3 4 5

假斜叶榕 *Ficus subulata*

【简介】常绿灌木。叶纸质，斜椭圆形或倒卵状椭圆形，通常两侧不甚对称，先端骤尖至渐尖，全缘。榕果小，成对或成簇腋生或生于已落叶枝上，球形或卵圆形，成熟时橙红色。花果期 5—8 月。【产地】广东、广西、贵州、云南等。南亚至东南亚地区。

斜叶榕 *Ficus tinctoria* subsp. *gibbosa*

【简介】乔木或附生。叶革质，变异很大，两侧极不相等，大树叶小，附生的叶长超过 13 cm，宽 5 ~ 6 cm。榕果球形，径 6 ~ 8 mm，成熟时由黄色变为红色。花果期 6—8 月。【产地】广东、广西、贵州、云南等。南亚至东南亚地区。【其他观赏地点】名人园。

1, 2. 假斜叶榕　3, 4, 5. 斜叶榕

苏铁园

苏铁类植物是一类起源极其古老的裸子植物，民间俗称为铁树。在距今 1 亿多年前，苏铁一度是地球上的主要植物类群，与曾经的恐龙生活在同一时代，历经沧海桑田，如今恐龙和绝大部分苏铁都已灭绝，幸运的是，苏铁家族还有一小部分留存至今，包括苏铁科（Cycadaceae）和泽米铁科（Zamiaceae）共 2 科 10 属 300 余种，零星分布于亚洲、非洲、美洲及大洋洲的热带和亚热带地区。

苏铁类植物具有重要的经济、生态和科研价值，作为自然界现存最古老的种子植物，苏铁有着“植物界大熊猫”和“植物活化石”的美称，不仅是生物多样性的一个重要组成部分，而且在研究种子植物起源、演化、区系和古生态、古气候变化等方面有着十分重要的地位。

近年来，由于苏铁类植物持续不断遭到生境破坏和肆意盗挖，野生苏铁资源受到严重破坏。在我国，目前苏铁属所有种类均已被列入《国家重点保护野生植物名录》中，且全部为一级重点保护植物。为更好地对我国热带以及东南亚地区的苏铁资源进行迁地保护，版纳植物园于 1999 年建立了以苏铁科为重点保护对象的专类园——苏铁园，其占地面积 18.5 亩，目前园中共收集保存了苏铁科植物 18 种、泽米铁科植物 9 种。

篦齿苏铁 *Cycas pectinata*

【科属】苏铁科　苏铁属。【简介】常绿灌木或小乔木，高可达 10 m。叶片集生茎项，羽状叶片长 1.5 ~ 2.5 m，具 50 ~ 100 对小羽片，羽片长 9 ~ 20 cm；叶柄长 10 ~ 35 cm，两侧具短刺 6 ~ 15 对，叶轴顶端特化成刺。小孢子叶球狭卵形，大孢子叶球紧密，近阔球形，大孢子叶密被黄褐色绒毛，边缘篦齿状深裂，裂片钻形，顶端裂片明显伸长。花期 6—8 月。【产地】云南。印度至中南半岛。【其他观赏地点】名人园、民族园、野花园。

同属植物

滇南苏铁 *Cycas diannanensis*

【简介】常绿灌木，高 1 ~ 3 m。羽状叶片长 1.5 ~ 3 m，具羽片 80 ~ 150 对，羽片长 35 ~ 38 cm；叶柄长 45 ~ 100 cm，两侧具短刺 36 ~ 40 对，先端 尖锐而微弯；小孢子叶球长卵状圆柱形，大孢子叶球紧密，近球形，大孢子叶密被黄褐色绒毛，边缘篦齿状深裂，裂片钻形，顶裂片明显伸长。花期 4—5 月。【产地】云南南部。【其他观赏地点】综合区。

1, 2. 篦齿苏铁　3, 4. 滇南苏铁

篦齿苏铁

滇南苏铁

布朗非洲铁 *Encephalartos hildebrandtii*

【科属】泽米铁科 非洲铁属。【简介】常绿灌木。茎干直立。羽叶长 1 ~ 2 m，羽片披针形，边缘具尖锐锯齿。嫩叶深绿色，密被白色绒毛。小孢子球狭圆锥状，大孢子球圆柱形。种子椭圆形，深红色。【产地】肯尼亚和坦桑尼亚。

鳞秕泽米铁 *Zamia furfuracea*

【科属】泽米铁科 泽米铁属。【常用别名】南美苏铁。【简介】常绿小灌木。茎常丛生，羽状叶集生于茎顶，羽片 6 ~ 20 对。新叶嫩黄色，密被绒毛，椭圆形至长倒卵形，厚革质，边缘具细齿。小孢子叶球穗状，大孢子叶球圆柱形至卵状圆柱形。种子为不规则卵形，种皮红色。【产地】墨西哥。

1，2. 布朗非洲铁 3，4. 鳞秕泽米铁

奇花异卉园

奇花异卉园（简称“奇花园”）建于 1999 年，占地面积 12.6 亩，目前共收集展示来自世界各地的热带观赏花卉 270 余种。该园以展示热带地区丰富多样、奇特有趣的观花观果植物为主要特色，全园划分为奇花植物区、异果植物区、感应植物区、观茎植物区、多肉植物区、草本花卉区、花叶植物区 7 个主要展区，以面向公众科普和展示植物的趣味性为主要目的。这里比较引人注目的奇特植物有叶片能感受声波震动并随之摆动的跳舞草、叶片能感受触碰的含羞树、含羞草以及分枝感应草；花朵巨大而奇特的巨花马兜铃、大花曼陀罗、疣柄魔芋等；花形奇特有趣的音符花、金杯藤、白金羽花等；花开放过程中会明显变色的乔槿、鸳鸯茉莉、使君子等；黑色花植物老虎须、琉桑等；老茎生花结果的植物如泰国无忧花、木奶果、可可等；果实能改变味觉的神秘果；以及茎杆膨大的观茎植物酒瓶棕、象腿树、佛肚树等种类繁多的热带奇特植物。

地涌金莲 *Musella lasiocarpa*

【科属】芭蕉科 地涌金莲属。【简介】多年生丛生草本，植株丛生。假茎矮小，高不及 60 cm。叶片长椭圆形，花序生于假茎上，密集如球穗状，苞片黄色或橙红色，花黄色。浆果三棱状卵形，种子大。花期 2—6 月。【产地】云南和贵州。

蓝金花 *Achetaria azurea* (*Otacanthus azureus*)

【科属】车前科（爵床科） 龙头香属（蓝金花属）。【简介】多年生常绿小灌木。茎直立，四棱形，叶片对生，卵圆形，具细锯齿。花成对单生于枝顶叶腋，组成密集的类似穗状的花序。花冠二唇形，花瓣蓝色，下唇喉部具白斑。花期 12 月—翌年 6 月。【产地】巴西。

1, 2. 地涌金莲　3, 4. 蓝金花

荆芥叶狮耳花 *Leonotis nepetifolia*

【科属】唇形科 狮耳花属。【简介】一年生草本，叶对生，卵形，边缘粗锯齿。聚伞花序呈多层轮生于枝顶，花萼筒绿色，裂片顶端特化成锐利的尖刺，花冠橙红色，呈长管状，边缘具长毛。花期 4—11 月，果期 6—12 月。【产地】非洲。

音符花 *Rotheca microphylla* (*Clerodendrum incisum*)

【科属】唇形科（马鞭草科） 三对节属（大青属）。【常用别名】长管深裂垂茉莉。【简介】落叶小灌木。叶对生，具柄，卵形、倒卵形或椭圆形，叶片全缘或上部具粗齿。花序腋生，小花白色，花冠管长筒状，花冠白色，花蕾期酷似音符，晚间至第二天早上开放。花期 5—9 月。【产地】非洲。【其他观赏地点】藤本园、名人园。

1

2

3

1. 荆芥叶狮耳花 2, 3. 音符花

同属植物

蓝蝴蝶 *Rotheca myricoides* (*Clerodendrum ugandense*)

【常用别名】乌干达赪桐。【简介】常绿灌木，枝略具蔓性。叶对生，椭圆形至狭卵形，先端锐，具短突尖，基部楔形，边缘有锯齿。顶生圆锥花序，萼裂片圆钝，花冠淡紫色，开展呈蝶形，最下一片颜色近紫色，花丝长，淡紫色。花期4—10月。【产地】非洲热带地区。【其他观赏地点】百花园。

1

2

3

4

火殃勒 *Euphorbia antiquorum*

【科属】大戟科 大戟属。【简介】肉质灌木状小乔木，乳汁丰富。茎常三棱状，偶有四棱状并存。叶互生于齿尖，少而稀疏，倒卵形或倒卵状长圆形。花序单生于叶腋，总苞阔钟状。雄花多数，雌花 1 枚。蒴果三棱状扁球形。花果期几乎全年。花期 12 月—翌年 1 月。【产地】亚洲热带地区。

同属植物

绿玉树 *Euphorbia tirucalli*

【常用别名】光棍树、绿珊瑚。【简介】常绿小乔木。叶互生，长圆状线形，先端钝，基部渐狭，全缘，无柄或近无柄，常生于当年生嫩枝上。花序密集于枝顶，总苞陀螺状，雄花数枚，伸出总苞之外，雌花 1 枚。蒴果。花期 7—10 月。【产地】非洲东部地区。【其他观赏地点】能源园。

1，2. 火殃勒 3，4. 绿玉树

嘉兰羊蹄甲 *Bauhinia grevei*

【**科属**】豆科 羊蹄甲属。【**简介**】小乔木或灌木，高约 2 m，枝条柔弱细长，株型铺散。叶互生，先端全裂。花 2 ~ 4 朵腋生于当年生枝条顶端，两侧对称，花瓣 5 枚，基部具爪，花瓣橙红色，基部黄色，可育雄蕊 5 枚。花期 3—7 月。【**产地**】马达加斯加。【**其他观赏地点**】百花园。

蝙蝠草 *Christia vespertilionis*

【**科属**】豆科 蝙蝠草属。【**简介**】灌木，高达 1 m。三出复叶，小叶近钝三角形，先端平截或凹三角形，主脉色浅。总状花序顶生或腋生，有时组成圆锥花序，花萼半透明，花后增大，花冠黄白色。荚果有荚节 4 ~ 5 枚。花期 4—10 月，果期 7—12 月。【**产地**】广东、广西、海南。亚洲热带地区。

1

2 3

1. 嘉兰羊蹄甲 2，3. 蝙蝠草

舞草 *Codariocalyx motorius*

【科属】豆科 舞草属。【常用别名】跳舞草、风流草。【简介】直立小灌木，高达 2 m。叶为三出复叶，顶生小叶长椭圆形或披针形，先端圆形或急尖，基部钝或圆，侧生小叶很小，长椭圆形或线形，或有时缺。圆锥花序或总状花序，花冠紫红色。荚果。花期 8—11 月，果期 11 月—翌年 2 月。【产地】福建、江西、广东、广西、四川、贵州、云南及台湾等地。东南亚地区。

含羞草 *Mimosa pudica*

【科属】豆科 含羞草属。【简介】草本，高可达 1 m。羽片和小叶触之即闭合而下垂，羽片通常 2 对，指状排列于总叶柄之顶端，小叶 10 ~ 20 对，线状长圆形。头状花序，花小，淡红色，花冠钟状。荚果。花期 3—10 月，果期 10 月—翌年 2 月。【产地】美洲热带地区。

1

2　3　4

1, 2. 舞草　3, 4. 含羞草

泰国无忧花 *Saraca thaipingensis*

【科属】豆科 无忧花属。【常用别名】马叶树。【简介】常绿乔木，高约 8 m。羽状复叶，4 ~ 8 对，小叶披针形或狭椭圆形，先端渐尖，基部渐狭成楔形，全缘。伞房花序，生于老茎上，花片及花萼均为黄色，花萼中心红色，雄蕊 4 枚，花蕊不明显伸出花冠。荚果。花期 12 月—翌年 3 月，果期 5—10 月。【产地】印度尼西亚、马来西亚、缅甸和泰国。【其他观赏地点】名人园、民族园。

小依兰 *Cananga odorata* var. *fruticosa*

【科属】番荔枝科 依兰属。【常用别名】矮依兰。【简介】灌木，高 1 ~ 2 m。叶膜质至薄纸质，卵状长圆形或长椭圆形，顶端渐尖至急尖，基部圆形。花序有花 2 ~ 5 朵，花大，黄绿色，具淡香，倒垂。成熟的果近圆球状或卵状。花期几乎全年。【产地】泰国、印度尼西亚和马来西亚。【其他观赏地点】百香园、百花园。

短叶雀舌兰 *Dyckia brevifolia*

【科属】凤梨科 雀舌兰属。【简介】多年生草本。叶片坚硬而厚革质，呈莲座状生长，三角状披针形，先端渐尖，边缘具锐刺。总状花序生于叶腋，长达 50 cm，花黄色，花瓣 3 枚。花期 4—5 月，果期 5—6 月。【产地】巴西。

1，2. 泰国无忧花 3. 小依兰 4，5. 短叶雀舌兰

1 2

3

4

紫萼艳红凤梨 *Pitcairnia punicea*

【科属】凤梨科 艳红凤梨属。【简介】多年生常绿草本。茎基部多分枝，成丛生长。叶片长条形，螺旋状密集排列，先端尖，具细锯齿。总状花序自茎顶抽出，着花 10 ~ 20 朵，花萼暗红色，花瓣红色，排列成狭长的筒状，雄蕊不伸出花冠。花期 5—6 月。【产地】中美洲。

沙漠玫瑰 *Adenium obesum*

【科属】夹竹桃科 沙漠玫瑰属。【常用别名】天宝花。【简介】落叶肉质灌木。茎粗壮，全株有透明乳汁。叶色翠绿，单叶互生，全缘，倒卵形至长圆状倒卵形，革质，有光泽。花序顶生，多为粉红或玫瑰红色，漏斗状，也有重瓣品种，花冠 5 裂。花期几乎全年。【产地】非洲。

钝钉头果 *Gomphocarpus physocarpus*

【科属】夹竹桃科（萝藦科） 钉头果属。【常用别名】唐棉、气球果。【简介】常绿灌木，高 1 ~ 2 m。叶对生，狭披针形。聚伞花序，花有香气，萼片披针形，花冠白色，裂片卵形。蓇葖果斜卵球形，外果皮具软刺。花期 3—10 月，果期 5—12 月。【产地】非洲热带地区。

1. 紫萼艳红凤梨 2. 沙漠玫瑰 3，4. 钝钉头果

1　　2

箭毒羊角拗 *Strophanthus hispidus*

【科属】夹竹桃科　羊角拗属。【简介】落叶灌木，具乳汁；枝条被黄色粗硬毛。聚伞花序顶生；花冠黄色，花冠裂片5枚，其端部延长成一长尾带，长达18 cm，下垂；副花冠有紫色斑点。蓇葖果木质，狭披针形，左右两枚张开成直线。花期4—6月，果期6—12月。【产地】非洲。【其他观赏地点】藤本园。

豆沙果 *Bunchosia armeniaca*

【科属】金虎尾科　豆沙果属。【常用别名】文雀西亚木、杏黄林咖啡。【简介】常绿灌木或小乔木，高3 ~ 5 m。叶对生，卵形至矩圆形，近光滑无毛，叶缘略波状。总状花序，花小，黄色。果实卵形或近椭圆形，红色或黄色。花期5—8月，果期7—10月。【产地】南美洲。

3　　4

1，2. 箭毒羊角拗　3，4. 豆沙果

昂天莲 *Abroma augustum*

【科属】锦葵科（梧桐科） 昂天莲属。【简介】灌木，高 1 ~ 4 m。叶心形或卵状心形，有时为 3 ~ 5 浅裂，顶端急尖或渐尖，基部心形或斜心形。聚伞花序有花 1 ~ 5 朵，萼片 5 枚，近基部连合，花瓣 5 片，红紫色。蒴果。花期 4—7 月，果期 5—12 月。【产地】广东、广西、云南、贵州。东南亚地区。

乔槿 *Bombycidendron vidalianum*

【科属】锦葵科 乔槿属。【简介】乔木，高达 10 m。叶互生，卵形，先端长渐尖，基部圆形，两侧不对称。花单生叶腋，苞片披针形，花大，初开时黄色，后变红色。花期 6—12 月，果期 8 月—翌年 1 月。【产地】菲律宾。【其他观赏地点】百花园、树木园。

轻木 *Ochroma pyramidale*

【科属】锦葵科（木棉科） 轻木属。【简介】常绿乔木，高达 16 ~ 18 m。叶片心状卵圆形，掌状浅裂。花单生近枝顶叶腋，直立，萼筒厚革质，花瓣匙形，白色，雄蕊管上部扭转，扩成漏斗状。蒴果圆柱形，内面有绵状簇毛。花期 11 月—翌年 4 月，果期 4—6 月。【产地】中美洲、南美洲。【其他观赏地点】百花园、南药园、藤本园。

1. 昂天莲　2. 乔槿　3，4. 轻木

昂天莲

乔 槿

1

2

午时花 *Pentapetes phoenicea*

【科属】锦葵科（梧桐科）午时花属。【常用别名】夜落金钱。【简介】一年生草本，高约 50 cm。叶互生，线状披针形。花 1 ~ 2 朵腋生，开于午间，闭于明晨。花瓣 5 枚，红色，雄蕊 15 枚，退化雄蕊 5 枚，长舌状，与花瓣近等长，基部连合。蒴果近球形。花期 3—6 月，果期 5—9 月。【产地】印度及东南亚地区。

假苹婆 *Sterculia lanceolata*

【科属】锦葵科（梧桐科）苹婆属。【简介】乔木，小枝幼时被毛。叶椭圆形至椭圆状披针形，顶端急尖，基部钝形或近圆形，叶柄长 2.5 ~ 3.5 cm。圆锥花序腋生，密集且多分枝，花淡红色，萼片 5 枚，开展如星状。蓇葖果鲜红色，长卵形或长椭圆形。花期 1—3 月，果期 4—5 月。【产地】广东、广西、贵州、四川、云南。泰国、缅甸、老挝、越南。【其他观赏地点】荫生园、野菜园、民族园。

3

4

1，2. 午时花　3，4. 假苹婆

姜荷花 *Curcuma alismatifolia*

【科属】姜科 姜黄属。【简介】多年生草本，叶全部基生，花序圆锥形，顶部的几枚苞片十分宽大，花瓣状，颜色鲜艳，常为红色，也有粉白、深紫红等品种。真正的花较小，位于花序下方的苞片内，淡紫色。花期 6—10 月。【产地】泰国、老挝、柬埔寨等。

金匠泪舞花姜 *Globba sherwoodiana*

【科属】姜科 舞花姜属。【别名】白苞舞花姜。【简介】多年生草本，高 30 ~ 40 cm。总状花序从枝顶下垂，花朵金黄色，每朵基部都有一枚白色的苞片，苞片向后折。花期 8—10 月。【产地】印度、缅甸。

1, 2. 姜荷花 3, 4. 金匠泪舞花姜

美苞舞花姜 *Globba winitii*

【科属】姜科 舞花姜属。【简介】多年生草本，高 30 ～ 40 cm。总状花序从枝顶下垂，花朵金黄色，每朵花基部都有一枚红色的苞片，苞片向后折。花期 8—10 月。【产地】泰国、缅甸。

马醉草 *Hippobroma longiflora*

【科属】桔梗科 马醉草属。【常用别名】同瓣草。【简介】多年生常绿草本。茎直立，叶片倒披针形或椭圆形。花多单生于叶腋，花冠白色，冠筒长 6.5 ~ 10 cm，裂片 5 枚，花萼裂片线形。蒴果钟状，倒圆锥形、宽椭圆形或倒卵球形。花期几乎全年。【产地】牙买加。

珊瑚塔 *Aphelandra sinclairiana*

【科属】爵床科 单药花属。【简介】常绿灌木，高约 3 m 。叶长椭圆形，先端钝，基部渐狭成翅，全缘，绿色。花序直立，苞片橙黄色，宿存，花冠管状，二唇形，玫红色。花期 2—4 月。【产地】中美洲。【其他观赏地点】百花园。

花叶假杜鹃 *Barleria lupulina*

【科属】爵床科 假杜鹃属。【简介】直立常绿灌木，具腋刺，高约 1.5 m。叶对生，披针形，绿色，主脉红色，全缘。穗状花序，苞片覆瓦状，花由苞片内伸出，黄色，二唇形。蒴果。花期 9—12 月。【产地】马达加斯加。【其他观赏地点】民族园。

1, 2. 马醉草　3. 珊瑚塔　4, 5. 花叶假杜鹃

茎花爵床 *Cyclacanthus coccineus*

【科属】爵床科 茎花爵床属。【简介】灌木，高 2 ~ 3m。叶对生，长椭圆形，先端长渐尖，基部楔形。总状花序生老枝上，红色，花冠筒上部膨大，二唇形。花期 3—4 月。【产地】越南。

白金羽花 *Justicia croceochlamys*

【科属】爵床科 黑爵床属。【常用别名】金羽花、金翎花。【简介】小灌木，高 0.5 ~ 1.5 m。叶具长柄，对生，长卵形至披针形，先端渐尖，基部圆形，边缘浅波状。圆锥花序，萼裂片丝状，黄绿色，花下部管状，上部二唇形，下唇 3 裂，白色。花期 9—12 月。【产地】巴西。【其他观赏地点】百花园。

五蕊苦榄木 *Picramnia pentandra*

【科属】苦榄木科 苦榄木属。【常用别名】美洲苦木。【简介】灌木，高达 3 m。奇数羽状复叶，小叶 3 ~ 4 对，卵形至椭圆形，先端长渐尖，基部阔楔形，长不对称。总状花序或圆锥花序，雌雄异株。核果椭圆形，成熟时红色。花期 4—5 月，果期 7—11 月。【产地】中美洲、南美洲。【其他观赏地点】综合区。

1, 2. 茎花爵床　3. 白金羽花　4, 5. 五蕊苦榄木

象腿树 *Moringa drouhardii*

【科属】辣木科 辣木属。【简介】落叶乔木，高可达 7 ~ 12 m。树干肥厚多肉，基部肥大似象腿。成年树侧枝疏少，叶生于枝顶，二至三回羽状复叶，小叶细小，椭圆状镰刀形。圆锥花序腋生，花白色或黄色。花期 8—10 月。【产地】非洲热带地区。

长隔木 *Hamelia patens*

【科属】茜草科 长隔木属。【常用别名】希茉莉。【简介】常绿灌木。叶通常 3 枚轮生，椭圆状卵形至长圆形。聚伞花序常生于枝顶，花冠橙红色，冠管狭圆筒状。浆果卵圆状，暗红色。花期 4—8 月。【产地】中美洲、南美洲。【其他观赏地点】百花园。

1，2，3. 象腿树 4，5. 长隔木

1

2　　3　　4

鸳鸯茉莉 *Brunfelsia brasiliensis*

【科属】茄科 鸳鸯茉莉属。【常用别名】双色茉莉、番茉莉。【简介】常绿灌木。单叶互生，长椭圆形或椭圆状矩形，全缘。花顶生，单生或数朵集生于新梢顶端，花冠高脚碟状，先端5裂，初开时深紫色，后渐变为白色，芳香。花期4—9月。【产地】巴西。【其他观赏地点】树木园。

同属植物

密叶鸳鸯茉莉 *Brunfelsia densifolia*

【简介】常绿灌木。单叶互生，叶条形。花单生叶腋，花冠筒极细长，顶端5裂。初开时为白色，渐变为乳黄色。花期3—9月。【产地】波多黎各。

1. 鸳鸯茉莉　2，3，4. 密叶鸳鸯茉莉

金杯藤 *Solandra maxima*

【科属】茄科 金杯藤属。【简介】常绿藤本。叶互生，长椭圆形。花单生叶腋，花冠硕大，杯状，金黄色，具奶油香气，花冠裂片5枚，冠筒内部中央有5个纵向深褐色条纹。花期12月—翌年4月。【产地】中美洲。【其他观赏地点】百花园、藤本园、名人园。

同属植物

长花金杯藤 *Solandra longiflora*

【科属】茄科 金杯藤属。【简介】常绿蔓性灌木。叶长椭圆形，先端尖，基部楔形。花单生，漏斗状，花冠筒极长，下部管状，顶部膨大，花下部淡黄绿色，上部白色，后期转黄。花期4—6月。【产地】古巴。【其他观赏地点】百花园、藤本园。

1

2 3

1. 金杯藤 2，3. 长花金杯藤

乳茄 *Solanum mammosum*

【科属】茄科 茄属。【简介】亚灌木，茎和小枝被短柔毛及扁刺，叶卵形，常5裂，两面密被柔毛和皮刺。聚伞花序生于叶腋，花冠紫色。浆果倒梨状，黄色，常具5个乳头状凸起。花期6—7月，果期9月—翌年3月。【产地】南美洲。

蓝姜 *Dichorisandra thyrsiflora*

【科属】鸭跖草科 鸳鸯草属。【简介】常绿多年生草本，茎直立，高1 ~ 2 m。叶互生，呈螺旋状排列在茎上。圆锥状花序生于枝顶，长达30 cm。花萼与花瓣各大3枚，均为深蓝紫色。花期7—10月。【产地】巴西。【其他观赏地点】荫生园。

1, 2, 3. 乳茄 4. 蓝姜

琉桑 *Dorstenia elata*

【科属】桑科 琉桑属。【常用别名】黑魔盘。【简介】多年生矮小草本，具肉质地下茎。叶纸质，椭圆形，叶片光亮，叶缘具疏锯齿。扁平头状花序自叶腋抽出，表面深紫或黑褐色。花果期几乎全年。【产地】巴西。

神秘果 *Synsepalum dulcificum*

【科属】山榄科 神秘果属。【简介】常绿灌木。叶革质，倒卵形，互生或簇生枝顶。花白色，腋生。果实椭圆形，成熟果皮鲜红色，果肉乳白色，味微甜。花期3—5月，果期3—12月。【产地】西非热带地区。【其他观赏地点】树木园、百果园、野菜园。

1, 2. 琉桑　3, 4. 神秘果

1

2

3

垂笑君子兰 *Clivia nobilis*

【科属】石蒜科 君子兰属。【简介】常绿多年生草本。基生叶 10 余枚，质厚，深绿色，具光泽，带状。花茎由叶丛中抽出，稍短于叶；伞形花序顶生，有花 10 ~ 30 朵，花冠裂片 6 枚，橙红色，基部合生成短筒状。花冠狭漏斗形，开花时花下垂；雄蕊 6 枚，与花被近等长；花柱长，稍伸出花被外。花期 12 月—翌年 5 月。【产地】南非。

网球花 *Scadoxus multiflorus*

【科属】石蒜科 网球花属。【简介】多年生球根植物，有明显休眠期。地下鳞茎球形。叶片 2 ~ 4 枚，长圆形。花葶直立，实心，先叶抽出。伞形花序具多花，排列稠密。花红色，花被裂片线形，花丝红色，伸出花被之外。花期 4 月。【产地】非洲热带地区。【其他观赏地点】荫生园。

1, 2. 垂笑君子兰　3. 网球花

头花风车子 *Combretum constrictum*

【科属】使君子科 风车子属。【常用别名】泰国风车子。【简介】常绿灌木。叶厚纸质，椭圆形或倒披针形，单叶对生或轮生。穗状花序生于枝顶，排列紧密，近似头状。花红色，花冠 5 裂，雄蕊远伸出花冠外，花丝红色。果具 4 ~ 5 棱。花期 4—11 月，果期 7—12 月。【产地】非洲热带地区。【其他观赏地点】藤本园、百花园。

数珠珊瑚 *Rivina humilis*

【科属】蒜香草科（商陆科）数珠珊瑚属。【常用别名】蕾芬。【简介】多年生草本或亚灌木。叶互生，卵形。总状花序直立或弯曲，花被片椭圆形或倒卵状长圆形，白色或粉红色。浆果红色或橙色。花果期几乎全年。【产地】美洲热带地区。【其他观赏地点】藤本园。

1, 2. 头花风车子 3, 4. 数珠珊瑚

1　2　3

4

5

石笔虎尾兰 *Dracaena stuckyi*

【科属】天门冬科（百合科）龙血树属（虎尾兰属）。【简介】多年生肉质草本，茎短，具粗大根茎，高可达 2 m。叶从莲座状基部生出，扇形，直径 3 cm，圆筒形或稍扁，顶端急尖而硬，暗绿色具绿色条纹，常直立，种于沙地处常外弯。总状花序，较小，紫褐色。花期 12 月—翌年 1 月。【产地】非洲安哥拉等地。

疣柄魔芋 *Amorphophallus paeoniifolius* (A. virosus)

【科属】天南星科 魔芋属。【常用别名】疣柄磨芋、南芋。【简介】多年生草本，块茎扁球形。叶单一，叶柄具疣凸，具苍白色斑块。叶片 3 全裂，裂片二歧分裂或羽状深裂。佛焰苞外面绿色，饰以紫色条纹和绿白色斑块，内面具疣，深紫色。肉穗花序极臭，圆柱形，紫褐色。浆果，成熟时橙红色。花期 4—5 月，果期 9 月—翌年 2 月。【产地】广东、广西、海南、云南及台湾。东南亚、太平洋岛屿。【其他观赏地点】南药园、民族园。

1，2. 石笔虎尾兰　3，4，5. 疣柄魔芋

白时钟花 *Turnera subulata*

【科属】西番莲科 时钟花属。【简介】常绿小灌木。叶互生，卵状披针形，叶缘有锯齿。花生于枝顶叶腋，花瓣 5 枚，覆瓦状排列，白色，基部黑色。花期 3—10 月。【产地】南美洲。【其他观赏地点】百花园。

时钟花 *Turnera ulmifolia*

【科属】西番莲科 时钟花属。【常用别名】黄时钟花。【简介】常绿小灌木。叶互生，长卵形，先端锐尖，边缘有锯齿，叶基有 1 对明显腺体。花近枝顶腋生，花瓣 5 枚，卵圆形，先端近截平，具芒尖，花冠金黄色，花至午前凋谢。花期几乎全年。【产地】中美洲、南美洲。【其他观赏地点】百花园、藤本园。

樱麒麟 *Leuenbergeria bleo* (*Pereskia bleo*)

【科属】仙人掌科 海麒麟属（木麒麟属）。【常用别名】玫瑰樱麒麟。【简介】落叶灌木。茎粗壮，具刺。叶片多数，肉质，长椭圆形，先端尖，边缘波状，叶绿色，具乳汁。总状花序生于茎顶，橙红色。浆果，成熟后鲜黄色。花期 4—7 月，果期 8 月—翌年 4 月。【产地】中美洲、南美洲。【其他观赏地点】树木园。

1, 2. 白时钟花
3. 时钟花
4, 5. 樱麒麟

大叶木麒麟 *Pereskia grandifolia*

【科属】仙人掌科 木麒麟属。【常用别名】大花樱麒麟。【简介】常绿灌木。茎肉质，多刺。叶长圆形，通常集生于枝干或枝端，先端或钝。花紫色或玫瑰红色，呈簇生状。浆果，梨形。花期3—5月，果期9—11月。【产地】巴西。

树牵牛 *Ipomoea carnea* subsp. *fistulosa*

【科属】旋花科 虎掌藤属（牵牛属）。【简介】常绿铺散灌木。叶宽卵形或卵状长圆形，顶端渐尖，基部心形。聚伞花序腋生或顶生，有花数朵或多朵。花冠漏斗状，粉红色。花期几乎全年。【产地】美洲热带地区，现世界热带地区广泛栽培。【其他观赏地点】百花园。

1，2. 大叶木麒麟 3，4. 树牵牛

长梗守宫木 *Breynia macrantha* (*Sauropus macranthus*)

【**科属**】叶下珠科（大戟科）黑面神属（守宫木属）。【**简介**】常绿灌木。叶片纸质，卵状长圆形或椭圆状披针形。雌雄同株。雄花较小，花萼盘状，顶端浅 6 ~ 8 裂。雌花单生或几朵与雄花簇生于叶腋内，花萼黄绿色，6 深裂。花柱 3 个，顶端 2 裂。蒴果扁球状，红色。花期 2—3 月或 10—11 月，果期 2—4 月。【**产地**】广东、海南和云南。印度、东南亚至澳大利亚北部。【**其他观赏地点**】南药园、能源园。

云桂叶下珠 *Phyllanthus pulcher*

【**科属**】叶下珠科（大戟科）叶下珠属。【**简介**】常绿小灌木。叶 2 列，每列 15 ~ 30 枚，膜质，斜长圆形至卵状长圆形。花雌雄同株，雄花萼片 4 枚，边缘撕裂状，深红色，雄蕊 2 枚。雌花花梗丝状，萼片 6 枚，边缘撕裂状。蒴果近圆球形，萼片宿存。花果期几乎全年。花期。【**产地**】广西、云南。南亚至东南亚地区。【**其他观赏地点**】藤本园。

1

2

3

4

5

1, 2, 3. 长梗守宫木
4, 5. 云桂叶下珠

古巴拉贝木 *Ravenia spectabilis*

【科属】芸香科 荆笛香属。【简介】常绿小灌木，掌状三出复叶，革质，对生。花常 1 ~ 3 朵组成聚伞花序生于叶腋，花两侧对称，玫红色。花期 4—7 月。【产地】中美洲。

分枝感应草 *Biophytum fruticosum*

【科属】酢浆草科 感应草属。【简介】多年生草本，茎通常二歧分枝，基部木质化。偶数羽状复叶，多数聚生于枝顶。总花梗较长，花多朵聚生于总花梗先端成伞形花序，花粉白色。蒴果。花期 6—12 月，果期 8 月—翌年 2 月。【产地】中国南部。东南亚地区。【其他观赏地点】民族园。

1 2 3 4

1，2. 古巴拉贝木 3，4. 分枝感应草

龙脑香园

龙脑香科植物主要分布在亚洲热带地区，既是东南亚热带雨林中的代表树种，也是我国热带季节性雨林的珍贵树种，有些树种还是热带雨林和季雨林的建群种。由于该科植物热带性强，被相关学者认为是衡量热带雨林的重要标志树种之一。

龙脑香科目前在全世界有 20 属，约 550 种。我国有 5 属 12 种（其中 1 种为引进），分布于云南、广西、海南及西藏墨脱。版纳植物园自 1959 年建园以来即开始从国内外引种栽培龙脑香科植物，1981 年正式建立龙脑香园，占地面积 101 亩。先后从泰国、老挝、印度尼西亚、越南、斯里兰卡、新加坡，以及国内的广西、海南、云南（德宏、西双版纳）等地成功引种 7 属 30 余种龙脑香科植物，其中收集有热带雨林“巨人”望天树。由于近几十年来森林破坏严重，生境恶化，龙脑香科有些种类已陷入濒临灭绝的境地，国产龙脑香科植物几乎都列为国家级珍稀濒危保护植物。因此，版纳植物园建立的龙脑香科植物专类园对该科植物资源的保护及研究热带植物区系具有重要的科学意义。

东京龙脑香 *Dipterocarpus retusus*

【**科属**】龙脑香科 龙脑香属。【**常用别名**】云南龙脑香。【**简介**】常绿大乔木，叶革质，广卵形或卵圆形。聚伞花序腋生，有 2 ~ 5 朵花。花瓣粉红色或白色，坚果卵圆形，具 2 枚长果翅，鲜时为红色。花期 5—6 月，果期 10—12 月。【**产地**】云南、西藏。印度至东南亚各地。【**其他观赏地点**】名人园、沟谷雨林。

东京龙脑香

同属植物

缠结龙脑香 *Dipterocarpus intricatus*

【简介】常绿大乔木，树皮暗褐色，具纵向浅裂的沟槽。叶革质，阔卵状长圆形。聚伞花序腋生，具6～9朵花。花瓣边缘白色，中部深粉色，旋转状排列。果实表面强烈皱缩，具2枚长果翅。花期4—5月，果期5—7月。【产地】泰国、老挝、柬埔寨和越南。【其他观赏地点】名人园。

钝叶龙脑香 *Dipterocarpus obtusifolius*

【简介】落叶大乔木，小枝和叶柄密被长柔毛。叶革质，卵状长圆形。总状花序腋生，具4～7朵花，花梗及花萼被柔毛，花瓣粉红色。果实具2枚长果翅。花期11月—翌年2月，果期2—7月。【产地】中南半岛。【其他观赏地点】沟谷雨林。

1，2，3. 缠结龙脑香　4，5. 钝叶龙脑香

1

2

3

羯布罗香 *Dipterocarpus turbinatus*

【简介】常绿大乔木，叶革质，全缘，卵状长圆形，侧脉 15 ~ 20 对，在下面明显突起，被星状毛。聚伞花序腋生，有花 3 ~ 6 朵。花瓣粉红色。坚果卵形，具 2 枚长果翅。花期 4—5 月，果期 5—8 月。【产地】云南、西藏。印度、巴基斯坦、缅甸、泰国、柬埔寨等。【其他观赏地点】名人园、民族园、南药园。

狭叶坡垒 *Hopea chinensis* (*Hopea hongayensis*)

【科属】龙脑香科 坡垒属。【常用别名】河内坡垒。【简介】常绿乔木，叶互生，全缘，革质，长圆状披针形或披针形，先端渐尖或尾状渐尖。圆锥花序腋生，花瓣 5 枚，淡红色。果实卵圆形，具尖头，具 2 枚长果翅。花期 6—8 月，果期 8—12 月。【产地】广西、云南。老挝、越南。【其他观赏地点】名人园、野花园。

1. 羯布罗香　2, 3. 狭叶坡垒

同属植物

坡垒 *Hopea hainanensis*

【常用别名】海南坡垒。【简介】常绿乔木，叶近革质，长圆形至长圆状卵形。圆锥花序，密被短的星状毛或灰色绒毛。花瓣 5 枚，淡黄色，旋转排列。果实卵圆形，具尖头，具 2 枚长果翅。花期 8—9 月，果期 10—12 月。【产地】海南。越南。【其他观赏地点】百香园、树木园、藤本园。

望天树 *Parashorea chinensis*

【科属】龙脑香科 柳安属。【简介】大乔木，叶革质，椭圆形或椭圆状披针形。圆锥花序，密被灰黄色的鳞片状毛或绒毛。每分枝有花 3 ~ 8 朵，每朵花的基部具 1 对宿存的苞片。花瓣 5 枚，黄白色，芳香。果实长卵形，具 5 枚近等长的果翅。花期 4—5 月，果期 8—9 月。【产地】广西、云南。老挝、越南。【其他观赏地点】名人园、国花园。

1, 2, 3. 坡垒　4, 5, 6. 望天树

云南娑罗双 *Anthoshorea assamica* (*Shorea assamica*)

【科属】龙脑香科　白婆罗双属（娑罗双属）。**【简介】**常绿乔木，叶近革质，全缘，卵状椭圆形。圆锥花序，被灰黄色的绒毛。花瓣 5 枚，黄白色，旋转排列。果实具 5 枚果翅，常 3 长 2 短。花期 6—9 月，果期 10 月—翌年 4 月。**【产地】**云南、西藏。印度至东南亚各地。**【其他观赏地点】**名人园。

娑罗双 *Shorea robusta*

【科属】龙脑香科 娑罗双属。【简介】落叶乔木，叶革质，卵状长圆形。圆锥花序，花淡黄色，花瓣扭曲，旋转排列。果实具5枚果翅，常3长2短。花期2—4月，果期5—7月。【产地】西藏。印度、尼泊尔、不丹。

白柳安 *Pentacme siamensis* (*Shorea siamensis*)

【科属】龙脑香科 暹罗香属。【常用别名】泰国娑罗双。【简介】落叶大乔木。叶革质，侧脉羽状。圆锥花序，花浅黄色，旋转排列。果实具5枚果翅，常3长2短。花期3—4月，果期4—6月。【产地】中南半岛。

1，2. 娑罗双 3，4. 白柳安

青梅 *Vatica mangachapoi*

【科属】龙脑香科　青梅属。【简介】常绿乔木。叶革质，全缘，长圆状披针形，先端渐尖。圆锥花序生于枝顶，花瓣 5 枚，白色，芳香。果实球形，具 2 枚长果翅。花期 5—6 月，果期 7—9 月。【产地】海南。东南亚地区。【其他观赏地点】名人园。

同属植物

柿果青梅 *Vatica diospyroides*

【简介】常绿乔木，叶革质，椭圆形至椭圆状披针形。圆锥花序，密被黄褐色星状毛，短而密集，常生于叶腋。花瓣 5 枚，淡黄色，芳香。果实球形，密被黄褐色星状毛，无翅。花期 4—5 月，果期 6—12 月。【产地】泰国、越南。

广西青梅 *Vatica guangxiensis* (*V. xishuangbannaensis*)

【常用别名】版纳青梅。【简介】常绿乔木，叶革质，椭圆形至椭圆状披针形。圆锥花序生于枝顶，密被黄褐色星状毛。花瓣 5 枚，白色，芳香。果实球形，具 2 枚长果翅。花期 4—7 月，果期 6—9 月。【产地】广西、云南。越南北部。【其他观赏地点】名人园。

1. 青梅　2, 3. 柿果青梅　4. 广西青梅

青 梅

柿果青梅

能源植物园

能源植物是指能直接用于提供能源的植物。广义的能源植物几乎可以包含所有植物，狭义的能源植物是指植物本身含有丰富的油脂或石油类似成分的植物。大体上可以分为：①糖类、淀粉含量高的植物，可以转化为燃料酒精；②油脂或石油类似成分含量高的植物，可以转化为生物柴油；③直接产烃、氢气等的藻类。理想的能源植物应该是太阳能利用转化率高，具有较高的光合速度和干物质积累能力，能快速生长的植物。目前，开发新的能源来取代化石能源在能源结构中的主导地位是避免未来发生能源危机的有力手段。能源植物以其资源的丰富性、可再生性和二氧化碳低排放等优势必将成为一种重要的替代能源。

能源植物园（简称“能源园”）于 2010 年建成，占地面积 80 亩，现保存了 370 多种植物，主要收集热带和亚热带地区已广泛应用或具较大开发潜力的能源植物，如油料植物星油藤、麻风树、风吹楠、红光树、油楠等，淀粉类植物蕉芋、木薯、魔芋、薯蓣等，纤维类植物苎麻、蕉麻、木棉等，已建立较为完备的种质资源圃，为能源植物的开发研究构建基础平台，同时形成具有优美景观的精品园区，加深人们对能源植物的认识。

在植物种植设计方面，根据园区的地理位置和地形，以及人类对能源植物应用的历史进程两大因素，将园区分为薪炭类、淀粉类、纤维类、油料类、烃类 5 个主要功能区，并将一些园林小品如活塞门、希望墙、木汽车等融入其中，形象地向游客展示能源植物在人类生活中所扮演的重要角色。

喙果安息香 *Styrax agrestis*

【科属】安息香科 安息香属。【常用别名】南粤野茉莉。【简介】常绿乔木。叶互生，厚纸质，椭圆形。总状花序顶生，有花 5 ~ 10 余朵，花序梗、花梗密被灰黄色星状绒毛。花白色。果实长圆形，顶端常有短喙。花期 9—12 月，果期翌年 3—5 月。【产地】广东和云南。东南亚地区。

同属植物

栓叶安息香 *Styrax suberifolius*

【常用别名】红皮树。【简介】常绿乔木，高达 20 m，树皮红褐色。叶互生，革质，椭圆形。总状花序或圆锥花序，顶生或腋生，花序梗、花梗密被灰褐色星状绒毛。花白色。果实卵状球形。花期 3—5 月，果期 9—11 月。【产地】中国南部。越南。

1 2 3 4

1，2. 喙果安息香　3，4. 栓叶安息香

象腿蕉 *Ensete glaucum*

【科属】芭蕉科 象腿蕉属。【简介】多年生一次性开花植物，假茎单生。叶片长圆形，先端具尾尖，基部楔形，光滑无毛，叶柄短。花序初时如莲座状，后伸长成柱状下垂，长可达 2.5 m，苞片绿色，宿存。浆果倒卵形。花期 6—8 月，果期 9—11 月。【产地】云南。东南亚地区。【其他观赏地点】野生蔬菜园。

同属植物

灰岩象腿蕉 *Ensete superbum*

【简介】多年生草本，假茎单生，粗壮部分高约 0.5 m。叶大型，长椭圆形，背面有白粉叶柄短，长约 30 cm。花序顶生，微下垂，苞片紫红色，宿存。浆果具棱，较短。花期 10—11 月，果期翌年 2—3 月。【产地】印度、泰国。

1

2

3

4

1, 2. 象腿蕉 3, 4. 灰岩象腿蕉

千指蕉 *Musa* 'Thousand Finger'

【科属】芭蕉科 芭蕉属。【常用别名】千层蕉。【简介】多年生草本，假茎丛生。果序下垂，长达 3 ~ 4 m，果实排列紧密，多达上百轮，单个果实小，绿色。花期 6—9 月，果期 9—12 月。

石栗 *Aleurites moluccanus*

【科属】大戟科 石栗属。【简介】常绿乔木。叶纸质，卵形至圆肾形，顶端短尖至渐尖，基部阔楔形或钝圆，全缘或 3 浅裂。花雌雄同株，同序或异序，花瓣长圆形，乳白色至乳黄色。核果稍偏斜的圆球状，种子坚硬，有疣状突棱。花期 4—10 月。【产地】福建、台湾、广东、海南、广西、云南等地。亚洲热带、亚热带地区。【其他观赏地点】民族园。

1, 2. 千指蕉 3, 4, 5. 石栗

1，2. 蝴蝶果
3，4，5. 麻风树

1　2

3　4

5

蝴蝶果 *Cleidiocarpon cavaleriei*

【科属】大戟科 蝴蝶果属。**【简介】**常绿乔木。叶纸质，椭圆形，长圆状椭圆形或披针形，顶端渐尖，稀急尖，基部楔形。圆锥状花序，雄花密集成的团伞花序，疏生于花序轴，雌花生丁花序的基部或中部。果呈扁平的豆荚状。花期 5—11 月。**【产地】**贵州、广西、云南。越南北部地区。**【其他观赏地点】**树木园、名人园。

麻风树 *Jatropha curcas*

【科属】大戟科 麻风树属。**【常用别名】**小桐子。**【简介】**落叶灌木或小乔木，高 2 ~ 5 m。叶纸质，近圆形至卵圆形，顶端短尖，基部心形，全缘或 3 ~ 5 浅裂。花序腋生，雄花萼片 5 枚，花瓣长圆形，黄绿色，雌花萼片离生。蒴果椭圆状或球形，黄色。花期 9—11 月。**【产地】**美洲热带地区。

同属植物

棉叶珊瑚花 *Jatropha gossypiifolia*

【常用别名】棉叶膏桐、棉叶麻风树。【简介】灌木或小乔木。叶纸质，多生于枝端，掌状深裂，叶缘具细齿。叶柄、叶背及新叶呈紫红色。聚伞花序顶生，花暗红色，5 瓣。蒴果。花期 9—11 月。【产地】美洲热带地区。

变叶珊瑚花 *Jatropha integerrima*

【常用别名】琴叶珊瑚、日日樱。【简介】常绿或半常绿灌木，高 2 ~ 3 m。单叶互生，叶型变化大，倒阔披针形、卵圆形、长椭圆形等，叶基有 2 ~ 3 对锐刺，先端渐尖。花单性，雌雄同株，花冠红色或粉红色。花果期几乎全年。【产地】西印度群岛。【其他观赏地点】奇花园、树木园。

1　　2　　3

1, 2. 棉叶珊瑚花　3. 变叶珊瑚花

1, 2. 红珊瑚　3, 4, 5. 佛肚树

红珊瑚 *Jatropha multifida*

【常用别名】细裂叶麻风树。**【简介】**灌木，茎枝具乳汁，无毛。叶轮廓近圆形，掌状 9 ~ 11 深裂，裂片线状披针形，全缘、浅裂至羽状深裂。花序顶生，总梗长 13 ~ 20 cm，花梗短，雌雄同序异花，花瓣 5 枚，红色。蒴果椭圆状至倒卵状，无毛。花期 4—10 月，果期 5—12 月。**【产地】**中美洲、南美洲。

佛肚树 *Jatropha podagrica*

【简介】直立灌木，不分枝或少分枝。叶盾状着生，轮廓近圆形至阔椭圆形，顶端圆钝，基部截形或钝圆，全缘或 2 ~ 6 浅裂。花序顶生，花瓣红色。蒴果椭圆状。花果期几乎全年。**【产地】**中美洲、南美洲。**【其他观赏地点】**能源园、奇花园、名人园。

木薯 *Manihot esculenta*

【科属】大戟科　木薯属。【简介】落叶灌木。叶纸质，轮廓近圆形，掌状深裂几达基部，裂片 3 ~ 7 片，倒披针形至狭椭圆形。圆锥花序，花萼带紫红色，雄花裂片长卵形，雌花裂片长圆状披针形。蒴果椭圆状。花期 9—11 月。【产地】巴西。【其他观赏地点】能源园。

1　　2

星油藤 *Plukenetia volubilis*

【科属】大戟科 星油藤属。【常用别名】南美油藤。【简介】常绿攀缘藤本。叶椭圆形或近心形，先端具尾尖，基部圆或近平截，边缘具锯齿。雄花小，白色，排列成簇，雌花位于花序的基部。蒴果，具 4 ~ 6 棱。花果期几乎全年。【产地】秘鲁。【其他观赏地点】百果园、藤本园、奇花园。

木油桐 *Vernicia montana*

【科属】大戟科 油桐属。【常用别名】千年桐。【简介】落叶乔木，高达 20 m。叶阔卵形，裂缺和叶柄常有杯状腺体。花序生于当年生已发叶的枝条上，雌雄异株或有时同株异序，花瓣白色或基部紫红色且有紫红色脉纹。核果卵球状，具 3 条纵棱，棱间有粗疏网状皱纹。花期 3—4 月，果期 8—10 月。【产地】广布于中国南部。越南、泰国、缅甸。

3　　4　　5

1，2. 星油藤　3，4，5. 木油桐

顶果木 *Acrocarpus fraxinifolius*

【科属】豆科 顶果木属。【简介】落叶大乔木。二回羽状复叶，小叶卵形或卵状长圆形，边全缘。总状花序腋生，具密集的花，猩红色，初时直立，后下垂，雄蕊5枚，与花瓣互生。荚果扁平，紫褐色。花期3—4月，果期5—6月。【产地】广西和云南。老挝、泰国、缅甸、印度、斯里兰卡和印度尼西亚。【其他观赏地点】棕榈园。

光叶合欢 *Albizia lucidior*

【科属】豆科 合欢属。【简介】常绿乔木，高可达20 m，树皮灰白色。二回羽状复叶，羽片1对，总叶柄上及顶部一对小叶着生处各有腺体1枚；小叶1 ~ 2对，椭圆形或长圆形。头状花序排成腋生的伞形圆锥花序，花白色。荚果带状，革质。花期3—5月，果期10—11月。【产地】云南、广西、台湾。南亚至东南亚地区。【其他观赏地点】藤本园。

1, 2, 3. 顶果木 4, 5. 光叶合欢

南亚黄檀 *Dalbergia volubilis*

【科属】豆科 黄檀属。【简介】木质藤本，长达 8 m，老茎具圆棱。羽状复叶，小叶 4 ~ 5 对，椭圆形，两端圆形。圆锥花序生小枝顶端，花小，密集，花白色。荚果椭圆形，扁平。花期 3 月，果期 6 月。【产地】云南。孟加拉国、印度、缅甸、斯里兰卡。

厚果鱼藤 *Derris taiwaniana* (*Millettia pachycarpa*)

【科属】豆科 鱼藤属（崖豆藤属）。【常用别名】厚果崖豆藤。【简介】木质藤本，长达 15 m。羽状复叶，小叶 6 ~ 8 对，长圆状椭圆形至长圆状披针形，先端锐尖，基部楔形或圆钝。总状圆锥花序，2 ~ 6 枝生于新枝下部，花 2 ~ 5 朵着生节上，花冠淡紫。荚果深褐黄色，肿胀，长圆形。花期 4—6 月，果期 6—11 月。【产地】中国南方各地。南亚至东南亚地区。【其他观赏地点】南药园。

1, 2, 3. 南亚黄檀　4, 5. 厚果鱼藤

1

铁刀木 *Senna siamea* (*Cassia siamea*)

【**科属**】豆科 决明属（腊肠树属）。【**常用别名**】黑心树。【**简介**】落叶乔木，高约 10 m。小叶对生，6 ~ 10 对，革质，长圆形或长圆状椭圆形，顶端圆钝，常微凹，基部圆形。总状花序并排成伞房花序状，花瓣黄色，阔倒卵形，雄蕊 10 枚，其中 7 枚发育，3 枚退化。荚果扁平。花期 10—11 月，果期 12 月—翌年 1 月。【**产地**】云南。印度、缅甸、泰国。【**其他观赏地点**】百花园、混农林。

帝汶决明 *Senna timoriensis*

【**科属**】豆科 决明属。【**简介**】落叶乔木，高达 8 m。羽状复叶，小叶 14 ~ 18 对，椭圆形，两端钝，基部不对称。圆锥花序生小枝顶端，花黄色。荚果带状，紫色。花期 9—10 月，果期 12 月。【**产地**】亚洲南部和大洋洲。【**其他观赏地点**】百花园。

2

3

1. 铁刀木　2，3. 帝汶决明

东京油楠 *Sindora tonkinensis*

【科属】豆科 油楠属。【简介】常绿乔木，高可达 15 m。羽状复叶，有小叶 4 ~ 5 对，小叶两侧不对称，上侧较狭，下侧较阔，顶端渐尖或短渐尖，基部圆形或阔楔形。圆锥花序生于小枝顶端的叶腋，花瓣肥厚，密被黄色柔毛。荚果近圆形或椭圆形，外面光滑无刺。花期 5 月，果期 8 月。【产地】中南半岛。【其他观赏地点】树木园。

东方狼尾草 *Cenchrus orientalis* (*Pennisetum orientale*)

【科属】禾本科 蒺藜草属（狼尾草属）。【常用别名】东方蒺藜草。【简介】多年生草本。须根较粗壮。秆直立，丛生，高 30 ~ 120 cm。叶片线形。圆锥花序直立，长 5 ~ 25 cm，主轴密生柔毛，小穗通常单生，线状披针形。颖果长圆形。花期 7—9 月，果期 9—11 月。【产地】中亚至西亚。

1

2

1. 东京油楠
2. 东方狼尾草

菅 *Themeda villosa*

【科属】禾本科 菅属。【简介】多年生草本，秆粗壮，多簇生，高 1 ~ 2 m。叶鞘光滑无毛，叶舌膜质，叶片线形，中脉粗，白色。多回复出的大型伪圆锥花序，由具佛焰苞的总状花序组成，长可达 1 m。花期 8—9 月，果期 9 月—翌年 1 月。【产地】中国南部。印度、中南半岛、马来西亚和菲律宾等。

红厚壳 *Calophyllum inophyllum*

【科属】红厚壳科（藤黄科）红厚壳属。【简介】乔木，高 5 ~ 12 m。叶片厚革质，宽椭圆形或倒卵状椭圆形，顶端圆或微缺，基部钝圆或宽楔形，两面具光泽，侧脉多数，几与中脉垂直。总状花序或圆锥花序近顶生，花两性，白色，微香。果圆球形，成熟时黄色。花期 6—7 月，果期 9—11 月。【产地】海南、台湾。东南亚和大洋洲。

同属植物

滇南红厚壳 *Calophyllum polyanthum*

【简介】乔木，高达 25 m。叶片革质，长圆状椭圆形或卵状椭圆形，顶端渐尖，基部下延成翼，侧脉多数，密集整齐。圆锥花序或总状花序，花白色。果实椭圆球形。花期 4—5 月，果期 9—10 月。【产地】云南。印度、缅甸、泰国。【其他观赏地点】名人园、民族园。

1. 菅　2. 红厚壳　3，4. 滇南红厚壳

牛角瓜 *Calotropis gigantea*

【科属】夹竹桃科（萝藦科）牛角瓜属。【简介】直立灌木，高达 3 m，全株具乳汁。叶倒卵状长圆形或椭圆状长圆形，顶端急尖，基部心形，两面被灰白色绒毛。聚伞花序伞形状，腋生和顶生，花冠紫蓝色或白色，辐状。蓇葖果单生，膨胀。花期 2—8 月。【产地】云南、四川、广西和广东等。印度、斯里兰卡、缅甸、越南和马来西亚。

火绳树 *Eriolaena spectabilis*

【科属】锦葵科（梧桐科）火绳树属。【简介】落叶灌木或小乔木，高 3 ~ 8 m。叶卵形或广卵形，下面密被星状绒毛，边缘有不规则的浅齿，基生脉 5 ~ 7 条。聚伞花序腋生，密被绒毛，花瓣 5 片，白色。蒴果木质，卵形或卵状椭圆形，具瘤状突起和棱脊。花期 4—5 月，果期 6—8 月。【产地】广西、贵州和云南。不丹、印度、尼泊尔。

1

2　　3

1. 牛角瓜　2, 3. 火绳树

树棉 *Gossypium arboreum*

【科属】锦葵科 棉属。**【简介】**多年生亚灌木至灌木，高达 2 ~ 3 m。叶掌状 5 深裂，裂片长圆状披针形，深裂达叶片的一半左右。花单生于叶腋，花黄色。蒴果圆锥形，通常 3 室。花期 6—9 月。**【产地】**印度、斯里兰卡。

1　2　3　4　5

雁婆麻 *Helicteres hirsuta*

【**科属**】锦葵科（梧桐科）山芝麻属。【**常用别名**】肖婆麻。【**简介**】灌木，高 1 ~ 3 m。叶卵形或卵状矩圆形，顶端渐尖或急尖，基部斜心形或截形，边缘有不规则的锯齿。聚伞花序腋生，花瓣 5 枚，红色或红紫色。成熟的蒴果圆柱状，种子多数。花期 4—9 月，果期 10 月—翌年 1 月。【**产地**】广东、广西。东南亚地区。【**其他观赏地点**】能源园。

同属植物

火索麻 *Helicteres isora*

【**简介**】灌木，高达 2 m。叶卵形，顶端短渐尖且常具小裂片，基部圆形或斜心形，边缘具锯齿。聚伞花序腋生，花红色或紫红色，花瓣 5 枚，不等大。蒴果圆柱状，螺旋状扭曲。花期 4—10 月，果期 10—12 月。【**产地**】云南和海南。亚洲及大洋洲热带地区。

腺叶木槿 *Hibiscus glandulifer*

【**科属**】锦葵科 木槿属。【**简介**】灌木至小乔木，高达 5 m。叶互生，近圆心形，边缘具圆锯齿，先端凸尖，基部圆形，叶柄先端有腺体。花单生叶腋，大型，黄色，花瓣具明显脉纹。蒴果球形，木质化。花期 6—10 月。【**产地**】泰国。

1，2. 雁婆麻　3，4. 火索麻　5. 腺叶木槿

火索麻

腺叶木槿

同属植物

木芙蓉 *Hibiscus mutabilis*

【**简介**】落叶灌木或小乔木，高 2 ~ 5 m。叶宽卵形至圆卵形或心形，常 5 ~ 7 裂，裂片三角形，先端渐尖。花单生于枝端叶腋间，花初开时白色或淡红色，后变深红色。蒴果扁球形，被淡黄色刚毛和绵毛，种子肾形，背面被长柔毛。花期 8—10 月。【**产地**】福建、广东、湖南、台湾和云南。【**其他观赏地点**】野菜园。

刺芙蓉 *Hibiscus surattensis*

【**简介**】一年生亚灌木状草本，高 0.5 ~ 2 m，常平卧，疏被长毛和倒生皮刺。叶掌状 3 ~ 5 裂，裂片卵状披针形，两面均疏被糙硬毛。花单生于叶腋，花黄色，内面基部暗红色。蒴果卵球形，密被粗长硬毛。花期 9—10 月，果期 10 月—翌年 3 月。【**产地**】海南、云南和香港。亚洲、非洲和大洋洲热带地区。

鹧鸪麻 *Kleinhovia hospita*

【**科属**】锦葵科（梧桐科）鹧鸪麻属。【**简介**】乔木，高达 12 m，树皮片状剥落。叶广卵形或卵形，顶端渐尖或急尖，基部心形。大型聚伞状圆锥花序顶生，花浅红色。蒴果梨形或略成圆球形，膨胀。花期 10—12 月。【**产地**】海南和台湾。亚洲热带地区。

1　　2

3　　4

1. 木芙蓉　2. 刺芙蓉　3, 4. 鹧鸪麻

1

2

3

光叶翅果麻 *Kydia glabrescens*

【科属】锦葵科（梧桐科） 翅果麻属。【简介】乔木，高达 10 m。叶近圆形、卵形或倒卵形，有时具 3 角，边缘具不整齐齿缺。花顶生或腋生，排列成圆锥花序，花淡紫色。蒴果圆球形，宿存小苞片倒披针形。花期 10—11 月。【产地】云南。不丹、印度、越南。

光瓜栗 *Pachira glabra*

【科属】锦葵科（木棉科） 瓜栗属。【常用别名】马拉巴栗、发财树。【简介】常绿小乔木，高 4 ~ 5 m。小叶 5 ~ 7 片，长圆形至倒卵状长圆形，渐尖，基部楔形，全缘。花单生枝顶叶腋，花瓣淡黄绿色，狭披针形至线形，雄蕊管分裂为多数雄蕊束，每束再分裂为 7 ~ 10 枚细长的花丝，花丝白色。蒴果近梨形。花期 5—8 月，果期 9—11 月。【产地】中美洲、南美洲。【其他观赏地点】奇花异卉园。

1. 光叶翅果麻　2，3. 光瓜栗

翅子树 *Pterospermum acerifolium*

【科属】锦葵科（梧桐科）翅子树属。【简介】大乔木，树皮光滑。叶大，革质，近圆形或矩圆形，全缘、浅裂或有粗齿，基部心形。花单生，白色，芳香，花瓣 5 枚，条状矩圆形。蒴果木质，矩圆状圆筒形。花期 5 月。【产地】云南。亚洲热带地区也有分布。

同属植物

勐仑翅子树 *Pterospermum menglunense*

【简介】乔木，高 12 m，嫩枝被灰白色短绵毛。叶厚纸质，披针形或椭圆状披针形，顶端长渐尖或尾状渐尖，基部斜圆形，下面密被淡黄褐色星状绒毛。花单生于小枝上部的叶腋，白色，花瓣 5 枚，倒卵形。蒴果长椭圆形，顶端急尖。花期 4 月。【产地】云南。【其他观赏地点】沟谷雨林。

1

2

3

1. 翅子树　2, 3. 勐仑翅子树

变叶翅子树 *Pterospermum proteus*

【简介】小乔木，高达 6 m。叶有多种形态，有近圆形、矩圆形和矩圆状倒梯形等，顶端渐尖、截形、心形或钝，基部浅斜心形或盾形，全缘或不规则浅裂至深裂。花 1 ~ 4 朵集生于叶腋，花白色，花瓣 5 枚，狭条形。蒴果卵形或卵状矩圆形。花期 4—5 月。**【产地】**云南南部。

红椿 *Toona ciliata*

【科属】楝科 香椿属。**【简介】**落叶乔木，一回羽状复叶，有小叶 7 ~ 8 对，小叶近对生，长圆状披针形。圆锥花序生于枝顶叶腋，花瓣 5 枚，白色。蒴果长椭圆形，木质，干后开裂成 5 瓣。花期 4—6 月，果期 10—12 月。**【产地】**中国华南和西南等地。印度、中南半岛、马来西亚、印度尼西亚等。**【其他观赏地点】**树木园、民族园。

1　　2　　3

1. 变叶翅子树　2, 3. 红椿

合果木 *Michelia baillonii*

【科属】木兰科 含笑属。【简介】常绿乔木。叶薄革质，长椭圆形。花淡黄色，有芳香，花被片 18 ~ 21 枚，披针形。聚合果肉质，成熟心皮完全合生。花期 3—5 月，果期 8—10 月。【产地】云南。印度、缅甸、柬埔寨、泰国和越南。【其他观赏地点】树木园、野花园。

岭南酸枣 *Allospondias lakonensis* (*Spondias lakonensis*)

【科属】漆树科 岭南酸枣属（槟榔青属）。【简介】落叶乔木。叶互生，奇数羽状复叶，有小叶 5 ~ 11 对，长圆状披针形。大型圆锥花序顶生，花小，白色，密集于花枝顶端。核果倒卵形，成熟时红色。花期 4—5 月，果期 9—10 月。【产地】福建、广东、广西、海南、云南。泰国、老挝、越南。

1, 2, 3. 合果木　4, 5, 6. 岭南酸枣

腰果 *Anacardium occidentale*

【科属】漆树科 腰果属。【简介】常绿小乔木。叶革质，倒卵形，先端圆形。圆锥花序，花黄绿色至红色，杂性，花瓣线状披针形，开花时外卷。核果肾形，两侧压扁，果基部为肉质梨形或陀螺形的假果托。花期4—7月。【产地】美洲热带地区。【其他观赏地点】树木园。

风吹楠 *Horsfieldia amygdalina*

【科属】肉豆蔻科 风吹楠属。【简介】常绿乔木。叶革质，椭圆状披针形。雄花序腋生，圆锥状，花被2～3裂。雌花序通常着生于老枝上，雌花球形。花被裂片2枚。果成熟时卵圆形至椭圆形，橙黄色。花期8—10月，果期3—5月。【产地】云南、海南、广西。印度至中南半岛。

1, 2, 3. 腰果　4, 5. 风吹楠

同属植物

大叶风吹楠 *Horsfieldia kingii*

【常用别名】滇南风吹楠。【简介】常绿乔木。叶革质，倒卵形或长圆状倒披针形。雄花序成簇，球形，花被 2 ~ 3 裂，雌花序短，花近球形，花被片 2 或 3 深裂。果长圆形。花期 6 月，果期 10—12 月。【产地】云南。印度、孟加拉国。【其他观赏地点】名人园。

云南风吹楠 *Horsfieldia prainii*

【常用别名】琴叶风吹楠。【简介】常绿乔木。叶革质，倒卵状长圆形至提琴形。雄花序圆锥状，腋生，花被裂片 4 枚。雌花序短，花近球形，花被片 2 ~ 3 深裂。果卵球形。花期 5—7 月，果期 4—6 月。【产地】云南南部。印度至东南亚地区。【其他观赏地点】名人园。

1, 2, 3. 大叶风吹楠　4, 5, 6. 云南风吹楠

红光树 *Knema tenuinervia*

【科属】肉豆蔻科 红光树属。**【简介】**常绿乔木。叶片革质，宽披针形或长圆状披针形。雄花序粗壮，花被裂片 3 或 4 枚，雌花无梗或具极短的梗。果椭圆形或卵球形。花期 12 月—翌年 3 月，果期 7—9 月。**【产地】**云南。印度、老挝、尼泊尔、泰国。**【其他观赏地点】**名人园。

同属植物

小叶红光树 *Knema globularia*

【简介】常绿乔木。叶厚纸质，披针形或线状披针形。雄花 4 ～ 8 朵组成聚伞花序，密被锈色绒毛，雌花序具瘤状总梗，着花 2 ～ 3 朵。果椭圆形。花期 11 月—翌年 3 月，果期 6—10 月。**【产地】**云南。印度、安达曼群岛、孟加拉国、缅甸、泰国。

1，2. 红光树　3，4，5. 小叶红光树

1

2

水密花 *Combretum punctatum* var. *squamosum*

【科属】使君子科 风车子属。【简介】攀缘灌木或藤本。叶对生，叶片近革质，阔椭圆形至近圆形，稀为狭椭圆形，两面密被鳞片，背面尤密。圆锥花序由长穗状花序组成；花较短，早落；花瓣狭椭圆形或披针形，锐尖，具爪。花期4月，果期6—10月。【产地】广东、云南。南亚、东南亚地区。

珠芽魔芋 *Amorphophallus bulbifer*

【科属】天南星科 魔芋属。【简介】多年生草本，块茎近球形。叶柄长可达1 m，光滑，污黄色或榄绿色，饰以不规则的苍白色斑块或线纹。叶片3全裂，在叶柄的顶头有珠芽1枚。佛焰苞倒钟状，外面粉红带绿色，内面基部红色。肉穗花序略长于佛焰苞。花期5月。【产地】云南。印度至缅甸。

3

4

1，2. 水密花　3，4. 珠芽魔芋

乔木假山椤 *Harpullia arborea*

【科属】无患子科 假山椤属。【简介】常绿乔木。一回偶数羽状复叶，互生，有时近对生，小叶椭圆形，先端尖，基部渐狭，全缘。圆锥花序，花黄绿色。蒴果。花期 2—4 月，果期 4—5 月。【产地】澳大利亚。

同属植物

假山椤 *Harpullia cupanioides*

【常用别名】假山萝。【简介】乔木。一回偶数羽状复叶，小叶 3 ~ 6 对，叶片斜披针形，不对称总状花序数个生于枝顶叶腋，短于叶。花单性，雌雄同株。花 5 基数，花瓣淡黄色。蒴果两侧压扁，常 2 室。种子具红色假种皮。花期 4—5 月，果期 7—10 月。【产地】广东、海南和云南。南亚、东南亚至大洋洲北部地区。【其他观赏地点】南药园、名人园。

白饭树 *Flueggea virosa*

【科属】叶下珠科（大戟科） 白饭树属。【简介】常绿灌木。叶片纸质，椭圆形、倒卵形或近圆形，全缘。花小，淡黄色，雌雄异株，多朵簇生于叶腋。蒴果浆果状，近圆球形，成熟时果皮白色，不开裂。花期 3—8 月，果期 7—12 月。【产地】华东、华南及西南各地。非洲、大洋洲和亚洲的东部及东南部地区。

1, 2, 3. 假山椤　4. 白饭树

潺槁木姜子 *Litsea glutinosa*

【科属】樟科 木姜子属。**【简介】**常绿乔木。叶互生，倒卵状长圆形或椭圆状披针形，先端钝圆，基部楔形，幼叶两面被毛。伞形花序单生或几个簇生于长 2 ~ 4 cm 短枝上。果球形。花期 5—6 月，果期 9—10 月。**【产地】**广东、广西、福建及云南南部。越南、菲律宾、印度。**【其他观赏地点】**沟谷林。

同属植物

假柿木姜子 *Litsea monopetala*

【简介】常绿乔木。叶互生，宽卵形、倒卵形或卵状长圆形，先端钝或圆，基部圆或宽楔形，幼叶上面沿中脉及下面密被锈色短柔毛，侧脉 8 ~ 12 对。伞形花序簇生，花序梗短。果长卵圆形，果托浅盘状。花期 4—6 月，果期 6—7 月。**【产地】**广东、广西、贵州、海南及云南。南亚至东南亚地区。**【其他观赏地点】**沟谷林。

1, 2. 潺槁木姜子　3, 4. 假柿木姜子

综合保存区

综合保存区（简称“综合区”）占地面积 50 亩，位于能源园至棕榈园的环江路两侧，收集植物以国内外乔木和灌木树种为主，现收集保存了约 550 种植物，主要类群包括大戟科、茜草科、番荔枝科、桃金娘科、山榄科、豆科、锦葵科、无患子科等。综合保存区的前身是苗圃的大苗地，目前该区是西片区植物种类最丰富和集中的区域，很多种类只在该区有栽培，保存有大量国外引种来的不常见植物，深受资深植物爱好者的青睐。

巴西木蝶豆 *Clitoria fairchildiana*

【科属】豆科 蝶豆属。【简介】乔木，小枝下垂。三出复叶，小叶卵状披针形，先端渐尖，基部圆形。总状花序腋生，下垂，长可达 30 cm，花萼淡紫色，花冠紫色或蓝紫色。荚果扁平。花期 8—10 月。【产地】巴西。

爪哇蒙蒿子 *Anaxagorea javanica*

【科属】番荔枝科 蒙蒿子属。【常用别名】爪哇木。【简介】常绿小乔木。叶薄革质，椭圆形或倒卵状披针形，叶面光亮。花常单朵腋生枝顶，花黄绿色，花瓣肉质，长约 2 cm，顶端锐尖。聚合蓇葖果具长柄。花果期 5—10 月。【产地】东南亚地区。

1. 巴西木蝶豆 2, 3, 4. 爪哇蒙蒿子

鹰爪花 *Artabotrys hexapetalus*

【**科属**】番荔枝科 鹰爪花属。【**简介**】攀缘灌木，高达 4 m。叶纸质，长圆形或阔披针形，顶端渐尖或急尖，基部楔形。花 1 ~ 2 朵，总花梗钩状，花淡绿色或淡黄色，芳香。果卵圆状，数个群集于果托上。花期 5—8 月，果期 6—12 月。【**产地**】浙江、台湾、福建、江西、广东、广西和云南等。东南亚地区。【**其他观赏地点**】树木园。

喙果皂帽花 *Dasymaschalon rostratum*

【**科属**】番荔枝科 皂帽花属。【**简介**】常绿小乔木。叶纸质，长圆形，叶背苍白色。花单朵腋生，橙黄至暗红色，单朵腋生，尖帽状，向上渐尖，长约 5 cm；花瓣披针形，长约 5 cm。果念珠状，有 2 ~ 5 节，每节长椭圆形，顶端有喙。花期 7—9 月，果期 9 月—翌年 1 月。【**产地**】广东、广西、云南、西藏。越南。

细梗假鹰爪 *Desmos pedunculosus*

【**科属**】番荔枝科 假鹰爪属。【**简介**】灌木，高约 2 m。叶矩圆形，先端钝尖，基部圆形，叶柄长约 1 cm。总状花序具 1 ~ 3 花，总花梗短，花梗细长，花黄绿色至黄色。花期 4—5 月。【**产地**】泰国、越南、马来西亚。

1, 2. 鹰爪花 3. 喙果皂帽花 4. 细梗假鹰爪

喙果皂帽花

1

2

3

金帽花 *Sphaerocoryne affinis* (*Melodorum aberrans*)

【科属】番荔枝科 唇膏花属（金帽花属）。**【常用别名】**唇膏花、美乐多。**【简介】**常绿小乔木，高 5 ~ 8 m。叶革质，披针形。花常单生于叶腋，花黄色，外轮 3 枚花瓣较大，开展，内轮 3 枚花瓣较小，常靠合在一起成帽状。果实圆球形，光滑，成熟时紫黑色。花期 4—5 月，果期 6—8 月。**【产地】**东南亚地区。

大花紫玉盘 *Uvaria grandiflora*

【科属】番荔枝科 紫玉盘属。**【常用别名】**山椒子。**【简介】**攀缘灌木，长 3 m。叶纸质或近革质，长圆状倒卵形，顶端急尖或短渐尖，有时有尾尖，基部浅心形。花单朵，紫红色或深红色，大形。果长圆柱状。花期 3—11 月，果期 5—12 月。**【产地】**广东、广西和海南。东南亚地区。

1. 金帽花　2，3. 大花紫玉盘

1. 黄花紫玉盘
2, 3. 紫玉盘

1 2 3

同属植物

黄花紫玉盘 *Uvaria kurzii*

【简介】攀缘灌木，长达 13 m；全株密被锈色星状绒毛或星状长柔毛。叶长圆状倒卵形或长椭圆形或倒卵形，顶端渐尖或钝，有时圆形，基部渐窄浅心形。花黄色或淡黄色，直径约 3.5 cm，1 ~ 2 朵与叶对生。果近圆球状或卵圆状。花期 5 月。【产地】广西和云南。印度。

紫玉盘 *Uvaria macrophylla*

【简介】直立灌木，高约 2 m，枝条蔓延性全株多被毛。叶革质，长倒卵形或长椭圆形，顶端急尖或钝，基部近心形或圆形。花 1 ~ 2 朵，与叶对生，暗紫红色或淡红褐色。果卵圆形或短圆柱形，暗紫褐色。花期 4—7 月。【产地】广西、广东和台湾。越南和老挝。

黄花紫玉盘

金莲木 *Ochna integerrima*

【**科属**】金莲木科 金莲木属。【**简介**】落叶灌木或小乔木，高 2 ~ 7 m。叶纸质，椭圆形、倒卵状长圆形或倒卵状披针形，顶端急尖或钝，基部阔楔形，边缘有小锯齿。花序近伞房状，萼片长圆形，结果时呈暗红色，花瓣 5 枚，有时 7 枚，黄色。核果。花期 3—4 月，果期 5—6 月。【**产地**】广东、海南和广西。东南亚地区。

同属植物

桂叶黄梅 *Ochna thomasiana*

【**常用别名**】米老鼠树。【**简介**】灌木，高 1 ~ 2 m，最高可达 6 m。叶长椭圆形到椭圆形，具光泽，绿色，叶缘有细齿状锯齿。花序腋生，花瓣黄色。果实发育时，萼片变大并变成鲜红色，果实由淡绿转为黑色。花期 9 月—翌年 4 月，果期 5—6 月。【**产地**】非洲。【**其他观赏地点**】能源园、树木园。

1, 2. 金莲木 3, 4. 桂叶黄梅

1 2

3

染用舟翅桐 *Pterocymbium tinctorium*

【科属】锦葵科（梧桐科） 舟翅桐属。【简介】落叶高大乔木，树皮具纵裂纹。叶阔卵形，基部心形，两面无毛。先花后叶，圆锥花序生小枝顶端或上部，花绿色，钟形，先端5深裂，雌雄异花。蓇葖果有柄，果瓣舟形。花期3—4月，果期4—5月。【产地】印度至东南亚地区。

黄花木兰 *Magnolia liliifera*

【科属】木兰科 木兰属。【简介】常绿小乔木，高约5 m。叶革质，长椭圆形，先端长渐尖。花单生于枝顶，花被片9枚，质厚，外面的3枚带绿色，内两轮6枚黄色，抱紧成圆筒状，开放时微打开，凋谢时整体脱落。花期4—10月。【产地】印度至东南亚地区。

1, 2. 染用舟翅桐 3. 黄花木兰

1, 2. 螯毛果　3, 4. 散沫花

螯毛果 *Cnestis palala*

【科属】牛栓藤科　螯毛果属。【简介】攀缘灌木，高 2 ~ 10 m；奇数羽状复叶，小叶片 11 ~ 31 片，椭圆形至长椭圆形，叶片下面密被绒毛。圆锥花序腋生，总花梗密被绒毛，花直径约 5 mm，花瓣长圆形，先端稍内弯，与萼片近等长；雄蕊 10 枚，心皮 5 枚，离生，被长硬毛。果实椭圆形，成熟时黄色或棕色，被锈色毡毛。【产地】海南。东南亚地区。

散沫花 *Lawsonia inermis*

【科属】千屈菜科　散沫花属。【简介】灌木，高可达 6 m；小枝略呈棱形。叶交互对生，薄革质，椭圆形或椭圆状披针形。圆锥花序；花极香，白色或玫瑰红色；雄蕊通常 8 枚，花丝长为花萼裂片的 2 倍。蒴果扁球形。花期 6—10 月，果期 10—12 月。【产地】非洲东北部、阿拉伯半岛至南亚地区。

爪哇润肺木 *Strombosia javanica*

【科属】润肺木科（铁青树科）润肺木属。【简介】常绿乔木，高 8 ~ 10 m。叶互生，叶片薄革质，两面光滑，卵状长圆形。聚伞花序常 6 ~ 8 朵生于叶腋，花冠坛状，裂片 5 枚，淡绿色。核果椭球形，直径约 3 cm，绿色。花期 8—10 月，果期 12 月—翌年 5 月。【产地】缅甸、泰国、马来西亚、印度尼西亚等。

琼榄 *Gonocaryum lobbianum*

【科属】心翼果科（茶茱萸科）琼榄属。【常用别名】黄柄木。【简介】常绿灌木。叶柄黄色，叶革质，长椭圆形至阔椭圆形，两面无毛。花杂性异株，雄花排列成腋生的短穗状花序，雌花和两性花少数，于短花序柄上排列成总状花序。花冠管状，长约 6 mm，白色。核果椭圆形至长椭圆形，长 3 ~ 5 cm，成熟时紫黑色。花期 4—7 月，果期 7—11 月。【产地】广东、海南、云南等。东南亚地区。【其他观赏地点】树木园。

1

2

3

4

1, 2. 爪哇润肺木 3, 4. 琼榄

锥序丁公藤 *Erycibe subspicata*

【科属】旋花科 丁公藤属。【简介】常绿攀缘灌木。叶革质，长圆形或椭圆形。花序圆锥状，花冠白色，芳香，深 5 裂，裂片顶端再 2 叉分裂，边缘具齿。浆果椭圆形。花期 10—11 月，果期 12 月—翌年 2 月。【产地】云南和广西。印度东北部至中南半岛。

天蓝谷木 *Memecylon caeruleum*

【科属】野牡丹科 谷木属。【简介】常绿灌木。叶片革质，椭圆形，全缘，两面无毛。聚伞花序，腋生。花瓣白色，基部浅蓝色；雄蕊蓝色，花药下弯。浆果状核果球形，外皮多汁，成熟时蓝紫色，顶端具环状宿存萼檐。花期 8—10 月，果期 10 月—翌年 1 月。【产地】云南、海南和西藏东南部。东南亚地区。

1

2

3

1, 2. 锥序丁公藤 3. 天蓝谷木

锥序丁公藤
天蓝谷木

民族森林文化园

西双版纳地处我国西南边陲，与缅甸、老挝接壤，是北回归线附近迄今尚保存有大面积热带雨林的地区，这里居住着以傣族为主的十多个少数民族（包括哈尼族、基诺族、拉祜族、瑶族、彝族、布朗族等）。在历史发展过程中，各民族的日常生活、医药卫生、生产活动、文学艺术和宗教信仰等无不与热带雨林及其中的生物资源相互作用、相互影响，形成了多样而独特的民族森林文化，也正是这种优秀传统文化的存在，维持了西双版纳地区人与自然和谐相处、协调发展的局面。

民族森林文化园（简称“民族园”）在我园民族植物学和民族森林文化多年研究的丰硕成果上，其规划围绕着“热带雨林民族森林博物馆”，分为民族药用植物区、食用植物区、宗教植物区、文学艺术植物区 4 个小区，占地面积约 65 亩，现收集保存了 320 余种民族植物。其中，民族药用植物区主要展示以傣医药为主的多种传统药用植物，食用植物区主要以当地居民的食花和食叶植物为主，宗教植物区主要展示与释迦牟尼以及佛教信仰相关的植物，如佛教寺庙和庭园必须栽培的“五树六花”以及与佛事活动有关的植物；文学艺术植物区主要展示傣族等少数民族书写文字相关的植物以及与民俗文化、艺术活动相关的植物。

菩提树 *Ficus religiosa*

【科属】桑科 榕属。【简介】落叶大乔木。叶革质，三角状卵形，先端骤尖，顶部延伸为尾状，尾尖长 2 ~ 5 cm。榕果球形至扁球形，直径 1 ~ 1.5 cm，成熟时红色，表面光滑。花期 3—4 月，果期 5—6 月。【产地】印度、尼泊尔、巴基斯坦至缅甸。【其他观赏地点】榕树园、国花园、名人园。

槟榔 *Areca catechu*

【科属】棕榈科 槟榔属。【简介】乔木状，茎单生，有明显的环状叶痕。叶簇生于茎顶，羽状全裂，羽片狭长披针形，上部的羽片合生。花雌雄同株，花序多分枝。果实长圆形或卵球形，橙黄色，中果皮厚，纤维质。花期 3—4 月或 6—7 月，果期 8—12 月。【产地】菲律宾。亚洲热带地区。【其他观赏地点】南药园、棕榈园。

1

2

3

4

5

6

1, 2, 3. 菩提树
4, 5, 6. 槟榔

1　　2　　3

4

贝叶棕 *Corypha umbraculifera*

【科属】棕榈科 贝叶棕属。【简介】乔木状。叶大型，呈扇状深裂。叶柄长 2.5 ~ 3 m，粗壮，边缘具短齿，顶端延伸成下弯的中肋状的叶轴。花序顶生，呈大型直立的圆锥形，高 4 ~ 5 m 或更高，有 30 ~ 35 个分枝花序，由下而上渐短。花小，两性，乳白色，有臭味。果实球形，干时果皮产生龟裂纹。只开花结果一次后即死去。花期 2—5 月，果期翌年 5—6 月。【产地】印度和斯里兰卡。【其他观赏地点】棕榈园、名人园。

莲 *Nelumbo nucifera*

【科属】莲科 莲属。【常用别名】荷花。【简介】多年生水生草本。叶圆形，盾状，全缘稍呈波状，上面光滑，具白粉，下面叶脉从中央射出，叶柄圆柱形。花大，美丽，芳香，花瓣红色、粉红色或白色。坚果椭圆形或卵形。花期 6—8 月，果期 8—10 月。【产地】亚洲至大洋洲北部地区。【其他观赏地点】百花园、名人园。

1，2，3. 贝叶棕　4. 莲

1 2

3 4 5

黄姜花 *Hedychium flavum*

【科属】姜科 姜花属。【简介】高大草本，高 1.5 ~ 2 m。叶片顶端渐尖，并具尾尖，基部渐狭，叶舌膜质，长 2 ~ 5 cm。穗状花序长圆形，苞片覆瓦状排列，花黄色。花期 7—9 月，果期 11—12 月。【产地】西藏、四川、云南、贵州、广西。印度、缅甸、泰国。

钝叶鸡蛋花 *Plumeria obtusa*

【科属】夹竹桃科 鸡蛋花属。【简介】小乔木，高 5 m。小枝淡绿色，肉质。叶片倒卵形，先端圆钝，基部楔形，深绿色，具光泽。聚伞花序顶生，花冠白色，基部黄色，花瓣先端圆。蓇葖果双生，广歧。花期 5—10 月。【产地】西印度群岛。【其他观赏地点】百花园、名人园、国花园、民族园。

黄缅桂 *Michelia champaca*

【科属】木兰科 含笑属。【常用别名】黄桷兰、黄兰花。【简介】常绿乔木。叶薄革质，披针状长椭圆形。花黄色，极香，花被片倒披针形。聚合蓇葖果倒卵状长圆形。花期 5—7 月，果期 9—10 月。【产地】西藏、云南。印度、尼泊尔、缅甸、越南。【其他观赏地点】百香园、奇花园、棕榈园。

1. 黄姜花 2. 钝叶鸡蛋花 3，4，5. 黄缅桂

红花文殊兰 *Crinum × amabile*

【**科属**】石蒜科 文殊兰属。【**常用别名**】紫文殊兰。【**简介**】常绿多年生草本，具鳞茎。叶片大，宽带形或箭形。花葶自鳞茎中抽出，顶生伞形花序，每花序有小花 20 余朵，小花花瓣 6 枚，背面紫色，上面浅粉色，中间有较深紫色条纹。花期几乎全年。【**产地**】亚洲热带地区。【**其他观赏地点**】名人园、奇花园、荫生园。

同属植物

亚洲文殊兰 *Crinum asiaticum*

【**简介**】多年生粗壮草本。叶带状披针形，顶端渐尖，边缘波状，暗绿色。花茎直立，伞形花序有花 10 ~ 20 余朵，花高脚碟状，芳香，白色。蒴果近球形。花期 4—6 月。【**产地**】福建、台湾、广东、广西等地。【**其他观赏地点**】荫生园、棕榈园。

1，2. 红花文殊兰　3，4. 亚洲文殊兰

金刚纂 *Euphorbia neriifolia*

【**科属**】大戟科 大戟属。【**简介**】肉质灌木状小乔木，乳汁丰富，茎圆柱状，上部多分枝，具不明显 5 条隆起且呈螺旋状旋转排列的脊。叶互生，少而稀疏，肉质，倒卵形，顶端钝圆。花序二歧状腋生，基部具柄，雌雄异花。花期 6—9 月。【**产地**】印度。【**其他观赏地点**】奇花园、国花园、能源园。

楹树 *Albizia chinensis*

【**科属**】豆科 合欢属。【**简介**】落叶乔木。二回羽状复叶，羽片 6 ~ 12 对，小叶 20 ~ 35 对，先端渐尖，基部近截平，中脉紧靠上边缘。头状花序排成顶生的圆锥花序，花绿白色或淡黄色，密被黄褐色绒毛。荚果扁平。花期 3—5 月，果期 6—12 月。【**产地**】福建、湖南、广东、广西、云南、西藏。南亚至东南亚地区。【**其他观赏地点**】藤本园、百花园。

1，2. 金刚纂　3，4. 楹树

1　2　3　4

攀缘龙须藤 *Phanera scandens* (*Bauhinia scandens* var. *horsfieldii*)

【科属】豆科　火索藤属（羊蹄甲属）。【常用别名】菱果羊蹄甲。【简介】大型木质藤本，茎嫩时圆柱形，老时扁平，卷须多少对生。叶纸质，卵形或阔卵形，在枝顶和上部的叶常全缘，其余的变化大，先端浅至深 2 裂。总状花序狭长，多花，在枝顶的常数个复合为圆锥花序，花瓣白色，能育雄蕊 3 枚。荚果近菱形或长圆形，扁平。花期 9—10 月，果期 12 月。【产地】海南。【其他观赏地点】藤本园。

中国无忧花 *Saraca dives*

【科属】豆科　无忧花属。【简介】乔木，高约 10 m。有小叶 5 ～ 6 对，嫩叶略带紫红色，下垂。花序腋生，苞片下部的一片最大，往上逐渐变小，小苞片与苞片同形，但远较苞片为小。花黄色，后部分变红色，萼管裂片 4 枚，有时 5 ～ 6 枚，雄蕊 8 ～ 10 枚。荚果。花期 4—5 月，果期 7—10 月。【产地】云南至广西。越南、老挝。【其他观赏地点】树木园、百花园、野菜园。

1，2. 攀缘龙须藤　3，4. 中国无忧花

垂枝无忧花

同属植物

垂枝无忧花 *Saraca declinata*

【常用别名】红花无忧花。**【简介】**小乔木，高约 6 m，小枝常下垂。羽状复叶，小叶 3 对，长圆状披针形，顶端渐尖，基部圆形。伞房状圆锥花序，花稍松散，小苞片开展，花橘红色，雄蕊 4 枚。花期 11 月—翌年 2 月。**【产地】**亚洲南部。**【其他观赏地点】**奇花园。

黑风藤 *Fissistigma polyanthum*

【科属】番荔枝科 瓜馥木属。【简介】攀缘灌木，长达 8 m。叶近革质，长圆形或倒卵状长圆形，有时椭圆形，顶端急尖。花小，通常 3 ～ 7 朵集成密伞花序，萼片阔三角形，外轮花瓣卵状长圆形，内轮花瓣长圆形。果圆球状。花期 2—8 月，果期 3—10 月。【产地】广东、广西、云南、贵州和西藏。越南、缅甸和印度。

苍白秤钩风 *Diploclisia glaucescens*

【科属】防已科 秤钩风属。【简介】木质大藤本，茎长可达 20 m。叶柄自基生至明显盾状着生，叶片厚革质，下面常有白霜。圆锥花序狭而长，常几个至多个簇生于老茎和老枝上，多少下垂，花淡黄色，微香，雌雄异花。核果黄红色，长圆状狭倒卵圆形。花期 3—4 月，果期 8 月。【产地】云南、广西、广东、海南。亚洲热带地区。【其他观赏地点】藤本园。

1, 2, 3. 黑风藤　4, 5, 6. 苍白秤钩风

1　2　3

4

糯竹 *Cephalostachyum pergracile*

【科属】禾本科　空竹属。**【简介】**丛生竹。竿直立，高 9 ~ 12 m，直径 5 ~ 7.5 cm；节间长 30 ~ 45 cm，粉绿色，竿壁较薄；竿箨厚革质，远短于其节间，长 10 ~ 15 cm，宽 15 ~ 20 cm，背面密被黑色刺毛；叶片狭披针形，质薄，先端钻状渐尖，基部圆形或楔形，两表面均粗糙。本种是当地少数民族常用来做竹筒饭的竹原料。**【产地】**云南。印度至中南半岛。**【其他观赏地点】**野菜园。

红木 *Bixa orellana*

【科属】红木科　红木属。**【常用别名】**胭脂木。**【简介】**常绿灌木或小乔木，高 2 ~ 10 m。叶心状卵形或三角状卵形，先端渐尖，基部圆形或几截形，有时略呈心形，边缘全缘。圆锥花序顶生，花较大，萼片 5 枚，花瓣 5 枚，倒卵形，粉红色。蒴果。花期 5—9 月，果期 9 月—翌年 1 月。**【产地】**美洲热带地区。**【其他观赏地点】**国花园。

1, 2. 糯竹　3, 4. 红木

毛车藤 *Amalocalyx microlobus*

【**科属**】夹竹桃科（萝藦科）毛车藤属。【**常用别名**】酸扁果。【**简介**】木质藤本。叶纸质，宽倒卵形或椭圆状长圆形，基部紧缩成耳形。聚伞花序腋生，二叉，近伞房状，着花 15 ~ 20 朵，花冠红色，近钟状。蓇葖果 2 枚并生，外果皮有皱纹。花期 4—10 月，果期 9 月—翌年 1 月。【**产地**】云南。老挝、缅甸。

毛车藤

灵药牛奶菜 *Marsdenia cavaleriei*

【科属】夹竹桃科（萝藦科）牛奶菜属。【简介】木质藤本，茎密被柔毛。叶宽卵形，基部深心形，两面均被绒毛，或叶面近无毛。伞形状复聚伞花序腋生，花冠黄色。蓇葖果长披针形，密被柔毛。花期5—6月，果期11月。【产地】云南、贵州、广西。亚洲热带地区常见。【其他观赏地点】南药园、绿石林。

萝芙木 *Rauvolfia verticillata*

【科属】夹竹桃科 萝芙木属。【简介】常绿灌木，高达3 m，多枝。叶膜质，3 ~ 4叶轮生，长圆形至稀披针形，顶端渐尖或急尖，基部楔形或渐尖。伞形式聚伞花序，生于上部的小枝的腋间，花小，白色，花冠高脚碟状。核果卵圆形或椭圆形，成熟时紫黑色。花期4—7月，果期8月—翌年2月。【产地】华南、西南地区。亚洲热带地区广布。【其他观赏地点】沟谷雨林。

1, 2. 灵药牛奶菜　3, 4. 萝芙木

1　2
3　4

同属植物

四叶萝芙木 *Rauvolfia tetraphylla*

【常用别名】异叶萝芙木。【简介】灌木，高达 1.5 m。四叶轮生，很少 3 或 5 叶轮生，大小不等，卵圆形，卵状椭圆形，或为长圆形，急尖或钝头，基部圆形或阔楔形。花序顶生或腋生，花冠坛状，白色。果实球形或近球形。花期 5 月，果期 5—8 月。【产地】南美洲。

马莲鞍 *Streptocaulon juventas*

【科属】夹竹桃科（萝藦科）马莲鞍属。【常用别名】暗消藤。【简介】常绿木质藤本，具乳汁。叶厚纸质，宽卵形或近圆形。聚伞花序二至三歧，腋生；花小，黄褐色；花冠辐状，无毛，花冠筒短，裂片卵圆形。膏葖果长圆状披针形，被绒毛，两枚张开成直线。花期 5—8 月，果期 9—12 月。【产地】云南、贵州和广西。中南半岛。

1，2. 四叶萝芙木　3，4. 马莲鞍

九翅豆蔻

1

2

伞房狗牙花 *Tabernaemontana corymbosa*

【科属】夹竹桃科　狗牙花属。【简介】灌木或乔木，高达 7 m。叶纸质，椭圆状倒卵形或椭圆状长圆形，端部短渐尖，基部狭楔形。聚伞花序二出或三出，在小枝端部集生，花冠白色，花冠裂片长圆状镰刀形。花期 5—6 月，果期 7 月。【产地】云南、贵州和广西。亚洲热带地区多分布。

九翅豆蔻 *Amomum maximum*

【科属】姜科　豆蔻属。【简介】多年生草本，高 2 ~ 3 m，茎丛生。叶片长椭圆形或长圆形，顶端尾尖，基部渐狭，下延。穗状花序近圆球形，花冠白色，裂片长圆形，唇瓣卵圆形，中脉两侧黄色，基部两侧有红色条纹。蒴果卵圆形，果皮具明显的九翅。花期 5—6 月，果期 6—8 月。【产地】西藏、云南、广东、广西。南亚至东南亚地区。【其他观赏地点】姜园。

1. 伞房狗牙花　2 九翅豆蔻

1 2 3

4

姜黄 *Curcuma longa*

【科属】姜科 姜黄属。【简介】多年生草本，根茎很发达，成丛，分枝很多，椭圆形或圆柱状，橙黄色，极香。花葶由叶鞘内抽出，穗状花序圆柱状，下部苞片淡绿色，顶端钝，上部无花的较狭，顶端尖，开展，白色，边缘略有红晕；花冠淡黄色。花期7—8月。【产地】我国南方广泛栽培。印度。【其他观赏地点】南药园。

紫色姜 *Zingiber montanum*

【科属】姜科 姜属。【简介】草本，高可达1 m，茎纤细。叶线状披针形，无柄。穗状花序从根状茎生出，花葶高达30 cm，花序紫色，椭圆形，花黄白色。花期7—8月。【产地】印度、孟加拉国、缅甸。

1，2. 姜黄 3，4. 紫色姜

滇鳔冠花 *Cystacanthus yunnanensis*

【科属】爵床科 鳔冠花属。【简介】灌木，高 1 ~ 1.5 m。叶卵形或卵状披针形，短而略钝渐尖或急尖。聚伞圆锥花序，花梗密被腺毛，花冠淡白色或天蓝色，外面被头状腺毛，花冠管骤然一面肿胀，弯曲。花期 4—5 月。【产地】云南。

芦莉草 *Ruellia tuberosa*

【科属】爵床科 芦莉草属。【简介】多年生草本，茎直立，高约 45 cm。根具结节状膨大。叶片长圆状倒卵形，两面无毛；聚伞花序腋生，花冠淡蓝色，裂片 5 枚，近圆形。蒴果线状椭圆形。花期 2—11 月。【产地】中美洲、南美洲。【其他观赏地点】奇花园。

1, 2. 滇鳔冠花　3, 4. 芦莉草

夜花 *Nyctanthes arbor-tristis*

【科属】木樨科 夜花属。**【简介】**常绿小乔木。叶片革质，卵形或长卵形，头状花序有花 3 ～ 5 朵，排列成圆锥状聚伞花序，顶生或腋生。花芳香，花冠白色，高脚碟状，裂片 4 ～ 8 枚，花冠黄橙黄色。蒴果压扁，椭圆形。花期 4—8 月，果期 10 月—翌年 2 月。**【产地】**印度、不丹、尼泊尔、孟加拉国至印度尼西亚。**【其他观赏地点】**名人园、奇花园。

窄叶火筒树 *Leea longifoliola*

【科属】葡萄科 火筒树属。【简介】直立灌木。叶为 2 ~ 3 回羽状复叶，小叶条状披针形。伞房状聚伞花序疏散，顶生，花冠红色。果实扁球形。花期 6 月，果期 9—12 月。【产地】海南。

同属植物

红花火筒树 *Leea rubra*

【简介】直立灌木，小枝圆柱形。叶为 2 ~ 4 回羽状复叶，互生，小叶卵椭圆形至长圆披针形，边缘有急尖锯齿。花 5 数，两性，红色，组成大型伞房状复二歧聚伞花序，直径达 50 cm。果实暗红色，扁球形。花期 6—7 月，果期 7—9 月。【产地】印度、缅甸、孟加拉国等。

1, 2. 窄叶火筒树 3, 4. 红花火筒树

1 2 3

猪肚木 *Canthium horridum*

【科属】茜草科 猪肚木属。【简介】常绿灌木，高 2 ~ 3 m，具刺；叶纸质，卵形，椭圆形或长卵形。花小，单生或数朵簇生于叶腋内；花冠白色，冠管短，冠檐 5 裂，顶端锐尖。核果卵球形，成熟时橙黄色。花期 4—6 月，果期 6—10 月。【产地】云南、广东、广西、海南等。南亚至东南亚地区。【其他观赏地点】绿石林。

大黄栀子 *Gardenia sootepensis*

【科属】茜草科 栀子属。【常用别名】云南黄栀子。【简介】半常绿乔木。叶纸质，倒卵状椭圆形。花大，芳香，花冠黄色或白色，高脚碟状。蒴果绿色，椭球形。花期 4—8 月，果期 6 月—翌年 4 月。【产地】云南。泰国和老挝。【其他观赏地点】百花园、名人园。

4

1，2，3. 猪肚木 4. 大黄栀子

染木树 *Saprosma ternata*

【科属】茜草科 染木树属。【简介】常绿灌木或小乔木。叶对生，革质，长圆状披针形。聚伞花序腋生，花冠白色，管状，顶端4裂，喉部具柔毛。花期4—6月，果期9—11月。【产地】海南、云南。印度及马来西亚。

白檀 *Symplocos paniculata*

【科属】山矾科 山矾属。【简介】落叶灌木或小乔木。叶薄纸质，阔倒卵形或椭圆状倒卵形，边缘有细尖锯齿。圆锥花序，花白色，有香味。核果熟时蓝色。花期3—4月，果期9—11月。【产地】东亚及东南亚地区。

银桦 *Grevillea robusta*

【科属】山龙眼科 银桦属。【简介】常绿乔木。叶二次羽状深裂，裂片7～15对。总状花序，腋生或排成少分枝的顶生圆锥花序，花橙色或黄褐色，花被管顶部卵球形，下弯。蓇葖果卵状椭圆形。花期3—5月，果期6—8月。【产地】澳大利亚。

1 2

3 4

1, 2. 染木树　3. 白檀　4. 银桦

1

2　　3

小花使君子 *Combretum densiflorum* (Quisqualis conferta)

【科属】使君子科 风车子属（使君子属）。**【简介】**灌木或攀缘藤本。叶对生，叶片纸质，长圆形，穗状花序，密集成头状。花初开为白色，后转为深红色。果卵形，具明显的棱，成熟时黑色。花期 2—3 月，果期 10—12 月。**【产地】**云南。中南半岛。

五爪木 *Osmoxylon lineare*

【科属】五加科 兰屿加属。**【简介】**常绿灌木。叶革质，常掌状 5 裂，裂片长条形，边缘有细锯齿。伞形花序多个簇生于枝顶，密集成头状。花白色，果实成熟时黑色。花果期几乎全年。**【产地】**菲律宾。

1. 小花使君子　2，3. 五爪木

百果园

百果园位于西区东南角，占地面积约 90 亩，以收集保存我国南方、南亚和东南亚的热带和亚热带果树品种及其野生近缘植物资源为主要目的，目前收集保存了约 350 种果树资源（含品种），主要类群包括柚子、香蕉、波罗蜜、山竹、龙宫果、红毛丹、鳄梨、文定果等，并设有以柚子品种、香橼等芸香科植物为主的柚子品种区，杧果品种区，芭蕉品种区，以可可、可乐果等为代表的饮料植物区。其中，芭蕉品种区始建于 2002 年，占地 19 亩，收集栽培芭蕉属植物 9 种、66 个品种，区内河口小香蕉、象明小香蕉等具有特殊性状的乡土品种在原产地已难以寻到，是重要的育种材料。

野蕉 *Musa balbisiana*

【科属】芭蕉科 芭蕉属。【常用别名】野芭蕉。【简介】多年生草本，假茎丛生，高约 6 m。花序长达 2.5 m，下垂。雌花的苞片脱落，中性花及雄花的苞片宿存，苞片暗紫红色，被白粉，开放后反卷。浆果倒卵形，具多数种子。花期 4—10 月，果期几乎全年。【产地】云南西部、广西、广东。亚洲南部、东南部。【其他观赏地点】能源园、奇花园、野菜园。

同属植物

朝天蕉 *Musa velutina*

【简介】多年生丛生草本，株高近 2 m。叶长椭圆形，先端钝，基部圆，绿色，被蜡粉。花序直立，苞片粉红色，小花黄色带粉色。果粉红色，长卵形，具柔毛。花期 4—10 月，果期 5—12 月。【产地】印度。【其他观赏地点】荫生园。

1, 2. 野蕉 3, 4, 5. 朝天蕉

食用印加树 *Inga edulis*

【**科属**】豆科 印加树属。【**常用别名**】冰淇淋豆、印加豆。【**简介**】常绿乔木，株高可达 30 m。羽状复叶，羽片 4 ~ 6 对，小叶椭圆形，先端尖，基部楔形，末端小叶较小，粗糙，叶柄具翅。穗状花序，萼管绿色，裂片 5 枚，花瓣 5 枚，花丝白色。荚果。花期 11 月—翌年 2 月，果期 4—6 月。【**产地**】南美洲。

臭豆 *Parkia speciosa*

【**科属**】豆科 球花豆属。【**常用别名**】球花豆。【**简介**】高大乔木，高达 40 m。二回羽状复叶，羽片 20 余对，小叶多而密集，镰刀形。花小，组成头状花序，花序托下部收窄呈柄状。荚果扁平，带状。花期 11—12 月，果期翌年 2—4 月。【**产地**】爪哇岛。【**其他观赏地点**】藤本园。

酸豆 *Tamarindus indica*

【**科属**】豆科 酸豆属。【**常用别名**】酸角。【**简介**】常绿乔木，高 10 ~ 15 m，树皮不规则纵裂。羽状复叶，小叶长圆形，先端圆钝或微凹，基部圆而偏斜，无毛。总状花序，花黄色或杂以紫红色条纹，少数。荚果圆柱状长圆形，肿胀，常不规则地缢缩。花期 5—8 月，果期 12 月—翌年 5 月。【**产地**】非洲。【**其他观赏地点**】藤本园、百花园、能源园。

1, 2. 食用印加树 3. 臭豆 4, 5. 酸豆

臭豆

1　2　3　4

山刺番荔枝 *Annona montana*

【科属】番荔枝科 番荔枝属。【简介】乔木，树高达 10 m。叶革质，椭圆形，先端短尾尖，基部楔形。1 ~ 2 花生叶腋或小枝顶端，外轮花瓣卵形，微张开，内轮花瓣稍小，不张开。聚合果卵球形，外面被软刺。花期 3—9 月，果期 6—10 月。【产地】美洲热带地区。

同属植物

刺果番荔枝 *Annona muricata*

【简介】常绿乔木，高达 8 m。叶纸质，倒卵状长圆形至椭圆形，顶端急尖或钝，基部宽楔形或圆形。花淡黄色，萼片卵状椭圆形，外轮花瓣厚，阔三角形，内轮花瓣稍薄，卵状椭圆形。果卵圆状，幼时有下弯的刺，种子肾形。花期 4—10 月，果期几乎全年。【产地】美洲热带地区。

1, 2. 山刺番荔枝　3, 4. 刺果番荔枝

牛心番荔枝 *Annona reticulata*

【简介】乔木，高约 6 m；枝条有瘤状凸起。叶纸质，长圆状披针形，顶端渐尖，基部急尖至钝。总花梗与叶对生或互生，有花 2 ~ 10 朵，花蕾披针形，钝头，外轮花瓣长圆形，肉质，黄色。聚合果圆球状心形，有网状纹，成熟时暗黄色。花期 5—9 月，果期 8 月—翌年 3 月。【产地】美洲热带地区。

泰国紫玉盘 *Uvaria siamensis*

【科属】番荔枝科 紫玉盘属。【常用别名】泰国金帽花。【简介】攀缘灌木，高达 10 m。叶披针形，基部圆形。花黄色，单生，内外轮花被片近等长，肉质，开花时微张开。果实近球形，多个聚集，黄色。花期 5—6 月，果期 9—10 月。【产地】东南亚地区。

1 2

3 4

5

1, 2. 牛心番荔枝 3, 4, 5. 泰国紫玉盘

凤梨 *Ananas comosus*

【科属】凤梨科 凤梨属。【常用别名】菠萝。【简介】多年生草本，茎短。叶多数，莲座式排列，剑形，边缘有锐齿，背面粉绿色，生于花序顶部的叶变小，常呈红色。花序于叶丛中抽出，状如松球，结果时增大。花瓣长椭圆形，上部紫红色，下部白色。聚花果肉质，长 15 cm 以上。花期 7—8 月，果期 9—11 月。【产地】南美洲。【其他观赏地点】国花园、南药园。

密花胡颓子 *Elaeagnus conferta*

【科属】胡颓子科 胡颓子属。【简介】常绿攀缘灌木，无刺。叶纸质，椭圆形或阔椭圆形，顶端钝尖或骤渐尖，基部圆形或楔形，下面密被银白色鳞片。花银白色，多花簇生叶腋短小枝上成伞形短总状花序。果实大，长椭圆形或矩圆形，成熟时红色。花期 10—11 月，果期翌年 2—3 月。【产地】云南和广西。中南半岛、印度尼西亚、印度、尼泊尔。【其他观赏地点】藤本园、野菜园、民族园。

西印度樱桃 *Malpighia emarginata*

【科属】金虎尾科 金虎尾属。【常用别名】微凹美樱桃、南美针叶樱桃。【简介】常绿大灌木，高 1 ~ 3 m。叶对生，倒卵形，先端钝圆。聚伞花序常生于叶腋，花粉红色，花瓣 5 枚，具长爪。浆果近球形，常具棱，先端微凹，成熟时红色。花期 4—8 月，果期 5—10 月。【产地】中美洲。【其他观赏地点】奇花园、树木园。

1, 2, 3. 凤梨 4, 5. 密花胡颓子 6. 西印度樱桃

1, 2. 可乐果　3, 4. 光亮可乐果

可乐果 *Cola acuminata*

【科属】锦葵科（梧桐科）可乐果属。【常用别名】红可拉。【简介】常绿小乔木，株高 10 ~ 20 m。叶倒披针形或椭圆形，先端急尖，具尾尖，基部圆，绿色，全缘。圆锥花序，花奶油白色，无花瓣，萼片基部具放射状紫红色条纹，边缘红褐色。果斜卵形。花期 2—4 月，果期 4—10 月。【产地】非洲热带地区。【其他观赏地点】树木园。

同属植物

光亮可乐果 *Cola nitida*

【常用别名】可拉。【简介】常绿乔木，高达 10 m。叶长圆形至倒卵形，先端急尖，基部宽楔形，具长叶柄。聚伞花序生叶腋，雌雄同株异花，花黄白色，内侧基部紫红色。蓇葖果椭圆形。花期 11 月—翌年 2 月，果期 12 月—翌年 2 月。【产地】非洲热带地区。【其他观赏地点】树木园。

瓜栗 *Pachira aquatica*

【科属】锦葵科（木棉科）瓜栗属。【常用别名】水瓜栗。【简介】乔木，高可达 18 m。掌状复叶，小叶长圆形至倒卵状长圆形，渐尖，基部楔形，全缘。花单生枝顶叶腋，花梗粗壮，被黄色星状绒毛，萼杯状，近革质，花瓣淡黄绿色，花丝下部黄色，向上变红色。蒴果近梨形，黄褐色。花期 5—11 月，果期 9—11 月。【产地】中美洲、南美洲。

可可 *Theobroma cacao*

【科属】锦葵科（梧桐科）可可属。【简介】常绿小乔木，高达 12 m。叶具短柄，卵状长椭圆形至倒卵状长椭圆形，顶端长渐尖，基部圆形、近心形或钝。花排成聚伞花序，萼粉红色，花瓣淡黄色。核果椭圆形或长椭圆形，表面有 10 条纵沟。花果期几乎全年。【产地】南美洲。【其他观赏地点】奇花园、名人园、混农林。

1，2，3. 瓜栗　4，5. 可可

景洪石斛 *Dendrobium exile*

【科属】兰科 石斛属。【简介】附生兰。茎直立，细圆柱形。叶通常互生于分枝的上部，呈扁平细圆柱状。花序减退为单朵花，侧生于分枝的顶端，白色，开展。唇瓣内面黄色，被稀疏的长柔毛。蒴果纺锤形。花期 10—12 月，果期 11—12 月。【产地】云南南部。泰国、缅甸。

龙宫果 *Lansium domesticum*

【科属】楝科 龙宫果属。【常用别名】榔色果。【简介】常绿乔木，奇数羽状复叶互生，小叶 3 ~ 4 对。总状或圆锥花序着生于较粗的树干或树枝上，花小，黄白色；果实成熟后黄褐色，具 1 ~ 4 粒种子。种子味苦不能食，但种子外具有一层肉质白色假种皮，酸甜可食。花期 6—9 月，果期 9—10 月。【产地】中南半岛及马来西亚。

1, 2. 景洪石斛 3, 4. 龙宫果

仙都果 *Sandoricum koetjape*

【科属】楝科 仙都果属。【简介】常绿乔木，羽状 3 出复叶，叶片革质，小叶阔椭圆形，老叶鲜红色。圆锥花序生于枝顶叶腋，花小，黄绿色。果实为浆果，种子较大，果肉可食。花期 3—4 月，果期 8—12 月。【产地】菲律宾、马来西亚和印度尼西亚。

冠花榄 *Noronhia emarginata*

【科属】木樨科 冠花榄属。【常用别名】马达加斯加橄榄。【简介】常绿小乔木，高约 6 m。叶对生，叶片革质，倒卵圆形，先端常微凹。聚伞花序常 6 ~ 10 朵生于叶腋，花冠裂片 4 枚，肉质，淡黄色。核果椭球形，直径约 3 cm，成熟时紫黑色。花期 8—9 月，果期 9 月—翌年 2 月。【产地】马达加斯加。

1, 2. 仙都果　3, 4, 5. 冠花榄

1, 2. 杧果　3, 4. 槟榔青

杧果 *Mangifera indica*

【科属】漆树科 杧果属。【常用别名】芒果。【简介】常绿大乔木。叶薄革质，常集生枝顶，叶形和大小变化较大，通常为长圆形或长圆状披针形，先端渐尖、长渐尖或急尖，基部楔形或近圆形。圆锥花序，花小，杂性，黄色或淡黄色。核果大，成熟时黄色。花期 2—4 月，果期 6—8 月。【产地】云南、广西、广东、福建、台湾。东南亚等地区。【其他观赏地点】名人园、藤本园。

槟榔青 *Spondias pinnata*

【科属】漆树科 槟榔青属。【简介】落叶乔木，叶互生，奇数羽状复叶，有小叶 2 ~ 5 对，卵状长圆形。圆锥花序顶生，花小，白色。核果椭圆形或椭圆状卵形，成熟时黄褐色。花期 2—3 月，果期 4—12 月。【产地】广西、海南、云南。印度尼西亚、菲律宾。【其他观赏地点】野菜园、名人园、南药园。

1　2　3　4

孟加拉咖啡 *Coffea benghalensis*

【科属】茜草科 咖啡属。【常用别名】米什米咖啡。【简介】落叶小灌木，高约 1 m。单叶对生，叶片卵圆形。聚伞花序腋生，常有花 1 ~ 3 朵，花冠白色，高脚碟状，花冠裂片常 5 ~ 6 枚，浆果成熟时紫黑色。花期 2—3 月，果期 9—11 月。【产地】印度、孟加拉国、缅甸、泰国和越南。

波罗蜜 *Artocarpus heterophyllus*

【科属】桑科 波罗蜜属。【常用别名】树菠萝。【简介】常绿大乔木。叶革质，椭圆形或倒卵形。花雌雄同株，花序生老茎或短枝上。聚花果椭圆形至球形。花果期几乎全年。【产地】印度。【其他观赏地点】奇花园、藤本园、能源园、名人园。

1, 2. 孟加拉咖啡　3, 4. 波罗蜜

同属植物

野波罗蜜 *Artocarpus lakoocha*

【简介】常绿灌木。叶片革质，椭圆形，全缘，两面无毛。聚伞花序，腋生。花瓣白色，基部浅蓝色；雄蕊蓝色，花药下弯。浆果状核果球形，外皮多汁，成熟时蓝紫色，顶端具环状宿存萼檐。花期4—5月，果期10月—翌年1月。**【产地】**云南、海南和西藏东南部。东南亚地区。**【其他观赏地点】**综合区。

星苹果 *Chrysophyllum cainito*

【科属】山榄科 星苹果属。**【常用别名】**金星果、牛奶果。**【简介】**常绿乔木。叶互生，坚纸质，长圆形至倒卵形，叶背常被锈黄色绢毛。花数朵簇生叶腋。果近球形，成熟时紫灰色，果肉绵软香甜。花期10—11月，果期翌年3—5月。**【产地】**中美洲。**【其他观赏地点】**树木园。

1, 2. 野波罗蜜　3, 4. 星苹果

人心果 *Manilkara zapota*

【科属】山榄科 铁线子属。【简介】常绿乔木。叶互生，密聚于枝顶，革质，长圆形或卵状椭圆形。花 1 ~ 2 朵生于枝顶叶腋，花萼 2 轮，花冠白色。浆果，卵状椭圆形，灰褐色。花果期 4—9 月。【产地】中美洲、南美洲。

蛋黄果 *Pouteria campechiana*

【科属】山榄科 桃榄属。【简介】常绿小乔木。叶狭椭圆形。花 1 ~ 2 朵生于叶腋，花萼裂片通常 5 枚，花冠较萼长，冠管圆筒形，花冠裂片 4 ~ 6 枚。果倒卵形，蛋黄色。花期 4—5 月，果期 8 月—翌年 2 月。【产地】中美洲、南美洲。【其他观赏地点】藤本园、野菜园。

澳洲坚果 *Macadamia integrifolia*

【科属】山龙眼科 澳洲坚果属。【常用别名】夏威夷果。【简介】常绿乔木。叶革质，通常 3 枚轮生或近对生，长圆形至倒披针形。总状花序，腋生或近顶生；花淡黄色或白色。坚果球形。果为著名干果，种子供食用。花期 2—3 月，果期 6—10 月。【产地】澳大利亚。

1, 2. 人心果　3. 蛋黄果　4, 5. 澳洲坚果

1　2　3　4

异色柿 *Diospyros discolor*

【科属】柿科　柿属。【简介】常绿乔木。叶互生，革质，长椭圆形，两面光滑。花常单朵着生于枝顶叶腋，花冠白色，裂片 4 枚。果实近球形，密被金黄色绒毛。花期 3—4 月，果期 8—10 月。【产地】印度尼西亚、马来西亚、菲律宾等。

褐果枣 *Ziziphus fungii*

【科属】鼠李科　枣属。【简介】常绿木质藤本。叶纸质，卵状椭圆形、卵形或卵状矩圆形。基生 3 出脉。花黄绿色，两性，聚伞花序，或顶生聚伞圆锥花序，花序轴、花梗及花萼被锈色密柔毛。核果扁球形，深褐色。花期 2—4 月，果期 4—5 月。【产地】广东、云南。

1, 2. 异色柿　3, 4. 褐果枣

1 2 3 4

同属植物

滇刺枣 *Ziziphus mauritiana*

【常用别名】青枣、台湾青枣。**【简介】**常绿乔木或灌木。叶纸质至厚纸质，卵形、矩圆状椭圆形，基部近圆形，边缘具细锯齿。花绿黄色，两性，5基数。核果矩圆形或球形，橙色或红色，成熟时变黑色。花期8—11月，果期9—12月。**【产地】**云南、四川、广东、广西。东南亚、澳大利亚及非洲。

红果仔 *Eugenia uniflora*

【科属】桃金娘科 番樱桃属。**【常用别名】**番樱桃。**【简介】**常绿灌木。叶片纸质，卵形，新叶红色，后转绿。花白色或稍带红色，单生或数朵聚生于叶腋。浆果球形，深红色。花期2—3月，果期4—6月。**【产地】**巴西。**【其他观赏地点】**能源园、奇花园。

1，2. 滇刺枣　3，4. 红果仔

番石榴 *Psidium guajava*

【科属】桃金娘科　番石榴属。【常用别名】芭乐。【简介】常绿小乔木。叶片革质，长圆形至椭圆形。花单生或 2 ~ 3 朵排成聚伞花序，花瓣白色。浆果球形、卵圆形或梨形，果肉白色及黄色。花期 4—7 月，果期 7—10 月。【产地】南美洲。【其他观赏地点】野菜园。

肖蒲桃 *Syzygium acuminatissimum*

【科属】桃金娘科　蒲桃属。【简介】常绿乔木。叶片革质，卵状披针形或狭披针形。聚伞花序排成圆锥花序，顶生，花 3 朵聚生，花瓣小，白色。浆果球形，成熟时黑紫色。花期 8—9 月，果期 11 月—翌年 2 月。【产地】广东、广西、海南、台湾等。东南亚。

1, 2, 3. 番石榴　4, 5. 肖蒲桃

美丽蒲桃

马六甲蒲桃

1　2　3　4　5

同属植物

美丽蒲桃 *Syzygium formosum*

【简介】常绿乔木。叶无柄，革质，长椭圆形。花单生，或数朵组成聚伞花序生于枝干上。花瓣粉红色，雄蕊多数，花丝白色。花期2—4月，果期7—8月。【产地】南亚至东南亚地区。

簇花蒲桃 *Syzygium fruticosum*

【简介】常绿乔木。叶片薄革质，狭椭圆形至椭圆形。圆锥花序生于无叶老枝上。花无梗，5～7朵簇生第三级花序柄上。花瓣4枚，白色。果实球形，熟时红色。花期4—5月，果期6—8月。【产地】广西、贵州、云南。印度、缅甸至中南半岛也有。【其他观赏地点】民族园、南药园。

马六甲蒲桃 *Syzygium malaccense*

【常用别名】马来蒲桃。【简介】常绿乔木。叶革质，椭圆形。聚伞花序生于无叶的老枝上，花4～9朵簇生，花红色，花瓣圆形，雄蕊红色。果卵圆形或壶形。花期12月—翌年5月，果期翌年7—12月。【产地】马来西亚、印度、老挝和越南。【其他观赏地点】野菜园。

1，2. 美丽蒲桃　3，4. 簇花蒲桃　5. 马六甲蒲桃

密序蒲桃 *Syzygium polycephaloides*

【简介】常绿乔木。叶革质，无柄或近无柄，椭圆状披针形，叶基常耳状。圆锥状花序，花常密集成团，常生于老枝上。果成熟时紫黑色，可食。花期 4—5 月，果期 6—7 月。【产地】马来西亚和印度尼西亚。

洋蒲桃 *Syzygium samarangense*

【常用别名】莲雾。【简介】常绿乔木。叶片薄革质，椭圆形至长圆形。聚伞花序顶生或腋生，有花数朵，花白色。果实梨形或圆锥形，肉质，洋红色。花期 3—4 月，果期 5—6 月。【产地】马来西亚及印度。

1, 2. 密序蒲桃　3, 4. 洋蒲桃

山竹 *Garcinia mangostana*

【科属】藤黄科 藤黄属。【常用别名】莽吉柿。【简介】常绿乔木。叶厚革质，具光泽，椭圆形或椭圆状矩圆形。雄花 2 ~ 9 簇生枝条顶端，花梗短；雌花单生或成对着生于枝条顶端，比雄花稍大。子房 5 ~ 8 室，柱头 5 ~ 6 深裂。果成熟时紫红色，假种皮多汁，白色。花期 9—10 月，果期 11—12 月。【产地】印度尼西亚。【其他观赏地点】藤黄区。

文定果 *Muntingia calabura*

【科属】文定果科（杜英科） 文定果属。【常用别名】南美假樱桃。【简介】常绿小乔木，高达 10 m。叶 2 列，叶片长圆状卵形，先端渐尖，基部斜心形，密被毛，叶缘具尖齿。花生叶腋，花瓣白色。浆果肉质，卵圆形。花期 1—3 月，果期 6—12 月。【产地】美洲热带地区。

1，2. 山竹　3，4，5. 文定果

1, 2. 龙眼　3, 4. 荔枝

龙眼 *Dimocarpus longan*

【科属】无患子科　龙眼属。【简介】常绿乔木。一回偶数羽状复叶，小叶 4 ～ 5 对，薄革质，长圆状披针形，两侧常不对称。花序大型，多分枝，顶生和近枝顶腋生，密被星状毛。果近球形，黄褐色，种子全部被肉质的假种皮包裹。花期春夏间，果期夏季。花期 3—4 月，果期 6—8 月。【产地】广东、广西、海南和云南。南亚至东南亚地区。【其他观赏地点】名人园。

荔枝 *Litchi chinensis*

【科属】无患子科　荔枝属。【简介】常绿乔木。一回偶数羽状复叶，小叶 2 ～ 4 对，薄革质，披针形。圆锥花序顶生，多分枝。花单性，雌雄同株。花萼杯状，4 或 5 浅裂，无花瓣。果卵圆形至近球形，成熟时通常暗红色。种子全部被肉质假种皮包裹。花期 3—4 月，果期 6—7 月。【产地】广东和海南。南亚和东南亚地区。【其他观赏地点】藤本园、国花园、能源园。

红毛丹 *Nephelium lappaceum*

【科属】无患子科 韶子属。【简介】常绿乔木。一回偶数羽状复叶，小叶2～3对，薄革质，椭圆形或倒卵形。圆锥花序常多分枝。果椭圆形，成熟时红色，密被红色刺毛。种子全部被肉质假种皮包裹，不易分离。花期4—5月，果期8—9月。【产地】东南亚地区。

小花五桠果 *Dillenia pentagyna*

【科属】五桠果科 五桠果属。【简介】落叶乔木。叶薄革质，长椭圆形或倒卵状长椭圆形，先端略尖或钝，基部变窄常下延成翅。花小，数朵簇生于老枝的短侧枝上，花瓣黄色。果实近球形，不开裂。花期4月，果期7—9月。【产地】海南和云南。东南亚地区。【其他观赏地点】野花园。

1

2

3

1. 红毛丹　2, 3. 小花五桠果

鸡蛋果 *Passiflora edulis*

【科属】西番莲科 西番莲属。**【常用别名】**百香果。**【简介】**草质藤本。叶纸质，基部楔形或心形，掌状 3 深裂，中间裂片卵形，两侧裂片卵状长圆形，裂片边缘有内弯。聚伞花序退化仅存 1 花，花瓣 5 枚，外副花冠裂片 4 ～ 5 轮，内 3 轮裂片窄三角形，内副花冠顶端全缘或为不规则撕裂状。浆果。花期 6—8 月，果期 7—12 月。**【产地】**南美洲。**【其他观赏地点】**藤本园、野菜园。

同属植物

红花西番莲 *Passiflora miniata*

【简介】多年生常绿藤本。叶互生，长卵形，先端渐尖，基部心形或楔形，叶缘有不规则浅疏齿。花单生于叶腋，花萼与花瓣同形，朱红色。副花冠 3 轮，最外轮较长，紫褐色，内两轮为白色。花期 1—7 月，果期 5—12 月。**【产地】**圭亚那。**【其他观赏地点】**奇花园、藤本园。

1

2

3

4

1, 2. 鸡蛋果　3, 4. 红花西番莲

1

2

量天尺 *Selenicereus undatus* (*Hylocereus undulatus*)

【科属】仙人掌科 蛇鞭柱属（量天尺属）。【常用别名】火龙果。【简介】攀缘肉质灌木，具气根。分枝多，具 3 角或棱。花漏斗状，于夜间开放。萼状花被片黄绿色，线形至线状披针形。花被片白色，长圆状倒披针形，开展。浆果红色，长球形。花期 6—9 月，果期 7—11 月。【产地】中美洲至南美洲北部地区，世界各地广泛栽培。【其他观赏地点】野菜园。

罗比梅 *Flacourtia inermis*

【科属】杨柳科（大风子科） 刺篱木属。【简介】常绿小乔木或大灌木。叶通常膜质，卵形至卵状椭圆形，先端钝或渐尖，基部楔形至圆形，边缘全缘或有粗锯齿。聚伞花序，花白色至浅绿色。果实肉质，成熟后红色。花期 4—5 月，果期 6—10 月。【产地】印度尼西亚、巴布亚新几内亚、马来西亚。

3

4

1, 2. 量天尺　3, 4. 罗比梅

1　　2

3

同属植物

大果刺篱木 *Flacourtia ramontchi*

【简介】常绿乔木，高可达 20 m，树皮灰褐色。叶椭圆形，纸质，两面无毛，侧脉 4 ~ 6 对，网状脉明显。花序顶生或腋生，总状，1 ~ 2 cm，花单性同株。果球状，直径 2 ~ 3 cm，成熟时紫红色。花期 4—5 月，果期 6—11 月。【产地】云南、广西、贵州。南亚至东南亚地区。【其他观赏地点】野菜园。

木奶果 *Baccaurea ramiflora*

【科属】叶下珠科（大戟科）木奶果属。【简介】常绿小乔木。叶片纸质，倒卵状长圆形、倒披针形或长圆形，顶端短渐尖至急尖，基部楔形，全缘或浅波状。总状圆锥花序，花小，雌雄异株，无花瓣。浆果。花期 3—4 月，果期 6—10 月。【产地】广东、海南、广西和云南。东南亚地区。【其他观赏地点】奇花园、荫生园、南药园、沟谷林。

1. 大果刺篱木　2, 3. 木奶果

西印度醋栗 *Phyllanthus acidus*

【科属】叶下珠科（大戟科）叶下珠属。【简介】常绿灌木或小乔木。叶全缘，互生，先端尖，卵形或椭圆形。穗状花序，花红色或粉红色。果实扁球形，淡黄色。花期 3—4 月，果期 5—9 月。【产地】马达加斯加。【其他观赏地点】综合区。

同属植物

余甘子 *Phyllanthus emblica*

【简介】乔木。叶片纸质，2 列互生于小枝两侧，线状长圆形。多朵雄花和 1 朵雌花。花或全为雄花组成腋生的聚伞花序。蒴果呈核果状，圆球形，外果皮肉质，绿白色或淡黄白色，内果皮硬壳质。花期 3—4 月，果期 7—9 月。【产地】广东、广西、福建、贵州、海南、云南等。南亚至东南亚地区。【其他观赏地点】能源园、民族园。

1, 2. 西印度醋栗　3, 4. 余甘子

木橘 *Aegle marmelos*

【科属】芸香科 木橘属。【常用别名】孟加拉木苹果。【简介】常绿灌木或小乔木，有枝刺。三出掌状复叶，小叶卵形。聚伞花序生于枝顶叶腋，花灰绿色，气味香甜。果实通常直径 5 ~ 12 cm，球形，有硬壳，成熟时不开裂，果肉有 5 ~ 12 瓣，可食，内有多数种子。花期 12 月—翌年 1 月，果期翌年 2—5 月。【产地】南亚和东南亚。

柚 *Citrus maxima*

【科属】芸香科 柑橘属。【简介】常绿小乔木。单身复叶，厚革质。总状花序常生于枝顶叶腋，花蕾淡红色，盛开后白色，芳香。果圆球形，淡黄或黄绿色，果皮较厚，海绵质。果瓣 10 ~ 15 或更多。花期 2—4 月，果期 9—12 月。【产地】东南亚。热带和亚热带地区广泛栽培。【其他观赏地点】藤本园。

1

2

3

4

1，2. 木橘　3，4. 柚

1

2

3

4

同属植物

柠檬 *Citrus × limon*

【简介】常绿灌木或小乔木，有枝刺。叶厚纸质，卵形或椭圆形。花白色，芳香，单朵或数朵簇生叶腋。果椭圆形或卵形，果皮厚，通常粗糙，柠檬黄色。花期 2—4 月，果期 9—11 月。**【产地】**杂交品种。热带和亚热带地区广泛栽培。**【其他观赏地点】**南药园。

香橼 *Citrus medica*

【简介】常绿灌木或小乔木，茎枝多刺。叶片椭圆形，叶缘有浅钝裂齿。花白色，芳香。果实纺锤形，果皮淡黄色，粗糙，难剥离。果肉味酸，有香气。花期 2—4 月，果期 10—11 月。**【产地】**广西、云南、贵州、四川等。印度至缅甸。

1，2. 柠檬　3，4. 香橼

黄皮 *Clausena lansium*

【科属】芸香科 黄皮属。【简介】常绿小乔木。一回羽状复叶，有小叶 5 ~ 11 片。小叶卵形或卵状椭圆形，常一侧偏斜。圆锥花序顶生，花白色。果圆形或椭圆形，成熟时暗黄色，果肉乳白色，半透明。花期 2—4 月，果期 7—8 月。【产地】台湾、福建、广东、海南、广西、贵州、云南等。热带及亚热带地区。【其他观赏地点】名人园。

同属植物

假黄皮 *Clausena excavata*

【常用别名】过山香。【简介】常绿灌木或小乔木。一回羽状复叶。小叶基部不对称，斜卵形。花淡绿色。果椭圆形，成熟时淡红色。花期 4—8 月，果期 8—10 月。【产地】台湾、福建、广东、海南、广西、云南。东南亚地区。

1, 2. 黄皮　3, 4. 假黄皮

1, 2. 鳄梨　3. 阳桃

1　2　3

鳄梨 *Persea americana*

【科属】樟科 鳄梨属。【常用别名】牛油果。【简介】常绿乔木。树皮灰绿色，纵裂。叶长椭圆形、卵形或倒卵形。圆锥花序生于枝顶叶腋，花序梗与花被两面均密被黄褐色柔毛。果梨形，稀卵球形或球形，黄绿或红褐色，外果皮木栓质，中果皮肉质。花期2—3月，果期7—9月。【产地】中南美洲。热带地区广泛栽培。【其他观赏地点】能源园。

阳桃 *Averrhoa carambola*

【科属】酢浆草科 阳桃属。【常用别名】杨桃、五敛子。【简介】常绿小乔木。奇数羽状复叶，互生，小叶5～13片，全缘，卵形或椭圆形。花小，数朵组成聚伞花序，花紫红色，有时粉红色或白色。浆果肉质，具5棱。花期4—12月，果期7月—翌年2月。【产地】马来西亚、印度尼西亚。【其他观赏地点】民族园、野菜园。

阳 桃

龙血树园

龙血树属（*Dracaena*）现为天门冬科植物，其中一些种类的树皮一旦被损伤，便会在微生物的作用下产生树脂，染红木质部和少量渗出，是南药“龙血竭”的原料植物，被我国药圣李时珍称为“活血圣药”。龙血树属植物全世界约有 200 种。自 1972 年版纳植物园创始人蔡希陶教授等人发现了国产血竭资源植物剑叶龙血树以来，该属植物已引起了我国科学家的密切关注。

龙血树植物专类园建于 2002 年，占地 16 亩。该园依丘而建，分为栽培龙血树和野生龙血树两个区，野生龙血树区内分中国龙血树区和国外龙血树两个小区。该园共收集栽培植物 78 种（含品种），其中龙血树属植物 31 种（含品种），基本收集保存了我国分布的所有种类。为了建设具有多层多种的园林群落景观和增强色彩，龙血树园还收集栽培了 30 多个与龙血树属近缘属植物及品种，包括朱蕉属（*Cordyline*）、龙舌兰属（*Agave*）、丝兰属（*Yucca*）等。龙血树园是我国植物园中以保存南药“龙血竭”的原料植物种类独有的专类园，它的建立为版纳植物园申报原国家计委《中药材生产质量管理规范（GAP）》“珍稀药材血竭原料植物优良种源繁育高技术产业化示范工程”重大项目打下了重要基础，也为我国研究发展这一重要“活血圣药”提供了优良的种质资源。

柬埔寨龙血树 *Dracaena cambodiana*

【科属】天门冬科 龙血树属。【常用别名】海南龙血树、小花龙血树。【简介】常绿灌木或小乔木。叶聚生于枝顶，剑形，薄革质，无柄。圆锥花序顶生，小花绿白色或淡黄色。浆果成熟时橘黄色。花期4—7月，果期7—9月。【产地】海南。中南半岛。【其他观赏地点】南药园、名人园、沟谷雨林。

同属植物

剑叶龙血树 *Dracaena saposchnikowii*

【常用别名】岩棕。【简介】常绿小乔木。叶聚生于茎顶，剑形，薄革质。大型圆锥花序下垂；花每3～7朵簇生，绿白色或淡黄色。浆果成熟时橘黄色。花期7—9月，果期10月—翌年3月。【产地】广西、云南。柬埔寨、越南。【其他观赏地点】南药园、荫生园、名人园、沟谷雨林。

长花龙血树 *Dracaena angustifolia*

【简介】常绿灌木。茎不分枝或稍分枝。叶条状倒披针形。圆锥花序长30～50 cm，花绿白色，花被片下部合生成筒。浆果成熟时橘黄色。花期3—4月，果期6—9月。【产地】海南、台湾。南亚至东南亚地区。【其他观赏地点】南药园、沟谷雨林。

1，2. 柬埔寨龙血树
3. 剑叶龙血树
4，5. 长花龙血树

剑叶龙血树

1　2　3　4　5

酒瓶兰 *Beaucarnea recurvata*

【科属】天门冬科　酒瓶兰属。【简介】常绿灌木。茎干直立，下部肥大，状似酒瓶。茎干灰白色或褐色，龟裂。叶丛生干顶，细长线形，柔软而下垂。圆锥花序大型，花色乳白。花期不定。【产地】墨西哥北部及美国南部。【其他观赏地点】奇花异卉园。

休氏藤露兜 *Freycinetia cumingiana*

【科属】露兜树科　藤露兜树属。【简介】常绿蔓性灌木，枝条细弱，叶长披针形，交互式排列成两列，花序常 2 ~ 3 个生于茎顶端，具多枚橙红色大苞片。花期 3—4 月。【产地】菲律宾。

1, 2, 3. 酒瓶兰　4, 5. 休氏藤露兜

藤本园

藤本植物是一类生活型比较特殊的植物群体，其茎干柔软不能独立支撑地上部分，需要通过自身茎干缠绕或特有结构（如卷须、气生根等）攀缘或吸附在其他植物或支撑物上生长。藤本植物又称攀缘植物、爬藤植物、藤蔓植物，根据茎干是否木质化主要分为木质藤本和草质藤本两大类。藤本植物是构成热带、亚热带森林群落的重要组成部分，在森林生态系统的结构和功能中具有重要的作用。在热带雨林中，藤本植物可以长得十分巨大，尤如一条巨龙穿梭其中，形成令人惊奇的雨林景观。

版纳植物园的藤本园于 2014 年建成并对外开放，占地面积约 100 亩，按藤本植物的攀缘方式和展示效果，分为园艺观赏藤本区、自然生态藤本区、种群藤本区和悬垂藤本区。园区中既有多姿多彩、精心布置的观赏藤本花卉和蔓性灌木，也有生机勃勃、自由生长的本土野生藤本。此外，还包括一部分在建园初期种下的木本植物。目前藤本园共收集植物 700 余种，其中藤本植物 400 余种，主要类群包括夹竹桃科、豆科、紫葳科、五味子科、山柑科、番荔枝科、旋花科、葡萄科、葫芦科、素馨属、西番莲属和马兜铃属等，是版纳植物园物种非常丰富的精品专类园区。

龙吐珠 *Clerodendrum thomsoniae*

【科属】唇形科（马鞭草科）大青属。【简介】攀缘藤本。叶片纸质，狭卵形或卵状长圆形，顶端渐尖，基部近圆形，全缘。聚伞花序，花萼白色，基部合生，花冠深红色，雄蕊与花柱同伸出花冠外。花期几乎全年。【产地】西非地区。【其他观赏地点】藤本园。

同属植物

红萼龙吐珠 *Clerodendrum × speciosum*

【常用别名】美丽龙吐珠。【简介】常绿木质藤本。叶对生，纸质，卵状椭圆形，全缘，先端渐尖，基部圆钝至近心形。圆锥状聚伞花序，多花，萼粉红色至淡紫色，花冠深红色，雌雄蕊细长，突出花冠外。花期几乎全年。【产地】非洲热带地区。

1

2

3

1. 龙吐珠　2，3. 红萼龙吐珠

红龙吐珠 *Clerodendrum splendens*

【常用别名】艳赪桐。【简介】常绿藤本。叶对生，纸质，椭圆形至卵形，全缘，先端渐尖，基部近圆形。聚伞花序腋生或顶生，花冠朱红色，花萼红色，雌雄蕊突出花冠外。核果。花期12月—翌年3月。【产地】非洲热带地区。

垂茉莉 *Clerodendrum wallichii*

【简介】常绿灌木。叶片近革质，长圆形或长圆状披针形，顶端渐尖或长渐尖，基部狭楔形，全缘。聚伞花序排列成圆锥状，花冠白色，雄蕊及花柱伸出花冠。核果球形。花期10月—翌年4月。【产地】广西、云南和西藏。印度、孟加拉国、缅甸至越南。【其他观赏地点】奇花园。

泰国垂茉莉 *Clerodendrum garrettianum*

【简介】常绿灌木，叶片纸质，椭圆形或长圆形，同对叶常大小不等。圆锥状聚伞花序，下垂，苞片披针形；花萼深5裂，几达基部，裂片狭披针形；花冠黄绿色，花冠管纤细；雄蕊及花柱稍伸出花冠。核果球形，成熟时红色。花期8—11月，果期11—12月。【产地】云南南部至西南部。泰国和老挝。

1，2. 红龙吐珠　3. 垂茉莉　4. 泰国垂茉莉

绒苞藤 *Congea tomentosa*

【科属】唇形科（马鞭草科）绒苞藤属。【简介】攀缘藤本，小枝近圆柱形，幼时密生黄色绒毛。叶片坚纸质，椭圆形、卵圆形或阔椭圆形，顶端渐尖，基部圆或近心形，表面幼时密生柔毛。聚伞花序紫红色，密生白色长柔毛，总苞片 3 ~ 4 枚，花瓣状，花冠二唇形，白色。花期 12 月—翌年 2 月。【产地】云南。东南亚地区。【其他观赏地点】百花园。

1　2

菲律宾石梓 *Gmelina philippensis*

【科属】唇形科（马鞭草科）石梓属。【简介】常绿攀缘灌木，有枝刺。叶对生，椭圆形至菱形，先端钝尖。聚伞花序组成顶生总状花序，长可达 20 cm，苞片叶状，宿存，花大，黄色。核果球形，无毛。花期 3—5 月或 9—10 月。【产地】东南亚地区。

沃尔夫藤 *Petraeovitex wolfei*

【科属】唇形科 东芭藤属。【简介】多年生藤本。复叶，具 3 枚小叶，椭圆形，先端尾尖，基部渐狭，绿色。花序腋生，长可达 1 m。萼片 5 枚，金黄色，花冠唇形，黄白色。花期 5—9 月。【产地】马来西亚。

3　4

1，2. 菲律宾石梓　3，4. 沃尔夫藤

毛楔翅藤 *Sphenodesme mollis*

【科属】唇形科（马鞭草科）楔翅藤属。【简介】攀缘藤本，小枝纤细，有绒毛或柔毛。叶对生，纸质至近革质，椭圆状长圆形，边缘有 1 ~ 2 对粗锯齿。聚伞花序有花 7 朵，再组成腋生或顶生圆锥花序，总苞片花瓣状，绿色，花冠管漏斗状，喉部内面有柔毛环。花期 6—9 月，果期 10—11 月。【产地】云南。泰国及越南。

微花藤 *Iodes cirrhosa*

【科属】茶茱萸科 微花藤属。【简介】木质藤本。叶卵形或宽椭圆形，厚纸质，先端锐尖或短渐尖，基部近圆形至浅心形，偏斜。花序具短柄，雌花序花少，雄花序为密伞房花序，有时复合成腋生或顶生的大型圆锥花序。雄花花瓣黄色，雌花子房卵形。核果红色。花期 1—4 月，果期 5—10 月。【产地】广西、云南。东南亚地区。【其他观赏地点】沟谷雨林、绿石林。

1, 2. 毛楔翅藤　3, 4, 5. 微花藤

穿鞘菝葜 *Smilax perfoliata*

【科属】菝葜科 菝葜属。【简介】攀缘灌木，茎常疏生刺。叶革质，卵形或椭圆形，叶柄基部两侧具耳状的鞘，作穿茎状抱茎。圆锥花序长 5 ~ 17 cm，通常具 10 ~ 30 个伞形花序，花黄绿色，浆果。花期 2—3 月，果期 10 月。【产地】云南、海南。印度及东南亚。

黄蓉花 *Dalechampia bidentata*

【科属】大戟科 黄蓉花属。【简介】多年生攀缘藤本。叶膜质，3 深裂，基部心形，边缘具锯齿，两面均被微柔毛。头状花序，总苞片 2 枚，叶状，卵形，3 深裂，雌雄同序异花，无花瓣。蒴果球形，宿存花萼羽状撕裂状。花期 7—10 月，果期 10—12 月。【产地】云南。泰国、老挝、缅甸等。

1, 2. 穿鞘菝葜　3, 4, 5. 黄蓉花

1, 2. 大鱼藤树　3. 密花鸡血藤　4. 囊托首冠藤

大鱼藤树 *Brachypterum robustum* (*Derris robusta*)

【科属】豆科 短翅鱼藤属（鱼藤属）。【简介】落叶乔木，高 10 ~ 15 m。羽状复叶，小叶 6 ~ 10 对，长圆形或倒卵形，先端钝，有小凸尖，基部楔形，偏斜。总状花序腋生，伸长，花冠白色。荚果线状长椭圆形。花期 4 月，果期 6—8 月。【产地】云南。印度、泰国、缅甸、老挝、越南。

密花鸡血藤 *Callerya congestiflora* (*Millettia congestiflora*)

【科属】豆科 鸡血藤属（崖豆藤属）。【常用别名】密花崖豆藤。【简介】常绿藤本，长达 5 m。羽状复叶，小叶 2 对，阔椭圆形至阔卵形，先端短锐尖，基部阔楔形或钝。圆锥花序顶生，分枝粗壮密集，常 2 ~ 3 枝簇生，花密集，花冠白色至红色。荚果线形，扁平，密被褐色绢状绒毛，顶端具伸长的钩喙。花期 6—8 月，果期 9—10 月。【产地】安徽、江西、湖北、湖南、广东、四川等。

囊托首冠藤 *Cheniella touranensis* (*Bauhinia touranensis*)

【科属】豆科 首冠藤属（羊蹄甲属）。【常用别名】囊托羊蹄甲。【简介】木质藤本。叶纸质，近圆形，基部心形，先端分裂达叶长 1/6 ~ 1/5，裂片先端圆钝。伞房式总状花序，花瓣白带淡绿色。荚果带状，扁平。花期 3—6 月，果期 8—10 月。【产地】云南、贵州和广西。越南。【其他观赏地点】藤本园、百花园。

1　　2

3

蝶豆 *Clitoria ternatea*

【科属】豆科 蝶豆属。【简介】攀缘状草质藤本。羽状复叶，小叶 5 ~ 7 枚，但通常为 5 枚，薄纸质或近膜质，宽椭圆形或有时近卵形，先端钝，微凹，基部钝。花大，单朵腋生，花冠蓝色、粉红色或白色。荚果扁平，具长喙。花果期几乎全年。【产地】福建、广东、广西、海南、台湾。非洲。

蜗牛藤 *Cochliasanthus caracalla*

【科属】豆科 蜗牛藤属。【简介】多年生缠绕藤本，羽状三出复叶，总状花序生于叶腋，有花数朵。蝶形花冠在花蕾时呈螺旋状，形状极似蜗牛。旗瓣宽大，初时白色，后变为乳黄色。龙骨瓣呈螺旋状，紫色。荚果为扁平的长圆柱形。花期 7—9 月，果期 9—10 月。【产地】中美洲、南美洲。

1, 2. 蝶豆　3. 蜗牛藤

尾叶鱼藤 *Derris caudatilimba*

【**科属**】豆科 鱼藤属。【**简介**】攀缘状灌木。羽状复叶，小叶 3 ~ 4 对，长椭圆形，先端尾尖，基部阔楔形或稍钝。总状花序腋生，狭窄，花冠白色。荚果舌状长椭圆形，种子单生于荚果的中间。花期 5—8 月，果期 11—12 月。【**产地**】广东、云南。【**其他观赏地点**】绿石林。

同属植物

大理鱼藤 *Derris harrowiana*

【**简介**】木质藤本，枝有小瘤状凸起的白色皮孔。羽状复叶，小叶 3 ~ 5 对，长圆状椭圆形或少数稍呈狭卵，先端短渐尖，常向下弯曲。总状花序，花冠苍白色或玫瑰红色。荚果狭长圆形，扁平，顶端有尖头。花期 4—5 月，果期 6—8 月。【**产地**】云南。

1, 2. 尾叶鱼藤　3, 4. 大理鱼藤

镰瓣豆 *Dysolobium grande*

【科属】豆科 镰瓣豆属。【简介】木质缠绕藤本，茎长可达 5 m。叶为具 3 小叶的羽状复叶，顶生小叶近圆形至菱状卵形，侧生小叶两边不等大，偏斜，先端短渐尖，基部近截平。总状花序腋生，长可达 40 cm，花冠紫蓝色，龙骨瓣镰刀形。荚果肥厚，密被褐色短绒毛。花期 7—10 月，果期 8—11 月。【产地】云南和贵州。印度、尼泊尔、缅甸、泰国。【其他观赏地点】树木园。

眼镜豆 *Entada rheedei*

【科属】豆科 榼藤属。【简介】木质藤本，茎长达 10 m。二回羽状复叶，羽片通常 2 对，顶生 1 对羽片变为卷须，小叶 3 ~ 4 对，对生。穗状花序，单生或排成圆锥花序式；花细小，密集，初开时白色，后变黄，略有香味。荚果长达 1 m，螺旋状弯曲，扁平，木质。花期 4—6 月，果期 8—12 月。【产地】福建、广东、海南、西藏、云南、台湾。东非、大洋洲、南亚地区。

1　2

3　4　5

1, 2. 镰瓣豆　3, 4, 5. 眼镜豆

须弥葛 *Haymondia wallichii* (*Pueraria wallichii*)

【科属】豆科 须弥葛属（葛属）。**【简介】**灌木状缠绕藤本。叶大，偏斜，小叶倒卵形，先端尾状渐尖，基部三角形，全缘。总状花序，常簇生或排成圆锥花序式。花冠淡红色。荚果直。花期 11 月—翌年 1 月，果期 1—2 月。**【产地】**西藏及云南。泰国、缅甸、印度、不丹和尼泊尔。**【其他观赏地点】**藤本园。

1　　2

3

4

马钱叶蝶叶豆 *Lysiphyllum strychnifolium* (*Bauhinia strychnifolia*)

【科属】豆科　蝶叶豆属（羊蹄甲属）。**【常用别名】**马钱叶羊蹄甲。**【简介】**常绿木质藤本，新枝上常有对生的卷须。叶互生，卵形，全缘，不分裂，先端渐尖，基部圆形，具三出脉。总状花序狭长，生小枝顶端，花序轴、花梗及花萼均为红色，花冠紫红色。荚果长椭圆形，扁平，先端渐尖。花期4—9月。**【产地】**马来西亚和泰国。

同属植物

美白蝶叶豆 *Lysiphyllum winitii* (*Bauhinia winitii*)

【简介】大型木质藤本，单叶互生，叶片近圆形，先端全裂。总状花序生于枝顶，花朵漏斗状，花萼5枚，厚革质，长披针形，花瓣5枚，白色，可育雄蕊10枚。花期9—10月，果期10—11月。**【产地】**泰国。

1，2. 马钱叶蝶叶豆　3，4. 美白蝶叶豆

巨油麻藤 *Mucuna gigantea*

【科属】豆科 油麻藤属。【常用别名】巨黧豆。【简介】大型攀缘木质藤本。羽状复叶具3枚小叶。花序常生于较老茎上，花梗长短不一而使花序呈伞房状；花冠蝶形，绿白色，果革质，长椭圆形，被黄褐色短伏毛，后脱落无毛，边缘增厚为隆起的脊，两边具翅。花期4—5月，果期10—12月。【产地】海南和台湾。南亚、东南亚地区至澳大利亚。【其他观赏地点】棕榈园。

同属植物

间序油麻藤 *Mucuna interrupta*

【简介】缠绕藤本。羽状复叶具3枚小叶，小叶薄纸质，顶生小叶椭圆形，先端骤然短渐尖，基部圆，侧生小叶偏斜。花序腋生，花序下部无花；苞片常宿存，花冠白。果革质，被螫毛，边缘有宽翅，两面布满褶片。花期6—7月，果期8—12月。【产地】云南。泰国、柬埔寨、老挝、越南和马来西亚。

1 2

3 4

1, 2. 巨油麻藤 3, 4. 间序油麻藤

褶皮油麻藤 *Mucuna lamellata*

【**常用别名**】褶皮黧豆。【**简介**】攀缘藤本。羽状复叶具 3 枚小叶。总状花序腋生，花萼密被绢质柔毛，萼筒杯状；花冠深紫色或红色。荚果革质，长圆形，具薄翅状褶片。花果期 6—9 月。【**产地**】江苏、浙江、福建、广西、广东等。

大果油麻藤 *Mucuna macrocarpa*

【**简介**】大型木质藤本。羽状复叶具 3 小叶，小叶纸质或革质，顶生小叶椭圆形、卵状椭圆形、卵形或稍倒卵形，先端急尖或圆，基部圆或稍微楔形，侧生小叶极偏斜。花序通常生在老茎上，花冠暗紫色，但旗瓣带绿白色。果木质，带形。花期 4—5 月，果期 6—7 月。【**产地**】云南、贵州、广东、海南、广西、台湾。东南亚地区和日本。

1, 2. 褶皮油麻藤　3, 4. 大果油麻藤

1　2　3　4

单子油麻藤 *Mucuna monosperma*

【简介】大型木质藤本。羽状复叶具3小叶，顶端小叶椭圆形，先端具短尖头，基部圆形，侧生小叶基部不对称。总状花序生老茎上或小枝叶腋，花紫色。果实圆形，密被螯毛，具褶片，每个果荚仅有1粒种子。花期11—12月，果期翌年2—3月。【产地】缅甸、老挝、泰国等。

卷翅荚油麻藤 *Mucuna revoluta*

【简介】大型木质藤本。羽状复叶具3小叶，顶端小叶椭圆形，前段尾尖，基部圆形，侧生小叶基部不对称。总状花序生老茎上或小枝叶腋，花紫色。果实椭圆形，密被螯毛，具褶片，每个果荚1～2粒种子。花期10—11月，果期12月—翌年1月。【产地】云南。柬埔寨、老挝、泰国、越南。【其他观赏地点】南药园。

1，2. 单子油麻藤　3，4. 卷翅荚油麻藤

1, 2, 3. 金叶火索藤
4, 5. 蟹钳叶火索藤

1

2

3

4

5

金叶火索藤 *Phanera aureifolia* (*Bauhinia aureifolia*)

【常用别名】金叶羊蹄甲、金叶首冠藤。【科属】豆科 火索藤属（羊蹄甲属）。【简介】木质藤本，长达 10 m。单叶互生，叶片近圆形，先端裂近半裂，基部浅心形，新叶密被锈色绒毛。伞房花序式的总状花序组成顶生或野生圆锥花序，花较密集，花梗和花萼密被锈毛，花白色或淡黄色。花期 8—11 月。【产地】泰国。

同属植物

蟹钳叶火索藤 *Phanera carcinophylla* (*Bauhinia carcinophylla*)

【常用别名】蟹钳叶羊蹄甲。【简介】木质攀缘藤本，叶纸质，深裂或全裂，叶正面光滑具光泽，背面具棕黄色短柔毛。花序顶生，花序轴密被棕黄色短柔毛。花序伞房状，花瓣白色，边缘皱缩。可育雄蕊 3 枚。花期 11—12 月。【产地】云南和广西。越南北部。【其他观赏地点】绿石林。

箭羽龙须藤 *Phanera curtisii* (*Bauhinia curtisii*)

【简介】木质藤本，长达 10 m。单叶互生，叶片宽卵形，先端浅裂，基部浅心形。总状花序生小枝顶，花梗细长，花小，黄绿色，花瓣线形。荚果长椭圆形，扁平。花期 5—8 月，果期 10—11 月。【产地】柬埔寨、老挝、马来西亚、泰国、越南。

锈荚藤 *Phanera erythropoda* (*Bauhinia erythropoda*)

【简介】木质藤本。叶纸质，心形或近圆形，先端通常深裂达中部或中部以下，裂片顶端急尖，有时渐尖，基部深心形。总状花序伞房式，密被锈红色绒毛，花芳香，花瓣白色，能育雄蕊 3 枚。花期 3—4 月，果期 6—7 月。【产地】海南、广西和云南。菲律宾。【其他观赏地点】南药园。

1, 2. 箭羽龙须藤　3, 4. 锈荚藤

元江龙须藤 *Phanera esquirolii* (*Bauhinia esquirolii*)

【常用别名】元江羊蹄甲。【简介】木质藤本，叶纸质，阔卵形或卵形，先端 2 裂达叶长的 1/3。总状花序多花，长 7 ~ 15 cm，密被褐色短柔毛；花瓣淡绿色，具柄；能育雄蕊 3 枚，退化雄蕊 4 枚。荚果长圆形。花期 4—6 月，果期 7—9 月。【产地】云南东南部。

圆叶火索藤 *Phanera macrostachya* (*Bauhinia wallichii*)

【常用别名】圆叶羊蹄甲。【简介】大型木质藤本植物。叶片近圆形，直径 10 ~ 15 cm，两面无毛，基出脉 9 ~ 11，基部心形，先端二裂到 1/5。总状或圆锥花序，密被锈黄色短柔毛。萼筒钟形，萼裂片 5 枚，花瓣 5 枚，近等长，具爪。可育雄蕊 3 枚，退化雄蕊 7 枚。子房具短柄，长约 1 cm，密被短柔毛。【产地】云南南部。印度、缅甸、泰国、越南。

1, 2. 元江龙须藤　3, 4. 圆叶火索藤

1

2　　3　　4

云南火索藤 *Phanera yunnanensis* (*Bauhinia yunnanensis*)

【**常用别名**】云南羊蹄甲。【**简介**】常绿藤本，卷须成对。叶膜质或纸质，阔椭圆形，全裂至基部，基部深或浅心形。总状花序顶生或与叶对生，萼檐二唇形，花瓣淡红色，上面3片各有3条玫瑰红色纵纹，下面2片中心各有1条纵纹；能育雄蕊3枚，不育雄蕊7枚。荚果带状长圆形，扁平。花期5—9月，果期9—11月。【**产地**】云南、四川和贵州。缅甸和泰国北部。【**其他观赏地点**】百花园。

苞护豆 *Phylacium majus*

【**科属**】豆科 苞护豆属。【**简介**】缠绕草本。叶为羽状三出复叶，小叶纸质，卵状长圆形，侧生小叶略小，先端极钝，有时微凹，基部圆形或稍心形。总状花序腋生，花簇生，苞片兜状折叠，花后增大，每苞有花1～4朵，花冠白色至淡蓝色。花期10月—翌年1月。【**产地**】云南、广西。缅甸、泰国、老挝。

1，2. 云南火索藤　3，4. 苞护豆

1

翡翠葛 *Strongylodon macrobotrys*

【科属】豆科 翡翠葛属。【常用别名】绿玉藤。【简介】大型木质藤本。复叶具 3 枚小叶，小叶长圆形，绿色，先端尖，基部渐狭。总状花序大型，悬垂，着花数十朵，花蓝绿色。果实长圆形。花期 2—8 月。【产地】菲律宾。【其他观赏地点】百花园。

宽序夏藤 *Wisteriopsis eurybotrya* (*Callerya eurybotrya*)

【科属】豆科 夏藤属（鸡血藤属）。【常用别名】宽序崖豆藤、宽序鸡血藤。【简介】攀缘灌木，树皮光滑。羽状复叶，小叶（2 ～ ）3 对，纸质，卵状长圆形或披针状椭圆形，先端急尖，基部圆形或阔楔形，两面无毛。圆锥花序顶生，生花枝长，开展，花萼密被绒毛，花冠紫红色。荚果长圆形，肿胀。花期 7—8 月，果期 9—11 月。【产地】湖南、广东、广西、贵州、云南。越南、老挝。

2　　3

1. 翡翠葛　2, 3. 宽序夏藤

贵州瓜馥木 *Fissistigma wallichii*

【科属】番荔枝科 瓜馥木属。【简介】攀缘灌木，长达 7 m。叶近革质，长圆状披针形或长圆状椭圆形，有时倒卵状长圆形，顶端圆形或钝形，基部圆形或钝形，有时宽楔形。花绿白色，1 至多朵丛生于小枝上，花瓣革质，外轮稍长于内轮。果近圆球状。花期 3—11 月，果期 7—12 月。【产地】广西、云南和贵州。印度。【其他观赏地点】藤本园。

柄芽哥纳香 *Goniothalamus laoticus*

【科属】番荔枝科 哥纳香属。【简介】直立灌木或小乔木，高 2 ~ 4 m，全株无毛。叶革质，狭长圆状披针形，顶端渐尖或急尖。花单生于叶腋或叶痕的上部，花瓣革质，黄绿色至黄色，外轮花瓣长圆状披针形。果卵圆状，聚生。花期 5—11 月，果期 11 月—翌年 2 月。【产地】云南。老挝和泰国。

1, 2, 3. 贵州瓜馥木 4, 5. 柄芽哥纳香

黄花山椒子 *Uvaria grandiflora* var. *flava*

【科属】番荔枝科 紫玉盘属。【简介】灌木，高 3 m。叶纸质或近革质，长圆状倒卵形，顶端急尖或短渐尖，基部浅心形。花单朵，与叶对生，黄色，大形，直径达 9 cm，具佛焰苞。花期 5—9 月。【产地】东南亚地区。

同属植物

海滨紫玉盘 *Uvaria littoralis*

【简介】攀缘灌木，长达 10 m。叶革质，矩圆形至倒卵状长圆形，先端具短尖，基部浅心形。花 1 ~ 3 朵簇生，花瓣 6 枚，等大，紫红色。果实椭圆形，成熟时由黄色变成紫黑色。花期 7—9 月，果期翌年 1—3 月。【产地】东南亚地区。

连蕊藤 *Parabaena sagittata*

【科属】防己科 连蕊藤属。【简介】草质藤本，茎、枝均具条纹。叶纸质或干后膜质，阔卵形或长圆状卵形，顶端长渐尖，基部箭形，掌状脉 5 ~ 7 条。花序伞房状，雌雄异株，花黄绿色。核果近球形而稍扁，果核卵状半球形，两侧各有 2 行小刺。花期 4—5 月，果期 8—9 月。【产地】云南、广西、贵州和西藏。尼泊尔、印度、孟加拉国和中南半岛。

1. 黄花山椒子 2. 海滨紫玉盘 3，4，5. 连蕊藤

黄花山椒子
海滨紫玉盘

大叶藤 *Tinomiscium petiolare*

【科属】防己科 大叶藤属。【简介】木质藤本，茎具啮蚀状开裂的树皮。叶片薄革质，阔卵形，顶端短渐尖或有时骤尖，基部近截平或微心形，掌状脉 3 ~ 5 条。总状花序自老枝上生出，多个丛生，常下垂，雌雄异株，花黄绿色。核果长圆形，成熟时黄色。花期 3—4 月，果期 9—11 月。【产地】云南和广西。越南。【其他观赏地点】沟谷雨林。

北美钩吻 *Gelsemium sempervirens*

【科属】钩吻科（马钱科）钩吻属。【常用别名】金钩吻、常绿钩吻藤。【简介】常绿藤本，蔓长可达 3 ~ 6 m。叶披针形，对生，全缘，有光泽，先端尖，基部渐狭。花单生于叶腋，花冠 5 裂，金黄色，香气浓郁。花期 2—4 月。【产地】北美洲地区。

1

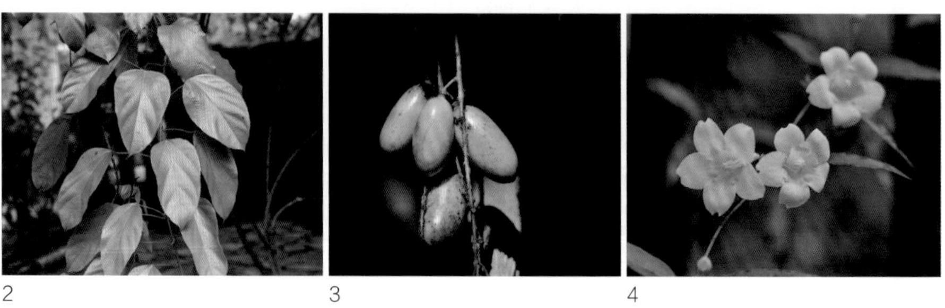

2 3 4

1, 2, 3. 大叶藤 4. 北美钩吻

1 2 3 4

木鳖子 *Momordica cochinchinensis*

【科属】葫芦科 苦瓜属。【常用别名】番木鳖。【简介】粗壮大藤本，长达 15 m。叶片卵状心形或宽卵状圆形，3 ~ 5 中裂至深裂或不分裂。雌雄异株，雄花苞片兜状，花冠淡黄色，雌花苞片兜状。果实卵球形，顶端有 1 枚 短喙，成熟时红色，肉质。花期 6—8 月，果期 8—10 月。【产地】中国南部。印度至东南亚地区。【其他观赏地点】野菜园、藤本园。

棒槌瓜 *Neoalsomitra clavigera* (*Neoalsomitra integrifoliola*)

【科属】葫芦科 棒槌瓜属。【常用别名】藏棒槌瓜。【简介】草质攀缘藤本，叶纸质，具 3 或 5 枚小叶，小叶长圆形或长圆状披针形。花雌雄异株，白色或淡绿色，组成腋生圆锥花序或总状花序。果实近圆柱形，顶端截形。花期 11—12 月，果期 12 月—翌年 1 月。【产地】云南、广东、广西、福建、台湾等。南亚地区、东南亚地区至大洋洲。【其他观赏地点】沟谷林。

1, 2. 木鳖子　3, 4. 棒槌瓜

1

2

3

1, 2. 思茅清明花
3. 鹿角藤

思茅清明花 *Beaumontia grandiflora*

【科属】夹竹桃科 清明花属。【简介】高大藤本。叶长圆状倒卵形，顶端短渐尖，幼时略被柔毛，老渐无毛。聚伞花序顶生，着花 3 ~ 5 朵，花萼裂片红色，花漏斗状，花冠 5 裂，裂片卵圆形，白色。蓇葖果形状多变，内果皮亮黄色。花期 3—4 月。【产地】云南和广西。南亚至东南亚地区。

鹿角藤 *Chonemorpha eriostylis*

【科属】夹竹桃科 鹿角藤属。【简介】粗壮木质大藤本，长达 20 m，具丰富乳汁。叶倒卵形或宽长圆形。聚伞花序着花 7 ~ 15 朵，花冠白色，近高脚碟状。蓇葖果 2 枚，近木质，箸状披针形。花期 4—5 月，果期 8 月—翌年 4 月。【产地】云南、广西和广东。越南。

同属植物

长萼鹿角藤 *Chonemorpha megacalyx*

【简介】粗壮木质藤本，具乳汁。叶近革质，宽卵形或倒卵形。聚伞花序总状，着花 9 ~ 13 朵，花冠淡红色。蓇葖果近平行，向端部渐狭。花期 5—6 月，果期 8 月—翌年 1 月。【产地】海南和云南。

金平藤 *Cleghornia malaccensis*

【科属】夹竹桃科 金平藤属。【简介】攀缘灌木，长达 10 m，茎具皮孔，含乳汁。叶薄纸质，长圆形或倒卵状长圆形，顶端钝而具尾尖。聚伞花序通常三歧，腋生和顶生，花黄色。蓇葖果双生，长圆柱形。花期 4—9 月，果期 7—10 月。【产地】云南和贵州。斯里兰卡。

1 2

3

4

1, 2. 长萼鹿角藤 3, 4. 金平藤

1　　2　　3

4　　5

心叶荟蔓藤 *Cosmostigma cordatum*

【科属】夹竹桃科（萝藦科） 荟蔓藤属。【简介】木质藤本，长达 10 m，全株无毛。叶对生，近圆形，顶端短尾尖，基部心形。伞房状总状花序生叶腋，花黄绿色，具紫色斑点。蓇葖果单生，长椭圆形。花期 4—5 月，果期 8—9 月。【产地】云南。东南亚地区。

古钩藤 *Cryptolepis buchananii*

【科属】夹竹桃科（萝藦科） 白叶藤属。【简介】木质藤本，具乳汁，茎皮红褐色有斑点。叶纸质，长圆形或椭圆形，顶端圆形具小尖头，基部阔楔形，侧脉近水平横出，每边约 30 条。聚伞花序腋生，花冠黄绿色，裂片披针形。蓇葖果 2 枚，叉开成直线，长圆形。花期 4—6 月，果期 8—12 月。【产地】云南、贵州、广西和广东等。印度、缅甸、斯里兰卡和越南。

1, 2, 3. 心叶荟蔓藤　4, 5. 古钩藤

1, 2. 白叶藤
3. 桉叶藤

同属植物

白叶藤 *Cryptolepis sinensis*

【简介】柔弱木质藤本，具乳汁，小枝通常红褐色。叶长圆形，两端圆形。聚伞花序顶生或腋生，花冠淡黄色，裂片长圆状披针形或线形，反卷，顶端旋转。蓇葖果长披针形或圆柱状。花期 4—9 月，果期 6 月—翌年 2 月。【产地】贵州、云南、广西等。印度和东南亚地区。

桉叶藤 *Cryptostegia grandiflora*

【科属】夹竹桃科（萝藦科）桉叶藤属。【常用别名】橡胶紫茉莉。【简介】灌木，高 1 ~ 2 m。叶对生，椭圆形，先端短尾尖，基部楔形至圆形。聚伞花序具少数花，顶生或腋生，花冠紫色。蓇葖果双生，近水平展开，一侧平坦。花期 4—6 月，果期 10—12 月。【产地】马达加斯加。

桉叶藤

须药藤 *Decalepis khasiana* (*Stelmacrypton khasianum*)

【科属】夹竹桃科（萝藦科）燕根藤属（须药藤属）。【简介】缠绕木质藤本，具乳汁，茎浅棕色，具有突起的皮孔，茎与根有香气。叶近革质，椭圆形或长椭圆形，顶端渐尖，基部楔形。花小，黄绿色，4 ~ 5 朵排列成具短梗的腋生聚伞花序。蓇葖果叉生成直线。花期几乎全年。【产地】云南。印度、孟加拉国、老挝、缅甸。

思茅藤 *Epigynum auritum*

【科属】夹竹桃科 思茅藤属。【简介】攀缘灌木，幼嫩部分具黄色密柔毛。叶纸质，椭圆形至椭圆状倒卵形，顶端短渐尖，基部略具心形。花多朵，组成顶生圆锥状聚伞花序，花冠白色。蓇葖果叉生，粗壮。花期 5—6 月，果期 9—12 月。【产地】云南。马来西亚、泰国。

1, 2. 须药藤　3, 4. 思茅藤

1　2

3　4

5

宽叶匙羹藤 *Gymnema latifolium*

【科属】夹竹桃科（萝藦科）匙羹藤属。【简介】木质藤本。叶宽卵形，顶端急尖，基部圆形。聚伞花序伞形状，腋生或腋外生，着花多朵，稠密，花小，黄色。蓇葖果通常单生，披针状圆柱形。花期 10—11 月，果期 12 月。【产地】云南南部。印度、缅甸、越南。

同属植物

云南匙羹藤 *Gymnema yunnanense*

【简介】藤状半灌木。叶卵圆形至卵状椭圆形，稀倒卵形，顶端渐尖，基部圆形。聚伞花序伞形状，腋生，花冠浅黄绿色至白绿色。蓇葖果通常单生，披针状圆柱形。花期 3—6 月，果期 6—12 月。【产地】云南南部。

1, 2. 宽叶匙羹藤　3, 4, 5. 云南匙羹藤

1 2 3

4

腰骨藤 *Ichnocarpus frutescens*

【科属】夹竹桃科 腰骨藤属。【简介】木质藤本，长达 8 m，具白色乳汁。叶卵圆形或椭圆形，花多朵组成顶生或腋生的总状聚伞花序；花萼 5 裂，花冠白色，裂片 5 枚，花冠筒喉部被柔毛；子房被毛。蓇葖果双生，叉开，细圆筒状，长 8 ~ 15 cm。花期 5—8 月，果期 8—12 月。【产地】云南、广东、广西、福建等。南亚、东南亚地区至大洋洲。【其他观赏地点】绿石林。

裂冠牛奶菜 *Marsdenia incisa*

【科属】夹竹桃科（萝藦科）牛奶菜属。【简介】大型木质藤本。叶对生，稍肉质，阔椭圆形，先端短尖，基部圆形。聚伞花序腋生，花密集，肉质，乳黄色。花期 3—4 月，果期 8—9 月。【产地】广西、云南。

1, 2. 腰骨藤 3, 4. 裂冠牛奶菜

1 2 3

翅果藤 *Myriopteron extensum*

【科属】夹竹桃科（萝藦科） 翅果藤属。【简介】木质藤本，具乳汁。叶膜质，卵圆形至卵状椭圆形或阔卵形，顶端急尖或浑圆，具短尖，基部圆形。花小，白绿色，组成疏散的圆锥状的腋生聚伞花序。蓇葖果椭圆状长圆形，外果皮具有很多膜质的纵翅。花期 7—9 月，果期 10—12 月。【产地】广西、云南和贵州。亚洲热带地区。【其他观赏地点】野菜园。

金香藤 *Pentalinon luteum*

【科属】夹竹桃科 金香藤属。【简介】木质藤本，长达 5 m。叶对生，椭圆形，先端圆形，具短尖头，基部楔形至圆形，具长柄。花序生小枝顶端，花喇叭形，黄色。花期 4—7 月。【产地】中美洲地区、南美洲地区。

4

1, 2, 3. 翅果藤　4. 金香藤

帘子藤 *Pottsia laxiflora*

【科属】夹竹桃科　帘子藤属。【简介】常绿攀缘灌木，长达 9 m。叶薄纸质，卵圆形至卵圆状长圆形，顶端急尖具尾状，基部圆或浅心形。总状式聚伞花序腋生和顶生，花冠紫红色或粉红色，花冠筒圆筒形，花冠裂片向上展开。蓇葖果双生，细而长，下垂。花期 4—8 月，果期 8—10 月。【产地】中国南部。印度、马来西亚、印度尼西亚。

羊角拗 *Strophanthus divaricatus*

【科属】夹竹桃科　羊角拗属。【简介】灌木，高达 2 m。叶薄纸质，椭圆状长圆形或椭圆形，顶端短渐尖或急尖，基部楔形，边缘全缘。聚伞花序常着花 3 朵，花冠漏斗状，淡黄色，花冠裂片顶端延长成一长尾，带状，裂片内面具由 10 枚舌状鳞片组成的副花冠。蓇葖果叉开。花期 3—4 月，果期 6 月—翌年 2 月。【产地】贵州、云南、广西、广东和福建等。越南、老挝。【其他观赏地点】树木园。

1, 2, 3. 帘子藤　4, 5. 羊角拗

1. 旋花羊角拗
2. 垂丝羊角拗

1

2

同属植物

旋花羊角拗 *Strophanthus gratus*

【简介】粗壮常绿攀缘灌木。叶厚纸质，长圆形或长圆状椭圆形，顶端急尖，基部圆形或阔楔形。聚伞花序顶生，伞形，着花 6 ~ 8 朵，花冠白色，喉部染红色，花冠裂片顶端不延长成尾状。花期 4—6 月。【产地】非洲热带地区。【其他观赏地点】南药园、百花园、树木园。

垂丝羊角拗 *Strophanthus preussii*

【常用别名】垂丝金龙藤。【简介】灌木，高达 3 m，具乳汁。叶薄纸质，椭圆状卵形，先端渐尖，基部宽楔形至圆形。花序生于侧枝顶端，花冠白色，内部紫色，花冠筒顶端扩大呈钟状，花冠裂片顶端延长成一长尾带。花期 4—9 月。【产地】非洲。

云南羊角拗 *Strophanthus wallichii*

【简介】灌木，高达 8 m。叶椭圆形或椭圆状卵圆形。聚伞花序，通常着花 5 ~ 8 朵，花冠淡紫色，花冠筒下部圆筒形，上部钟状，花冠裂片顶部延长成一尾状带，开展。蓇葖果 2 枚水平叉开，木质，长圆形。花期 3—4 月，果期 7 月—翌年 2 月。【产地】云南。亚洲南部地区。

锈毛弓果藤 *Toxocarpus fuscus*

【科属】夹竹桃科（萝藦科）弓果藤属。【简介】攀缘灌木，小枝暗红色。叶纸质，宽卵状长圆形，顶端急尖或短渐尖，基部圆形。聚伞花序腋生，着花 12 ~ 20 朵，被黄色柔毛，花冠黄色，裂片长圆状披针形。花期 3—4 月，果期 8—9 月。【产地】广东、广西、云南。

1 2 3

1. 云南羊角拗　2, 3. 锈毛弓果藤

酸叶胶藤 *Urceola rosea*

【科属】夹竹桃科　水壶藤属。【简介】高攀木质大藤本，长可达 10 m，具乳汁。叶纸质，阔椭圆形，顶端急尖，基部楔形，叶背被白粉。聚伞花序圆锥状，宽松展开，多歧，花小，粉红色。蓇葖果 2 枚，叉开成近一直线。花期 4—7 月，果期 7 月—翌年 1 月。【产地】中国南部。越南、印度尼西亚。

同属植物

酸羹藤 *Urceola polymorpha* (*Aganonerion polymorphum*)

【常用别名】越南酸汤藤。【简介】常绿藤本，叶革质，单叶对生，叶片卵圆形至卵状披针形，两面光滑。由聚伞花序组成紧凑的圆锥花序，多生于叶腋。花小，红色。蓇葖果双生，长条形。花期 9—12 月，果期 2—3 月。【产地】中南半岛。

1

2　3　4

1. 酸叶胶藤　2, 3, 4. 酸羹藤

无毛纽子花 *Vallaris glabra*

【**科属**】夹竹桃科 纽子花属。【**简介**】高攀缘灌木，全株具乳汁。叶薄纸质，叶片椭圆形，先端钝，具短尖头，基部圆形。聚伞花序具数十朵花，花冠白色，裂片先端尖。花期4—5月。【**产地**】印度尼西亚。【**其他观赏地点**】民族园。

同属植物

纽子花 *Vallaris solanacea*

【**简介**】高攀缘灌木，全株具乳汁。叶片卵圆形至卵圆状椭圆形，短渐尖或锐尖，基部楔形至圆形。花4～8朵组成假伞形状或伞房状聚伞花序，花冠白色，裂片卵圆形，钝头。蓇葖果长圆形、渐尖。花期4—5月。【**产地**】海南。印度、斯里兰卡、缅甸、印度尼西亚。

1，2. 无毛纽子花　3，4. 纽子花

1, 2. 倒心盾翅藤
3. 大翼金兰藤

1 2 3

倒心盾翅藤 *Aspidopterys obcordata*

【科属】金虎尾科 盾翅藤属。【简介】木质藤本，枝条被黄褐色绒毛。叶片厚纸质或薄革质，倒卵状倒心形至圆形，先端有明显的心形凹陷，具三角状短尖头。圆锥花序腋，花梗纤细，花瓣 5 枚，白色或淡黄色。翅果略呈长圆形或近圆形。花期 2—3 月，果期 4—5 月。【产地】云南。

大翼金兰藤 *Callaeum macropterum* (*Mascagnia macroptera*)

【科属】金虎尾科 金兰藤属（蝶翅藤属）。【常用别名】大翼蝶翅藤。【简介】木质藤本。叶对生，倒卵形至椭圆形，先端渐尖，基部楔形。聚伞花序腋生，总花梗和花梗细长，花黄色，花瓣辐射对称，具距。翅果多裂，不等大，其中 2 个裂片近圆形。花期 9—10 月，果期翌年 2—4 月。【产地】美国、墨西哥。

大翼金兰藤

1　　　　2

3

金英 *Galphimia gracilis*

【科属】金虎尾科 金英属。【简介】灌木，高 1 ~ 2 m。叶对生，膜质，长圆形或椭圆状长圆形，先端钝或圆形，具短尖，基部楔形。总状花序顶生，花瓣黄色，长圆状椭圆形。蒴果球形。花期 5—8 月，果期 10—11 月。【产地】中美洲、南美洲。【其他观赏地点】藤本园、奇花异卉园。

狭叶异翅藤 *Heteropterys glabra*

【科属】金虎尾科 异翅藤属。【简介】常绿木质藤本，枝条纤细。叶对生、近对生或轮生，披针形或长椭圆状披针形，基部楔形或近圆形，全缘，幼时两面被平伏柔毛。顶生伞形花序或假总状花序，花两性，辐射对称，花瓣 5 枚，鲜黄色。翅果。花期 8—11 月。【产地】中美洲、南美洲。

1. 金英　2，3. 狭叶异翅藤

风筝果 *Hiptage benghalensis*

【科属】金虎尾科 风筝果属。【简介】攀缘灌木或藤本，长 3 ~ 10 m 或更长。叶片革质，长圆形，椭圆状长圆形或卵状披针形。总状花序腋生或顶生，花大，芳香，花瓣白色，基部具黄色斑点，有时淡黄色或粉红色。翅果。花期 2—4 月，果期 4—5 月。【产地】福建、台湾、广东、广西、海南、贵州和云南。东南亚地区。【其他观赏地点】藤本园。

同属植物

尖叶风筝果 *Hiptage acuminata*

【简介】攀缘灌木。叶片革质，披针形、长圆形或卵形，先端长渐尖，基部阔楔形至近圆形，背面具 2 个腺体。总状花序腋生或顶生，具 4 ~ 10 朵花，萼片具 1 个腺体，花瓣白色带粉红，边缘具极短的裂齿状流苏。翅果 3 裂。花期 2—3 月，果期 4—5 月。【产地】云南。孟加拉国、印度、缅甸。

1，2. 风筝果　3，4. 尖叶风筝果

白花风筝果 *Hiptage candicans*

【简介】直立灌木或小乔木。叶对生，长圆形或椭圆状长圆形，先端短渐尖，基部阔楔形或圆形。总状花序腋生，花瓣白色，外面密被白色丝毛。翅果3裂。花期2—3月，果期4—5月。【产地】云南。印度、缅甸、泰国、老挝。

紫风筝果 *Hiptage lucida*

【常用别名】紫花风筝果。【简介】攀缘灌木。叶对生，革质，卵状椭圆形，顶端渐尖，基部近圆形。总状花序腋生，无腺体，花白色至粉红色。翅果3裂，紫色。花期2—4月，果期7—9月。【产地】泰国和越南。

1, 2, 3. 白花风筝果　4, 5, 6. 紫风筝果

1　　2

3

4　　5

小花风筝果 *Hiptage minor*

【简介】藤状灌木。叶对生，革质，卵形或卵状披针形，先端渐尖，基部楔形。总状花序腋生或顶生，花小，白色，芳香。翅果3裂。花期2—3月，果期4—5月。【产地】贵州和云南。

少花风筝果 *Hiptage pauciflora*

【简介】藤状灌木。叶对生，革质，椭圆形至宽椭圆形，先端短尖至渐尖，基部心形。花序腋生，通常具少数几朵花，粉红色。花期2—3月，果期4—5月。【产地】云南。

1，2. 小花风筝果　3，4，5. 少花风筝果

三星果 *Tristellateia australasiae*

【科属】金虎尾科 三星果属。【常用别名】星果藤。【简介】常绿木质藤本，蔓长达 10 m。叶对生，纸质或亚革质，卵形，先端急尖至渐尖，基部圆形至心形，全缘。总状花序顶生或腋生，花鲜黄色，花瓣椭圆形。星芒状翅果。花期 3—7 月，果期 11 月—翌年 1 月。【产地】台湾。马来西亚及太平洋诸岛。

粗毛刺果藤 *Ayenia indica* (*Byttneria pilosa*)

【科属】锦葵科（梧桐科）刺果麻属（刺果藤属）。【简介】木质缠绕藤本。叶圆形或心形，顶端钝或短尖，基部心形并有基生脉 7 条，边缘有细锯齿，且常有 3 ~ 5 浅裂，两面均被淡黄褐色星状柔毛及硬毛。聚伞花序排成伞房状，花白色。蒴果圆球形，密被有分枝的锥尖状软刺。花期 9—10 月，果期 10—11 月。【产地】云南。南亚至东南亚地区。

1

2

3

4

1, 2. 三星果　3, 4. 粗毛刺果藤

长柄银叶树 *Heritiera angustata*

【科属】锦葵科（梧桐科）银叶树属。【简介】常绿乔木，高达 12 m。叶革质，矩圆状披针形，顶端渐尖或钝，基部尖锐或近心形，下面银白色。圆锥花序顶生或腋生，花红色。果为核果状，坚硬。花期 2—3 月，果期 6—8 月。【产地】海南和云南。柬埔寨。

截裂翅子树 *Pterospermum truncatolobatum*

【科属】锦葵科（梧桐科）翅子树属。【简介】乔木，高达 16 m。叶革质，矩圆状倒梯形，顶端截形并有 3 ~ 5 裂，基部心形或斜心形。花单生腋生，花瓣 5 片，条状镰刀形，白色。蒴果木质，卵圆形或卵状矩圆形，有明显的 5 棱。花期 5—7 月。【产地】云南。越南。

1　　2　　3

1, 2. 长柄银叶树　3. 截裂翅子树

光耀藤 *Tarlmounia elliptica* (*Vernonia elliptica*)

【科属】菊科 光耀藤属（斑鸠菊属）。【简介】攀缘灌木。叶倒卵形至椭圆形，先端钝尖，基部楔形，背面被毛，边缘有波状锯齿或全缘。圆锥花序生枝顶端，头状花序具 5 朵小花，花粉紫色。花期 2—4 月。【产地】台湾。印度、缅甸、泰国。

山牵牛 *Thunbergia grandiflora*

【科属】爵床科 山牵牛属。【常用别名】大花山牵牛、大花老鸦嘴。【简介】木质藤本。叶具柄，叶片卵形、宽卵形至心形，先端急尖至锐尖，有时有短尖头或钝，边缘有三角形裂片。花在叶腋单生或成顶生总状花序，花冠檐蓝紫色。蒴果，喙长 2 cm。花期 12 月—翌年 4 月。【产地】广西、广东、海南、福建。印度及中南半岛。【其他观赏地点】藤本园。

同属植物

翼叶山牵牛 *Thunbergia alata*

【常用别名】黑眼苏珊。【简介】缠绕草本。叶片卵状箭头形或卵状稍戟形，先端锐尖，基部箭形或稍戟形，边缘具 2 ~ 3 枚短齿或全缘。花黄色，喉蓝紫色。蒴果。花期几乎全年。【产地】非洲热带地区。

1，2. 光耀藤　3. 山牵牛　4，5. 翼叶山牵牛

1

2

红花山牵牛 *Thunbergia coccinea*

【简介】攀缘灌木。叶片宽卵形、卵形至披针形，先端渐尖，基部圆或心形，边缘波状或疏离的大齿。总状花序顶生或腋生，下垂，花冠红色，冠檐裂片近圆形。蒴果。花期 12 月—翌年 2 月，果期 3—4 月。【产地】云南和西藏。印度及中南半岛北部。【其他观赏地点】藤本园。

桂叶山牵牛 *Thunbergia laurifolia*

【常用别名】樟叶老鸦嘴。【简介】木质藤本。叶对生，长圆形至长圆状披针形，先端锐尖，全缘或角状浅裂。总状花序顶生或腋生，花冠管和喉白色，冠檐淡蓝色。蒴果。花期几乎全年。花期 12 月—翌年 3 月。【产地】中南半岛。【其他观赏地点】藤本园、民族园。

黄花老鸦嘴 *Thunbergia mysorensis*

【常用别名】时钟藤。【简介】常绿性木质藤本，长达 6 m。叶片具光泽，对生，长椭圆形。总状花序，腋生，花序悬垂，花萼 2 片，包覆 1/3 的花冠，花冠尖锄状，花冠内侧鲜黄色，外缘紫红色。蒴果。花期 12 月—翌年 3 月。【产地】印度。

3　4

1, 2. 红花山牵牛　3. 桂叶山牵牛　4. 黄花老鸦嘴

1 2 3

1, 2. 宽药青藤
3. 锈毛青藤

宽药青藤 *Illigera celebica*

【科属】莲叶桐科 青藤属。【简介】常绿藤本，叶革质，三出掌状复叶，互生。由聚伞花序组成长而疏松的圆锥花序，花红色，雄蕊 5 枚，花丝下部宽约 2 mm，形扁，被短柔毛。果具 4 翅。花期 6—7 月，果期 8—9 月。【产地】云南、广西、广东。东南亚地区。

同属植物

锈毛青藤 *Illigera rhodantha* var. *dunniana*

【简介】常绿藤本，小枝、叶柄、叶背均被黄褐色绒毛。叶纸质，互生，三出掌状复叶。由聚伞花序组成长而疏松的圆锥花序，密被金黄褐色绒毛。花红色，果具 4 翅。花期 9—11 月，果期 12 月—翌年 5 月。【产地】广东、广西、云南。中南半岛。

锈毛青藤

1 2 3 4 5

珊瑚藤 *Antigonon leptopus*

【科属】蓼科 珊瑚藤属。【简介】多年生攀缘藤本。基部稍木质，由肥厚的块根发出。叶互生，卵形至长圆状卵形，先端渐尖，基部深心脏形。总状花序顶生或生于上部叶腋内，花多数，丛生，花被淡红色，有时白色。瘦果圆锥状。花期4—10月，果期10月—翌年2月。【产地】墨西哥。【其他观赏地点】奇花园。

蓝花藤 *Petrea volubilis*

【科属】马鞭草科 蓝花藤属。【常用别名】许愿藤。【简介】常绿蔓性灌木。叶对生，触之粗糙，椭圆状长圆形或卵状椭圆形，全缘或波状。总状花序顶生，下垂，花蓝紫色，花冠5深裂，早落，萼裂片狭长圆形，宿存。花期3—5月。【产地】古巴。

1，2. 珊瑚藤　3，4，5. 蓝花藤

1

2

3

4

棱茎马兜铃 *Aristolochia anguicida*

【科属】马兜铃科 马兜铃属。【简介】木质藤本，老茎具棱。叶卵形，基部心形，两面无毛。托叶大，耳状抱茎。花单生腋生；花冠筒黄绿色，有紫色格纹，基部膨大，中间收缩，向上逐渐扩展呈长喇叭形，顶端一侧延长成一尾状。蒴果宽倒卵形，6 棱，成熟时开裂。花期 11—12 月，果期翌年 5 月。【产地】中美洲、南美洲。

同属植物

苞叶马兜铃 *Aristolochia chlamydophylla*

【简介】草质藤本，茎细长，具纵槽纹。叶革质至纸质，卵形或卵状三角形，基部深心形。总状花序生于叶腋，有花 8 ~ 10 朵；苞片和小苞片卵形；花被管全长 1.5 ~ 2.5 cm，基部膨大呈球形，黄绿色，向上急剧收狭成一长管，管口扩大呈漏斗状，檐部一侧极短，另一侧延伸成舌片。花期 3—4 月。【产地】云南和广西。

1, 2. 棱茎马兜铃　3, 4. 苞叶马兜铃

烟斗马兜铃 *Aristolochia gibertii*

【简介】多年生常绿蔓性藤本。叶互生，纸质，卵状心形，先端钝圆。花单生于叶腋，花柄较长，花被管合生，膨大成球形，上唇较长，呈烟斗状。花瓣密布褐色条纹或斑块。蒴果。花期 5—12 月，果期 11 月—翌年 2 月。【产地】阿根廷、巴拉圭和巴西。【其他观赏地点】奇花园。

巨花马兜铃 *Aristolochia gigantea*

【简介】常绿木质藤本。老茎具纵向裂纹。叶片纸质，圆心形。花被管中部弯曲，基部膨大成囊状，喉部黄色，檐部异常扩大，展开长可达 50 cm。花暗红褐色，具深紫色网纹或色斑。花期 3—10 月。【产地】巴西。【其他观赏地点】奇花园。

1　　2

3　　4　　5

1, 2. 烟斗马兜铃　3, 4, 5. 巨花马兜铃

美丽马兜铃 *Aristolochia littoralis* (*Aristolochia elegans*)

【简介】多年生缠绕草质藤本。单叶互生，广心脏形，全缘，纸质。花单生于叶腋，花柄下垂，先端着一花，未开放前为一气囊状，花瓣满布深紫色斑点，喇叭口处有一半月形紫色斑块。蒴果长圆柱形。花期5—7月。【产地】南美洲热带地区。

麻雀花 *Aristolochia ringens*

【简介】多年生缠绕草质藤本。叶纸质，卵状心形，顶端钝尖或圆，基部心形。花单生于叶腋，具长柄，花下部膨大，上部收缩，檐2唇状，下唇较上唇长约1倍，花暗褐色，具灰白斑点。花期3—11月。【产地】南美洲。

耳叶马兜铃 *Aristolochia tagala*

【简介】多年生缠绕草质藤本。叶纸质，卵状心形或长圆状卵形，顶端短尖或短渐尖，基部深心形，边全缘。总状花序腋生，花被基部膨大呈球形，向上急剧收狭成一长管，管口呈漏斗状，暗紫色。蒴果。花期5—8月，果期10—12月。【产地】台湾、广东、广西、云南。东南亚地区。

1　　2

3　　4

1, 2. 美丽马兜铃　3. 麻雀花　4. 耳叶马兜铃

翅茎关木通 *Isotrema caulialatum* (*Aristolochia caulialata*)

【科属】马兜铃科 关木通属（马兜铃属）。【常用别名】翅茎马兜铃。【简介】常绿木质藤本。老茎具纵向裂纹。叶片纸质，长卵状披针形。花常生于老茎基部，花被管弯曲，具深紫红色条纹，冠檐3裂，呈三角形，喉部黄色，具深紫色斑点。蒴果长椭圆形，具5棱。花果期几乎全年。【产地】云南、福建。

同属植物

海南关木通 *Isotrema hainanense* (*Aristolochia hainanensis*)

【常用别名】海南马兜铃。【简介】常绿木质藤本。叶革质，卵圆形或长卵形，嫩叶两面均密被棕色长柔毛。总状花序常生于老茎上，有花3～6朵。花被管中部弯曲，浅黄色；檐部扩大呈喇叭状，边缘向外反卷，紫红色；喉部金黄色。蒴果长椭圆形。花期1—2月，果期6—7月。【产地】广西和海南。

1，2. 翅茎关木通　3，4. 海南关木通

1

2

3

4

5

南粤关木通 *Isotrema howii* (*Aristolochia howii*)

【常用别名】南粤马兜铃。【简介】常绿木质藤本，叶革质，叶形多样，常为长圆状倒披针形，叶边全缘或具有 1 ~ 3 个微波状圆裂齿。花单生或 2 朵聚生，花梗纤细，疏被长柔毛，花冠暗褐色，檐部扩展呈盘状，3 浅裂。花期 5—9 月，果期 10—12 月。【产地】海南。

三亚关木通 *Isotrema sanyaense*

【科属】马兜铃科 关木通属。【常用别名】三亚马兜铃。【简介】常绿木质缠绕藤本。叶片椭圆状披针形，花 1 ~ 5 朵簇生于叶腋或老茎上，花梗密被棕黄色长柔毛，花冠管中部极度弯曲，冠檐开展呈盘状，内面黄色，具有紫红色条纹和斑点。花期 10—12 月，果期 5—6 月。【产地】海南。

1, 2. 南粤关木通　3, 4, 5. 三亚关木通

铜壁关关木通 *Isotrema tongbiguanense* (*Aristolochia tongbiguanensis*)

【常用别名】铜壁关马兜铃。【简介】常绿木质藤本，叶片卵形至卵状长圆形，基部心形。花果期 9—11 月。花 2 ~ 3 朵簇生于老茎上。花冠管中部弯曲，檐部扩大成帽兜状，花冠外部乳白色且具有紫红色纵条纹，内面喉部具有紫红色纵条纹和少量斑点。花期 9—11 月。【产地】云南。缅甸。

铜壁关关木通

变色关木通 *Isotrema versicolor*（*Aristolochia versicolor*）

【常用别名】变色马兜铃。**【简介】**常绿木质藤本，花常单生于叶腋，花梗密被褐色长柔毛。花被管中部急剧弯曲，花冠有黄绿色或紫红色两种不同色型，边缘3浅裂；子房圆柱形，6棱，密被棕色长柔毛。蒴果椭圆状。花期2—3月，果期8—10月。**【产地】**云南、广西和广东。**【其他观赏点】**民族园。

卵叶蓬莱葛 *Gardneria ovata*

【科属】马钱科 蓬莱葛属。**【简介】**常绿木质藤本，叶对生，薄革质，卵形至椭圆形。聚伞花序腋生，花冠5裂，橙黄色，裂片肉质。浆果球形。花期3—5月，果期6—10月。**【产地】**广西、云南和西藏。印度、斯里兰卡、泰国、马来西亚和印度尼西亚等。

1

2 3

1. 变色关木通 2，3. 卵叶蓬莱葛

1

2

两广铁线莲 *Clematis chingii*

【科属】毛茛科 铁线莲属。【简介】常绿木质藤本。一回羽状复叶对生，有 5 枚小叶。圆锥状聚伞花序腋生，4 枚白色萼片呈花瓣状，雄蕊多数。瘦果。花期 7—9 月，果期 10—12 月。【产地】广东、广西、湖南、云南和贵州。

同属植物

细木通 *Clematis subumbellata*

【简介】常绿木质藤本。一至二回羽状复叶，有 5 ~ 21 枚小叶，小叶片卵形至披针形。圆锥状聚伞花序腋生或顶生；4 枚白色萼片呈花瓣状。瘦果。花期 11 月—翌年 1 月，果期 2—4 月。【产地】云南。老挝、缅甸、泰国、越南。

1. 两广铁线莲　2. 细木通

斑果藤 *Stixis suaveolens*

【科属】木樨草科　斑果藤属。【简介】常绿木质大藤本。叶革质，形状变异甚大，多为长圆形或长圆状披针形，顶端近圆形或骤然渐尖，基部急尖至近圆形。总状花序腋生，花淡黄色，芳香。核果椭圆形。花期 4—5 月，果期 8—10 月。【产地】广东、海南、云南。东南亚地区。【其他观赏地点】能源园、南药园。

斑果藤

1

2

3

白萼素馨 *Jasminum albicalyx*

【科属】木樨科　素馨属。【简介】常绿灌木。单叶对生，叶片纸质，卵形或长卵形。聚伞花序密集，顶生或腋生，有花 2 ~ 5 朵；花萼白色，萼裂片 5 ~ 8 枚，线形；花冠白色，裂片 5 ~ 6 枚。花期 10—11 月，果期 3—4 月。【产地】广西。

同属植物

长萼素馨 *Jasminum annamense* subsp. *glabrescens*

【简介】常绿攀缘藤本。单叶对生，薄革质，长卵形，具基生三出脉。圆锥状聚伞花序密生于枝顶，花萼稍长于花冠管，被白色柔毛。花白色，芳香，高脚碟状，裂片 6 枚。果成熟时黑色。花期 4—9 月。【产地】中南半岛。

红河素馨 *Jasminum honghoense*

【简介】常绿蔓性灌木。叶革质，卵圆形，单叶对生。花单生腋生或 1 ~ 3 朵顶生，花冠白色，裂片 5 ~ 6 枚。花期 3—10 月。【产地】云南元江。

1. 白萼素馨　2. 长萼素馨　3. 红河素馨

1　　2

3　　4

青藤仔 *Jasminum nervosum*

【简介】常绿攀缘藤本。单叶对生，叶片纸质，窄卵形或卵状披针形，具基生三出脉。聚伞花序顶生或腋生，有花 1 ~ 5 朵。花萼裂片 7 ~ 8 枚，线形。花冠裂片 8 ~ 10 枚。花期 3—7 月，果期 4—10 月。【产地】华南地区至西南地区。印度至中南半岛。

王素馨 *Jasminum nobile*

【常用别名】高贵素馨。【简介】常绿藤本。单叶对生，叶片纸质，卵圆形或椭圆形，具基生三出脉。聚伞花序有花 1 ~ 3 朵，常腋生。花萼裂片 5 枚，线形，短于花冠筒。花冠裂片 6 ~ 8 枚。花期 6—9 月。【产地】中南半岛。

厚叶素馨 *Jasminum pentaneurum*

【简介】常绿蔓性灌木。单叶对生，叶片薄革质，卵形，羽状脉。聚伞花序密集似头状，顶生或腋生，有花多朵；花萼裂片 6 ~ 7 枚，线形。花冠白色，花蕾期常淡粉色。花期 8 月—翌年 2 月，果期 2—5 月。【产地】广东、海南、广西。越南。

1. 青藤仔　2. 王素馨　3, 4. 厚叶素馨

云南素馨 *Jasminum rufohirtum*

【简介】常绿蔓性灌木。单叶对生，叶片纸质，叶片纸质，椭圆形或宽卵形。聚伞花序密集，顶生，有花多朵；花萼裂片 5 ~ 8 枚，线形，花冠白色。花期 4—5 月。【产地】云南。越南、老挝。

腺叶素馨 *Jasminum subglandulosum*

【常用别名】滇南素馨。【简介】常绿攀缘藤本。叶对生，单叶，叶片薄革质，倒卵形或椭圆形，上面光亮无毛，下面具红腺点，侧脉 6 ~ 9 对。聚伞花序疏花，有花 2 ~ 9 朵，花序梗和花梗均密被红腺点。花期 11 月，果期翌年 4 月。【产地】云南。印度、缅甸和泰国。

1

2　　3

1. 云南素馨　2, 3. 腺叶素馨

密花素馨 *Jasminum tonkinense*

【简介】常绿蔓性灌木。叶片纸质，卵形或椭圆形，侧脉 3 ~ 5 对。聚伞花序密集，着生于短侧枝枝顶，有花多朵。花芳香，花冠裂片 5 ~ 9 枚，窄披针形。花期 11 月—翌年 5 月，果期 4—6 月。【产地】广西、云南及贵州。越南。

元江素馨 *Jasminum yuanjiangense*

【简介】常绿蔓性灌木。叶薄革质，倒卵形，3 叶轮生。花单生或 2 ~ 3 朵排成聚伞花序，着生于小枝顶端；花冠白色，裂片 5 ~ 7 枚。花期 3—10 月。【产地】云南元江。

1

2

3

1. 密花素馨　2, 3. 元江素馨

1 2 3 4 5 6

五雄牛栓藤 *Connarus semidecandrus*

【科属】牛栓藤科 牛栓藤属。【简介】常绿攀缘灌木，奇数羽状复叶，小叶3～5枚。圆锥花序顶生及腋生，花瓣5枚，浅粉色至白色，雄蕊5枚。蓇果，种子黑色，基部具橙红色假种皮。花期4—5月，果期9—11月。【产地】中南半岛至西太平洋。【其他观赏地点】树木园。

同属植物

云南牛栓藤 *Connarus yunnanensis*

【简介】常绿攀缘灌木，奇数羽状复叶，小叶3～7枚。小叶硬纸质，狭长圆形或椭圆形。圆锥花序顶生，花瓣5枚，浅粉色至白色，雄蕊10枚。蓇果。花期3—4月，果期9—12月。【产地】广西和云南。缅甸。

1, 2, 3. 五雄牛栓藤　4, 5, 6. 云南牛栓藤

锦屏藤 *Cissus verticillata* (*Cissus sicyoides*)

【科属】葡萄科 白粉藤属。【简介】常绿木质藤本。枝条细，具卷须。叶互生，长心形，先端尖，基部心形，叶缘有锯齿，绿色。老株自茎节处生长红褐色细长气根。聚伞花序，与叶对生，淡绿白色。浆果球形。花期3—4月，果期7—8月。【产地】中美洲、南美洲。

鸡眼藤 *Morinda parvifolia*

【科属】茜草科 巴戟天属。【简介】常绿藤本。叶卵状倒披针形。小花3～9朵排列成聚伞花序生于枝顶。花冠白色，4～5裂。聚花核果近球形，熟时橙红色。花期4—6月，果期7—8月。【产地】华东、华南地区。菲律宾和越南。

1, 2, 3. 锦屏藤　4, 5. 鸡眼藤

红毛玉叶金花 *Mussaenda hossei*

【科属】茜草科 玉叶金花属。【简介】灌木或攀缘藤本，嫩枝密被红色短柔毛。聚伞花序顶生，萼裂片5枚，花瓣状萼片白色，花冠橙黄色。花期11月—翌年3月。【产地】云南南部。越南、老挝、缅甸和泰国。

绒毛鸡矢藤 *Paederia lanuginosa*

【科属】茜草科 鸡屎藤属。【简介】攀缘藤本，嫩枝密被绒毛。叶椭圆形至长圆状椭圆形。花序生于侧枝的顶部或腋生；花具梗，密集着生，形成头状，花冠白色或暗紫色。花期6—7月。【产地】云南。泰国、缅甸。【其他观赏地点】野菜园。

1, 2. 红毛玉叶金花 3, 4. 绒毛鸡矢藤

黔桂悬钩子 *Rubus feddei*

【科属】蔷薇科 悬钩子属。【简介】常绿攀缘灌木。单叶，卵形至长卵形，边缘波状浅裂。圆锥花序顶生，总花梗、花梗和花萼均密被带褐紫色长腺毛和长柔毛；花萼褐红色，萼片卵形，顶端尾状渐尖，全缘。花瓣狭小而不明显，白色，几退化。花期 7—8 月，果期 9—10 月。【产地】广西、贵州、云南。越南。

黔桂悬钩子

1 2 3 4

棱瓶花 *Juanulloa mexicana*

【科属】茄科 棱瓶花属。【简介】常绿灌木。单叶互生，常聚生于枝顶，椭圆形，全缘。花序短，下垂，花萼及花瓣橙黄色，蜡质，花冠5裂，花萼宿存可达数周。花期几乎全年。【产地】中美洲、南美洲。【其他观赏地点】奇花园。

南青杞 *Solanum seaforthianum*

【科属】茄科 茄属。【简介】常绿藤本。叶互生，卵形至长圆形，常羽状5～9裂。聚伞式圆锥花序，多花，花冠紫色。浆果红色，球形。花期几乎全年。【产地】南美洲。

1, 2. 棱瓶花 3, 4. 南青杞

柠檬清风藤 *Sabia limoniacea*

【科属】清风藤科 清风藤属。【简介】常绿攀缘木质藤本，叶革质，卵状椭圆形。聚伞花序有花 2 ~ 4 朵，再排成狭长的圆锥花序，花黄绿色。分果爿近圆形或肾形，红色。花期 8—11 月，果期翌年 1—5 月。【产地】云南西南部。印度北部、缅甸、泰国、马来西亚和印度尼西亚。

西南忍冬 *Lonicera bournei*

【科属】忍冬科 忍冬属。【简介】常绿藤本。叶薄革质，卵状椭圆形。花有香味，双花密集于小枝或侧生短枝顶成短总状花序。花冠白色，后变黄色。浆果熟时红色。花期 3—4 月，果期 4—5 月。【产地】广西、云南。缅甸和老挝。【其他观赏地点】野菜园。

1　　2　　3

4

1, 2, 3. 柠檬清风藤　4. 西南忍冬

1

2

同属植物

菰腺忍冬 *Lonicera hypoglauca*

【简介】落叶藤本。叶纸质，卵形至卵状矩圆形，有黄色至橘红色蘑菇形腺体。双花单生至多朵集生于侧生短枝上，或于小枝顶集合成总状。花冠白色，有时有淡红晕，后变黄色。浆果熟时黑色。花期4—5月，果期10—11月。【产地】中国长江以南大部分地区。日本。

野香橼花 *Capparis bodinieri*

【科属】山柑科 山柑属。【简介】常绿灌木或小乔木。叶革质，卵形或披针形。花2～7朵排成一列，腋生。花瓣4枚，白色，雄蕊多数。浆果黑色，球形。花期3—4月，果期8—10月。【产地】广西、贵州、四川和云南。印度、不丹至缅甸。

1. 菰腺忍冬　2. 野香橼花

同属植物

勐海山柑 *Capparis fohaiensis*

【简介】常绿木质藤本植物。叶椭圆形，厚革质，顶端圆形，有小凸尖头。花序短总状或伞房状，腋生在枝端再组成圆锥花序。花白色，具 4 枚花瓣，雄蕊多数。花期 6 月，果期 10—11 月。【产地】云南南部。【其他观赏地点】野菜园。

雷公橘 *Capparis membranifolia*

【简介】藤本或灌木，茎上多刺。叶长椭圆状披针形，侧脉 5 ～ 7 对，两面均凸出，网状脉明显；花 2 ～ 5 朵排成一短纵列，腋生；萼片内外均被短绒毛；花瓣白色，倒卵形。果球形，成熟时紫黑色。花期 1—4 月，果期 5—8 月。【产地】云南、广东、广西、海南、贵州、湖南等。印度至中南半岛。

元江山柑 *Capparis wui*

【简介】常绿灌木或攀缘藤本。新生小枝密被短柔毛。叶椭圆形或近长圆状椭圆形。花白色，芳香，单生叶腋或在花枝顶上 2 ～ 4 朵花集生成伞房状花序。花瓣 4 枚，白色，密被白色绒毛。果椭圆形，顶端有短喙，表面粗糙。花期 3 月，果期 8—9 月。【产地】云南元江。

1　　2

3

1, 2. 雷公橘　3. 元江山柑

使君子 *Combretum indicum* (*Quisqualis indica*)

【科属】使君子科 风车子属（使君子属）。**【简介】**攀缘藤本。叶对生，叶片膜质，卵形或椭圆形。顶生穗状花序，组成伞房花序式，花瓣5枚，初为白色，后转淡红色。果卵形，短尖，具5条明显的锐棱角。栽培的品种有‘重瓣’使君子。花期4—5月。**【产地】**四川、贵州至南岭以南地区。印度、缅甸至菲律宾。**【其他观赏地点】**百花园、南药园、奇花园。

1 2

1. 使君子 2. 重瓣使君子

萼翅藤 *Getonia floribunda*

【科属】使君子科 萼翅藤属。【简介】攀缘藤本。叶对生，叶片革质，卵形或椭圆形，背面密被鳞片及柔毛。总状花序，腋生和聚生于枝的顶端，形成大型聚伞花序。花萼杯状，5 裂，淡绿色，花瓣缺。果期萼片增大为翅状。花期 3—4 月，果期 5—6 月。【产地】云南。印度至中南半岛。

瓶兰花 *Diospyros armata*

【科属】柿科 柿属。【简介】半常绿或落叶乔木。叶薄革质或革质，椭圆形或倒卵形至长圆形，叶片有微小的透明斑点。花乳白色，花冠坛形，芳香。果近球形，黄色，宿存萼裂片 4 枚，裂片卵形。花期 4—5 月，果期 10—11 月。【产地】四川、湖北。

1，2. 萼翅藤　3，4. 瓶兰花

毛果翼核果 *Ventilago calyculata*

【科属】鼠李科　翼核果属。【简介】常绿木质藤本。叶革质，矩圆形或卵圆形，花多数，由聚伞花序组成顶生聚伞圆锥花伞，花序轴、花萼、花梗被黄褐色短柔毛。花两性，5 基数。核果黄绿色，被短细毛。花期 10—12 月，果期 12 月—翌年 4 月。【产地】广西、贵州、云南。印度、尼泊尔、不丹、越南、泰国。【其他观赏地点】南药园、沟谷林、绿石林。

风车果 *Arnicratea cambodiana* (*Pristimera cambodiana*)

【科属】卫矛科　风车果属（隐盘藤属）。【简介】常绿藤本。叶近革质，卵状长圆形或卵状披针形，顶端渐尖或钝尖，基部阔楔形，叶缘具不显著锯齿，侧脉 6 ~ 7 对。圆锥状聚伞花序生于枝顶，花绿色，萼片 5 片，雄蕊 3 枚。蒴果长圆形，扁平。花期 5—6 月，果期翌年 1—3 月。【产地】云南、广西。中南半岛。

灯油藤 *Celastrus paniculatus*

【科属】卫矛科　南蛇藤属。【常用别名】滇南蛇藤。【简介】常绿木质大藤本。叶椭圆形或倒卵形，边缘锯齿状，叶两面光滑。聚伞圆锥花序顶生，花淡绿色。蒴果球状。花期 4—6 月，果期 6—9 月。【产地】广东、广西、贵州、海南、云南。南亚、东南亚地区至大洋洲。【其他观赏地点】名人园、百果园。

1. 毛果翼核果　2, 3. 风车果　4, 5, 6. 灯油藤

1　　2

3

南川卫矛 *Euonymus bockii*

【科属】卫矛科　卫矛属。【简介】直立或蔓性灌木。叶薄革质，椭圆形或长方卵形。聚伞花序 1 ~ 2 次分枝，花黄绿色带红色，花瓣近圆形，花盘肥厚扁平。蒴果圆球状。花期 4—6 月，果期 8—12 月。【产地】云南、四川、重庆、贵州、广西。中南半岛。

翅子藤 *Loeseneriella merrilliana*

【科属】卫矛科　翅子藤属。【简介】木质藤本。叶薄革质，长椭圆形，边缘具不明显锯齿。聚伞花序腋生或生于小枝顶端，花绿色，花瓣 5 枚，雄蕊 3 枚，花盘肉质，杯状，基部呈不显著五角形。蒴果椭圆形，常 3 个聚生。花期 5—6 月，果期 7—9 月。【产地】广西、云南和海南。【其他观赏地点】绿石林。

1. 南川卫矛　2, 3. 翅子藤

1 2 3 4

斜翼 *Plagiopteron suaveolens* (*Plagiopteron chinense*)

【科属】卫矛科 斜翼属。**【常用别名】**华斜翼。**【简介】**常绿木质大藤本。叶膜质，卵形或卵状长圆形，全缘。圆锥花序生枝顶叶腋，通常比叶片为短。小苞片针形，萼片3片，披针形。花瓣3枚，长卵形，雄蕊白色，多数。蒴果顶端有3条翅。花期5—6月。**【产地】**广西、云南。缅甸和泰国。

勐腊五层龙 *Salacia menglaensis*

【科属】卫矛科 五层龙属。**【简介】**常绿木质藤本。叶薄革质，对生，披针形，全缘。聚伞花序簇生于叶腋，有总花梗。花瓣5枚，雄蕊3枚。浆果肉质，成熟时橙黄色，内有种子1～2粒。花期9—11月，果期翌年1—3月。**【产地】**云南南部。

1, 2. 斜翼　3, 4. 勐腊五层龙

斜翼
勐腊五层龙

南五味子 *Kadsura longipedunculata*

【科属】五味子科 冷饭藤属。【简介】常绿藤本。叶长圆状披针形。花单生于叶腋，雌雄花异株，花被片均为淡黄色，常单生于叶腋。雌花的雌蕊群球形，紫红色。聚合果球形，小浆果倒卵圆形。花期6—9月，果期9—12月。【产地】中国大部分地区。

同属植物

瘤茎南五味子 *Kadsura verrucosa*

【简介】大型木质藤本。茎木质，密布棕褐色瘤状凸起。叶革质，全缘，阔卵圆形。雌雄花同株，花被片均为淡黄色，常1～3朵生于叶腋。花期2—3月。【产地】东南亚地区。

1, 2, 3. 南五味子 4, 5. 瘤茎南五味子

大果五味子 *Schisandra macrocarpa*

【科属】五味子科 五味子属。【简介】大型木质藤本。叶革质，全缘，阔卵圆形。雌雄花同株，花被片黄色。聚合果长穗状，小浆果大，球形，成熟时红色，顶部具喙。花期6—7月，果期8—11月。【产地】云南东南部。

同属植物

重瓣五味子 *Schisandra plena*

【简介】常绿木质藤本。叶坚纸质，干时榄绿色，卵形，卵状长圆形或椭圆形，先端渐尖或短急尖，基部钝或宽圆形。花腋生，单生，或有时 2 ~ 8 朵聚生于短枝上成总状花序状。花被片淡黄色，内面的基部稍淡红色。成熟小浆果红色。花期4—5月，果期8—9月。【产地】云南。印度东北部。

1, 2, 3. 大果五味子 4, 5. 重瓣五味子

大果西番莲 *Passiflora quadrangularis*

【科属】西番莲科 西番莲属。【简介】常绿藤本。幼茎四菱形，常具窄翅。叶膜质，宽卵形至近圆形，先端急尖，基部圆形，全缘。花单生于叶腋，下垂，花萼与花瓣同形，红色。副花冠5轮，丝状，外2轮较长，皱缩。浆果长椭球形，长20 ~ 25 cm。花期几乎全年，果期8—12月。【产地】南美洲热带地区。

大果西番莲

1 2

3 4

同属植物

玛格丽特西番莲 *Passiflora* 'Lady Margaret'

【简介】多年生常绿藤本。叶互生，不裂或掌状3深裂。花单生于叶腋，花萼与花瓣同形，深红色，副花冠丝状，红色，具白色斑纹。花期几乎全年。

桑叶西番莲 *Passiflora morifolia*

【简介】草质藤本。叶纸质，掌状3裂，裂片三角形，叶基深心形。花单生叶腋，花萼和花瓣均为白色，副花冠丝状，伸直，外轮副花冠基部深紫色。浆果成熟时蓝紫色，具白粉。花期5—8月。【产地】中美洲、南美洲。

1, 2. 玛格丽特西番莲　3, 4. 桑叶西番莲

1　　2

细柱西番莲 *Passiflora suberosa*

【常用别名】三角叶西番莲。【简介】草质藤本。叶基部心形，3 深裂，裂片卵形，先端锐尖或短尖。花腋生，单生或对生，花小，淡绿色或白色。浆果，熟时黑色。花果期几乎全年。【产地】西印度群岛及美国。

版纳西番莲 *Passiflora xishuangbannaensis*

【简介】草质藤本。叶纸质，常中部 2 裂，叶正面沿 3 条主脉常有银白色条纹。花常 1 ~ 2 朵生于叶腋，花萼和花瓣均为白色，副花冠丝状，伸直，外轮副花冠基部深紫色。浆果成熟时蓝紫色。花期 5—11 月。【产地】云南南部。

尤卡坦西番莲 *Passiflora yucatanensis*

【简介】多年生草质藤本。叶三角形，先端平截或微凹，基部圆形，绿色。花单生叶腋，花瓣及萼片近相似，白色带有淡绿色。副花冠先端黄色，下面紫红色。花期 8—10 月。【产地】墨西哥。

3　　4　　5

1，2. 细柱西番莲　3，4. 版纳西番莲　5. 尤卡坦西番莲

叶苞银背藤 *Argyreia mastersii*

【科属】旋花科 银背藤属。【简介】攀缘藤本，茎圆柱形，被长柔毛。叶大，卵状心形，长 7 ~ 12 cm，先端锐尖，基部心形。聚伞花序外侧具多枚叶状苞片；外萼片长圆状披针形，外面被开展长柔毛，内萼片较小；花冠管状漏斗形，深红色至紫红色，外面被白色长柔毛，冠檐浅裂。花期 9—11 月，果期 11 月—翌年 3 月。【产地】云南。印度和缅甸北部。

叶苞银背藤

同属植物

勐腊银背藤 *Argyreia monglaensis*

【简介】常绿藤本。叶狭长圆形。聚伞花序近头状，有花 7 ~ 9 朵，总花梗短，密被棕黄色毡状柔毛。花冠管状漏斗形，紫色，冠檐浅裂。雄蕊和花柱内藏。花期 11—12 月，果期 12 月—翌年 3 月。【产地】云南南部。

大叶银背藤 *Argyreia wallichii*

【简介】攀缘藤本，幼枝密被绒毛，老枝被短绒毛。叶大，多为宽心形，长 10 ~ 25 cm，先端锐尖，基部心形。花序腋生，多花密集成头状，直径达 2.5 ~ 7 cm；苞片大，外面的长达 2.5 cm 以上，卵状长圆形，宿存，外面被淡黄褐色至灰白色绒毛；花冠管状漏斗形，长 4 ~ 5 cm，粉红色。花期 8—11 月，果期 11 月—翌年 3 月。【产地】云南、四川、贵州。印度、不丹、缅甸、泰国。

1

2 3 4

1. 勐腊银背藤　2，3，4. 大叶银背藤

1

2

3

七爪龙 *Ipomoea mauritiana*

【科属】旋花科 虎掌藤属（牵牛属）。【简介】多年生草质缠绕藤本，叶掌状 5 ~ 7 裂，裂至中部以下但未达基部。聚伞花序腋生，花冠淡红色或紫红色，漏斗状，长 5 ~ 6 cm。蒴果卵球形。花期 8—10 月，果期 9—11 月。【产地】南美洲。

同属植物

厚藤 *Ipomoea pes-caprae*

【常用别名】马鞍藤。【简介】多年生草本，茎平卧。叶厚纸质，近圆形，顶端微缺或 2 裂。多歧聚伞花序，腋生，花冠紫色或深红色，漏斗状。蒴果球形。花期 5—6 月。【产地】浙江、福建、台湾、广东、广西。热带沿海地区。

1, 2. 七爪龙 3. 厚藤

1 2

3

金钟藤 *Merremia boisiana*

【科属】旋花科 鱼黄草属。【简介】大型常绿木质藤本。叶圆心形。花序腋生，为多花的伞房状聚伞花序，有时为复伞房状聚伞花序。花冠黄色，宽漏斗状或钟状，冠檐浅圆裂。蒴果圆锥状球形。花期 4—6 月。【产地】广东、海南、广西、云南。越南、老挝及印度尼西亚。

红腺叶藤 *Stictocardia beraviensis*

【科属】旋花科 腺叶藤属。【简介】木质缠绕藤本，幼茎密被短柔毛。叶片卵状心形，花多朵簇生于叶腋，花冠绯红色，基部橙黄色。蒴果，近球形。花期 10—11 月，果期 12 月—翌年 3 月。【产地】非洲。

1, 2. 金钟藤 3. 红腺叶藤

大花三翅藤 *Tridynamia megalantha*

【科属】旋花科 三翅藤属。【常用别名】大花飞蛾藤。【简介】大型缠绕藤本。叶卵状长圆形。总状花序稀疏，由 3 花沿花序梗间断簇生组成。萼片线状长圆形，不等长。果期时 3 个外萼片增大成翅状。花冠宽漏斗状，白色，直径约 5 cm。蒴果近球形。花期 5—10 月。【产地】广东、广西、海南、云南。印度东北部至中南半岛。

毛叶锥头麻 *Poikilospermum lanceolatum*

【科属】荨麻科 锥头麻属。【简介】常绿攀缘灌木；叶薄革质，披针形或椭圆形，上面无毛，下面密被短柔毛。雌雄花序均由多回二歧状分枝构成球形的团伞花序，生于叶腋，花紫色；瘦果长圆状椭圆形。花期 3—4 月，果期 5—7 月。【产地】云南和西藏。缅甸、印度东北部。

1 2 3

4

1, 2. 大花三翅藤 3, 4. 毛叶锥头麻

蔓茎四瓣果 *Heterocentron elegans*

【科属】野牡丹科 四瓣果属。【简介】多年生常绿草本。茎枝常匍匐状蔓延。叶片卵圆形，常暗红色。花常数朵组成生于枝顶叶腋，组成圆锥状聚伞花序。花紫红色，花瓣4枚。花期2—3月。【产地】墨西哥至中美洲。

蔓性野牡丹 *Heterotis rotundifolia*

【科属】野牡丹科 湿地棯属。【简介】多年生常绿草本。茎枝匍匐状铺地，密被绒毛，节上生根。单叶对生，卵状心形，有3出脉。花常单生于小枝顶端，萼筒及萼片上有腺毛。花冠紫红色，花瓣5枚，雄蕊10枚，5枚长5枚短。蒴果球形，熟时紫黑色。花果期几乎全年。【产地】非洲热带地区。【其他观赏地点】名人园。

美丽吊灯花 *Medinilla speciosa*

【科属】野牡丹科 美丁花属。【常用别名】美丽酸脚杆。【简介】常绿灌木。叶革质，椭圆形，全缘，具5～7条主脉。圆锥花序生于枝顶，常下垂。花粉红色，花瓣4枚。浆果球形，成熟时紫红色。花果期几乎全年。【产地】菲律宾。【其他观赏地点】奇花园。

1. 蔓茎四瓣果 2. 蔓性野牡丹 3，4. 美丽吊灯花

1, 2. 蝉翼藤
3. 紫光藤
4. 连理藤

1　2

3

4

蝉翼藤 *Securidaca inappendiculata*

【科属】远志科　蝉翼藤属。【简介】常绿攀缘灌木，单叶互生，叶片近革质，椭圆形或倒卵状长圆形，全缘。圆锥花序顶生或腋生，花小，花瓣3枚，龙骨瓣盔形，具鸡冠状附属物。核果球形，顶端具革质翅。花期5—8月，果期10—12月。【产地】广东、海南、广西和云南。东南亚地区。

紫光藤 *Bignonia magnifica*

【科属】紫葳科　号角藤属。【常用别名】美丽二叶藤。【简介】常绿攀缘藤本。叶有小叶2枚，其最顶1枚常变态为不分枝的卷须。花常数朵构成聚伞花序生于枝顶叶腋，花冠漏斗状钟形，裂片圆形，紫红色，喉部白色或淡黄色。花期9—12月。【产地】南美洲热带地区。【其他观赏地点】奇花园。

同属植物

连理藤 *Bignonia callistegioides*

【简介】常绿攀缘藤本。叶具2枚小叶，其最顶1枚常变态为不分枝的卷须。花排成顶生或腋生的圆锥花序，萼钟状，花冠漏斗状钟形，裂片圆形，芽时覆瓦状排列。蒴果。花期3—5月。【产地】巴西、阿根廷。

1　　2

3

猫爪藤 *Dolichandra unguis-cati*

【科属】紫葳科　鹰爪藤属。【简介】常绿攀缘藤本。卷须与叶对生，顶端分裂成 3 枚钩状卷须。叶对生，小叶 2 枚，卵圆形。花单生或组成圆锥花序，花冠钟状至漏斗状，黄色，檐部裂片 5 枚。蒴果长线形。花期 4 月，果期 6—8 月。【产地】西印度群岛及墨西哥、巴西、阿根廷。

蒜香藤 *Mansoa alliacea*

【科属】紫葳科　蒜香藤属。【简介】常绿藤本。叶对生，揉搓有蒜香味，具 2 枚小叶，顶生小叶变成卷须。聚伞花序腋生和顶生，花密集，花冠漏斗状，鲜紫色或带紫红。花期 6—10 月。【产地】南美洲热带地区。【其他观赏地点】民族园。

1, 2. 猫爪藤　3. 蒜香藤

羽叶照夜白 *Nyctocalos pinnatum*

【科属】紫葳科 照夜白属。【简介】常绿木质藤本。一回羽状复叶对生，有小叶 5 ~ 7 枚，椭圆形。总状花序有花 2 ~ 10 朵，花冠漏斗状，基部有长管，于夜间开放。蒴果长椭圆形，扁平。花期 6—8 月，果期 10—11 月。【产地】云南南部。【其他观赏地点】沟谷林。

粉花凌霄 *Pandorea jasminoides*

【科属】紫葳科 粉花凌霄属。【常用别名】肖粉凌霄。【简介】常绿半蔓性灌木，无卷须。奇数羽状复叶对生，小叶 5 ~ 9 枚。顶生圆锥花序，花冠漏斗状，白色或带紫色，喉部红色。蒴果长椭圆形，木质。花期春至秋。花期 3—8 月，果期 10—11 月。【产地】澳大利亚。

同属植物

非洲凌霄 *Podranea ricasoliana*

【常用别名】紫芸藤。【简介】常绿攀缘木质藤本。羽状复叶对生，小叶 7 ~ 11 枚。花冠筒状，粉红至淡紫色，具紫红色纵条纹。蒴果线形，种子扁平。花期几乎全年。【产地】非洲南部。【其他观赏地点】奇花园。

1, 2. 羽叶照夜白　3. 粉花凌霄　4, 5. 非洲凌霄

粉花凌霄

1 2

3 4 5

炮仗花 *Pyrostegia venusta*

【科属】紫葳科 炮仗藤属。【简介】藤本，具有 3 叉丝状卷须。叶对生，小叶 2 ~ 3 枚，卵形，顶端渐尖，基部近圆形，全缘。圆锥花序，花萼钟状，花冠筒状，橙红色，裂片 5 枚，长椭圆形。果瓣革质，舟状。花期 12 月—翌年 3 月。【产地】南美洲。【其他观赏地点】百花园、奇花园。

硬骨凌霄 *Tecomaria capensis* (*Tecoma capensis*)

【科属】紫葳科 硬骨凌霄属（黄钟花属）。【简介】常绿灌木。叶对生，奇数羽状复叶，小叶 7 ~ 9 枚，小叶片卵形至宽椭圆形，叶缘有粗锯齿。花组成顶生、具总花梗的总状花序，花冠橙红色至鲜红色，冠檐部 5 裂，呈两侧对称。蒴果长条形。花期几乎全年。【产地】坦桑尼亚至南非。

1，2. 炮仗花 3，4，5. 硬骨凌霄

罗梭江
Luosuo River

科研中心
Research Center

热带雨林
Tropical Rain Forest

罗梭江
Luosuo River

野生蔬菜园
Wild Edible Plants Collection

东游览区

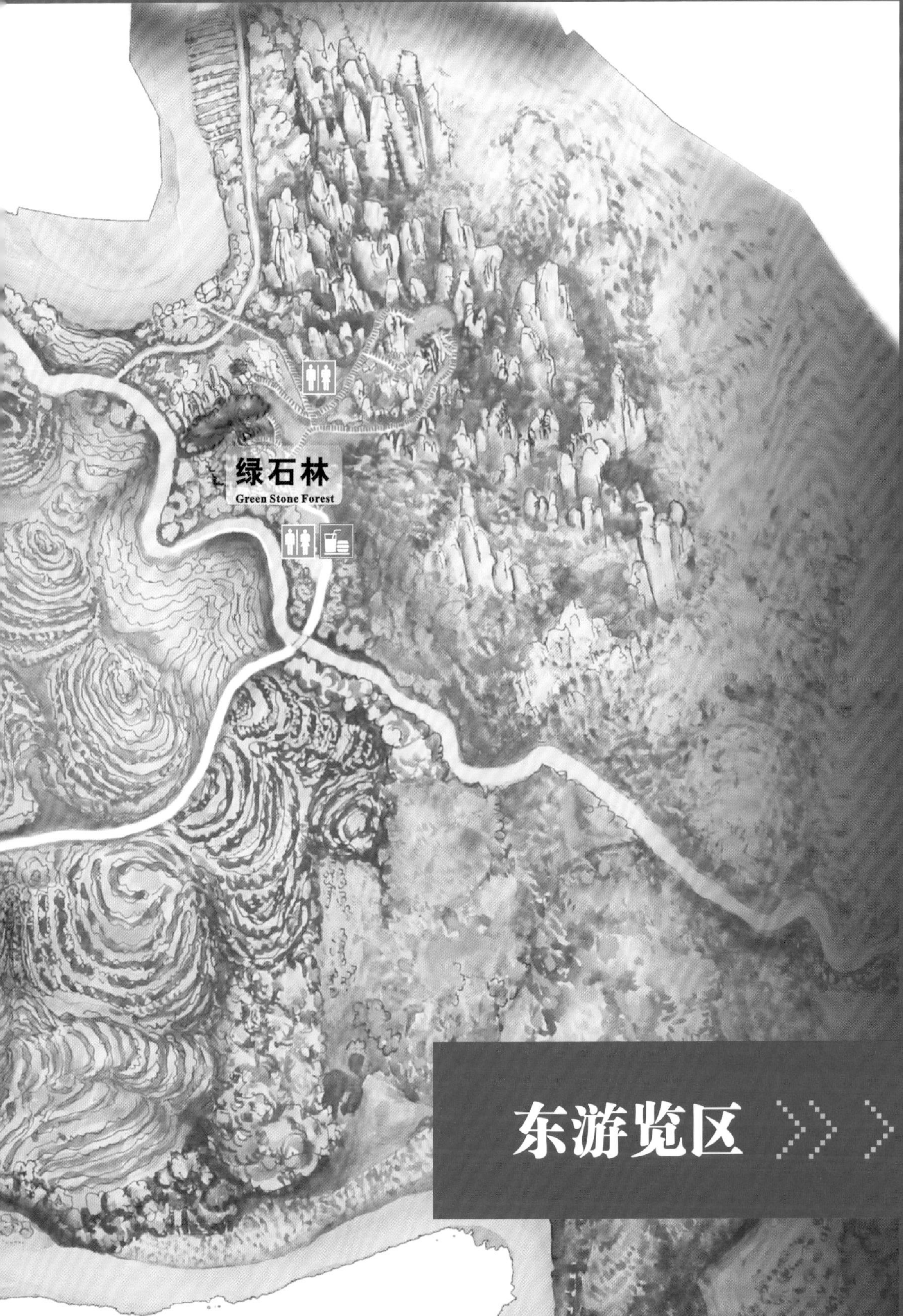

热带混农林模式展示区

热带复合农林模式是根据热带雨林多物种共存的原理，通过人工搭配种植多层多种植物，综合运用农业及林业技术，建立起的物种多样性丰富、生产力高、综合效益明显、可持续发展的土地利用模式。

热带混农林模式展示区（简称“混农林区”）位于东区热带雨林入口，在1960年建立的人工群落试验地基础上扩建而来，目前展示区占地面积约143亩，区内主要以橡胶林为林冠层，混合种植茶叶、咖啡、可可等多种经济植物，建有“橡胶—普洱茶”“橡胶—咖啡”“橡胶—益智”“橡胶—大叶千斤拔”等19个混农林模式。实践证明，通过在橡胶林下混合种植多种耐阴的经济作物，不仅可以提高土地利用率，增加当地居民经济收入，而且可以对地表土壤起到固定作用，防止雨水冲刷造成水土流失，并且还能显著提高人工橡胶林中的生物多样性。该区推广示范的人工胶茶群落模式最为著名，已经在海南、云南等橡胶种植地区广泛推广，并获得1986年中国科学院科技进步奖一等奖。

橡胶树 *Hevea brasiliensis*

【科属】大戟科 橡胶树属。【简介】大乔木，高可达 30 m，有丰富乳汁。掌状复叶具小叶 3 枚；叶柄长达 15 cm，小叶椭圆形，顶端短尖至渐尖，基部楔形，全缘，两面无毛。花序腋生，圆锥状。蒴果椭圆状，有 3 纵沟；种子椭圆状，淡灰褐色，有斑纹。花期 5—6 月，果期 9—12 月。【产地】巴西。现广泛栽培于亚洲热带地区。

1, 2. 金鸡纳　3, 4. 小粒咖啡　5. 中粒咖啡

金鸡纳 *Cinchona calisaya*

【科属】茜草科 金鸡纳属。【简介】常绿小乔木，通常高 3 ~ 6 m。叶纸质或薄革质，椭圆状长圆形或披针形。聚伞花序，花冠白色，内面边缘有长柔毛。花期 6—10 月。【产地】玻利维亚、秘鲁等。

小粒咖啡 *Coffea arabica*

【科属】茜草科 咖啡属。【常用别名】小果咖啡。【简介】常绿灌木。叶薄革质，卵状披针形或披针形。聚伞花序数个簇生于叶腋内，花芳香，花冠白色。浆果红色。花期 3—4 月，果期 10 月—翌年 1 月。【产地】东非。【其他观赏地点】国花园、综合区、名人园。

同属植物

中粒咖啡 *Coffea canephora*

【简介】常绿灌木或小乔木，高 4 ~ 8 m；叶厚纸质，椭圆形，全缘或呈浅波形。聚伞花序 1 ~ 3 个簇生于叶腋内，每个聚伞花序有花 3 ~ 6 朵；花冠白色，顶部 5 ~ 7 裂，花药伸出花冠管外；花柱突出，柱头 2 裂。浆果近球形。花期 4—6 月。【产地】非洲热带地区。

中粒咖啡

大粒咖啡 *Coffea canephora*

【简介】常绿小乔木或大灌木，叶薄革质，椭圆形。聚伞花序数个簇生于叶腋，花白色。浆果红色。花期 1—5 月，果期 6—12 月。【产地】利比里亚。【其他观赏地点】名人园。

普洱茶 *Camellia sinensis* var. *assamica*

【科属】山茶科 山茶属。【常用别名】苦茶、大叶茶。【简介】常绿小乔木，叶薄革质，椭圆形，长 8 ~ 14 cm，侧脉 8 ~ 9 对，具细齿。花白色，腋生，萼片 5 枚，近圆形。蒴果扁三角状球形。花期 12 月—翌年 2 月，果期 8—10 月。【产地】云南、广西、广东、海南。中南半岛。

1

2

3

4

1，2. 大粒咖啡　3，4. 普洱茶

热带雨林区（沟谷雨林）

热带雨林是地球上生物多样性最丰富的森林生态系统，它的林冠非常密集，阳光从树冠经各层树叶的遮挡，只有5%左右能到达地面。由于热带雨林地区高温高湿，阴生植物的种类十分丰富，许多喜阴耐阴的植物特别愿意在这里安家落户，繁衍生息。它们有的在树干、树枝、树丫甚至叶面上生存，形成空中花园，有的在地面上生长，构成了热带雨林一幅独特的景观。

版纳植物园热带雨林区占地面积约1 200亩，用作西双版纳及周边地区植物的迁地和保护地，包括野生姜园、野生天南星园、野生兰园、蕨类植物区、野生花卉园等7个热带植物专类园区，保存有种子植物2000余种，其中珍稀濒危植物100余种。核心区的原始热带雨林，集中展示了热带雨林的典型特征；大板根、绞杀现象、老茎生花、空中花园和高悬于空中的大型木质藤本等，还可见到反映该地区地质历史变迁的山红树、露兜树。该区是一个集物种收集保存、科学研究及环境教育于一体的综合平台。

1　2　3　4　5

羽萼木 *Colebrookea oppositifolia*

【科属】唇形科 羽萼木属。【简介】直立灌木，高 1 ~ 3 m，多分枝。圆锥花序着生于枝顶，由多个短穗状的分枝组成，通常长 10 ~ 15 cm，密被绒毛或绵状绒毛。花细小，白色，长约 2 mm。萼筒钟形，萼齿 5 个相等，长锥形，羽毛状，果时花萼延长。花期 1—3 月，果期 3—4 月。【产地】云南南部。印度、尼泊尔、缅甸、泰国。

小果野蕉 *Musa acuminata*

【科属】芭蕉科 芭蕉属。【简介】多年生草本，假茎高约 5 m。叶片长圆形，基部耳形，不对称，叶面、叶柄均被蜡粉。雄花合生花被片先端 3 裂，离生花被片长不及合生花被片之半。果序长约 1 m，被白色刚毛。浆果圆柱形，内弯，绿色或黄绿色，被白色刚毛，具 5 棱角。本种是目前世界上栽培香蕉的亲本种之一。【产地】云南和广西。南亚和东南亚地区。【其他观赏地点】百果园。

同属植物

阿宽蕉 *Musa itinerans*

【简介】多年生草本，假茎散生，高 5 ~ 7 m。叶背无白粉。浆果筒状卵形，绿色，柄细长，长达 3 cm，被白色绒毛，果内有多数种子。花期几乎全年。【产地】云南。印度、缅甸北部、泰国。【其他观赏地点】百果园。

1，2. 羽萼木　3. 小果野蕉　4，5. 阿宽蕉

含羞云实 *Hultholia mimosoides* (*Caesalpinia mimosoides*)

【科属】豆科 含羞云实属（云实属）。**【简介】**大型木质藤本，小枝密被锈色腺毛和倒钩刺。大型二回羽状复叶，羽片对生。总状花序顶生，花朵排列疏松，花鲜黄色，花瓣近圆形，雄蕊10枚，下部密被绵毛。荚果倒卵形，呈镰刀状弯曲，表面有刚毛。花期11—12月，果期翌年2—3月。**【产地】**云南南部。南亚至东南亚地区。

含羞云实

思茅白崖豆 *Imbralyx leptobotrya*（*Millettia leptobotrya*）

【科属】豆科 白崖豆属（崖豆藤属）。【常用别名】窄序崖豆藤、思茅崖豆。【简介】乔木，高 18 ~ 25 m。羽状复叶，小叶 3 ~ 4 对，纸质，长圆状披针形，先端尾尖，基部截形或钝，侧脉近叶缘弧曲。总状圆锥花序腋生，花冠白色，各瓣近等长。荚果线状长圆形。花期 3—4 月，果期 6—10 月。【产地】云南。老挝、越南。

红河崖豆 *Millettia cubittii*

【科属】豆科 崖豆藤属。【简介】乔木，高约 8 m。羽状复叶，小叶 6 ~ 8 对，长圆状披针形，先端渐尖，基部圆钝，两侧不等大。总状圆锥花序集生枝梢叶腋，花 2 ~ 4 朵簇生，花冠紫红色。荚果线形，扁平，密被褐色绒毛。花期 4—6 月，果期 6—10 月。【产地】云南。缅甸北部。【其他观赏地点】棕榈园。

1　2

3

1, 2. 思茅白崖豆　3. 红河崖豆

1　2

3

4

美脉杜英 *Elaeocarpus varunua*

【科属】杜英科 杜英属。【常用别名】滇印杜英。【简介】乔木，高 30 m。叶薄，椭圆形，先端急短，基部圆形。总状花序生于当年枝的叶腋内，花瓣 5 枚，上半部撕裂。核果椭圆形，果皮薄，内果皮坚骨质，有背腹缝线各 3 条。花期 3—4 月，果期 8—9 月。【产地】广东、广西及云南。中南半岛、喜马拉雅东麓及马来西亚。【其他观赏地点】能源园、南药园。

大花哥纳香 *Goniothalamus calvicarpus*

【科属】番荔枝科 哥纳香属。【简介】乔木，高达 8 m。叶纸质，长圆形，顶端钝或短渐尖，基部圆形或宽楔形。花单朵生老枝或叶腋，外轮花瓣长圆状披针形，绿色。果卵圆状，聚生。花期 5—9 月，果期 9—11 月。【产地】云南。印度、泰国、缅甸。

1，2. 美脉杜英　3，4. 大花哥纳香

同属植物

景洪哥纳香 *Goniothalamus cheliensis*

【**简介**】小乔木，高约 5 m；枝条被灰黑色硬毛。叶纸质，大形，倒披针形，长 56 ~ 76 cm，顶端具尾尖，基部楔形。花生老茎上，绿色，被毛，萼片大，花瓣状。果长圆状椭圆形，长 6 ~ 9 cm，直径 1.5 ~ 2 cm，两端尖，被锈色硬毛。花期 5—6 月，果期 9 月。【**产地**】云南南部。缅甸。【**其他观赏地点**】野花园、综合区。

血果藤 *Haematocarpus validus*

【科属】防已科 血果藤属。【简介】木质藤本，长 10 m 以上。叶革质，卵形，先端渐尖，基部圆形或微心形，具 5 条基出脉。总状花序长 10 ～ 20 cm，雌雄异株，花黄绿色。果实卵球形，成熟时红色。花期 4 月，果期 7 月。【产地】云南。东南亚地区。【其他观赏地点】藤本园。

醉魂藤 *Heterostemma alatum*

【科属】夹竹桃科（萝藦科） 醉魂藤属。【简介】纤细攀缘木质藤本，长达 4 m，茎有纵纹及 2 列柔毛。叶纸质，宽卵形或长卵圆形，顶端渐尖，基部圆形或阔楔形，基出脉 3 ～ 5 条。伞形状聚伞花序腋生，花冠黄色，具紫色斑纹。蓇葖果双生，线状披针形。花期 4—9 月，果期 6 月—翌年 2 月。【产地】四川、贵州、云南、广西和广东等。印度、尼泊尔。

1, 2, 3. 血果藤 4, 5. 醉魂藤

鱼子兰 *Chloranthus erectus*

【科属】金粟兰科 金粟兰属。【简介】半灌木，高达 2 m。叶对生，坚纸质，宽椭圆形至长倒卵形，顶端渐窄成长尖，基部楔形，边缘具腺头锯齿。穗状花序顶生，两歧或总状分枝，复排列成圆锥花序式，花小，白色。果球形，成熟时白色。花期 4—6 月，果期 7—9 月。【产地】云南、贵州、四川、广西。马来西亚、印度尼西亚、菲律宾、印度。【其他观赏地点】树木园。

破布叶 *Microcos paniculata*

【科属】锦葵科（椴树科）破布叶属。【常用别名】布渣叶。【简介】灌木或小乔木，高 3 ~ 12 m。叶薄革质，卵状长圆形，先端渐尖，基部圆形，三出脉的两侧脉从基部发出。顶生圆锥花序，花黄色，雄蕊多数。核果近球形或倒卵形。花期 5—6 月，果期 8—10 月。【产地】广东、广西、海南、云南。亚洲热带地区。

野靛棵 *Justicia polybotrya*

【科属】爵床科 爵床属。【简介】多年生草本，直立，高达 2 m。叶卵形至矩圆状披针形，膜质，顶端渐尖，基部急尖，向下变狭。穗状花序顶生，细长，花小，黄绿色，具紫红色斑点。蒴果倒披针形。花期 1—3 月，果期 2—4 月。【产地】云南。越南。

1. 鱼子兰 2, 3. 破布叶 4, 5. 野靛棵

1

2　　3

多花山壳骨 *Pseuderanthemum polyanthum*

【科属】爵床科 山壳骨属。【简介】多年生草本，高约 40 cm。叶对生，宽卵形，矩圆形，顶端急尖，基部楔形，下沿，叶片光滑。花序穗状由小聚伞花序组成，花冠蓝紫色或粉紫色，冠檐二唇形，下唇 3 裂。花期 3—5 月。【产地】广西和云南。印度、马来西亚、缅甸、泰国、越南。【其他观赏地点】树木园。

印度锥 *Castanopsis indica*

【科属】壳斗科 锥属。【简介】乔木，高 8 ~ 25 m。叶厚纸质，卵状椭圆形，顶部短尖或渐尖，基部阔楔形或近于圆，叶缘有锯齿状锐齿。雄花序多为圆锥花序，花黄色。果序长 10 ~ 27 cm，壳斗密集，密被长刺，每壳斗有 1 枚坚果。花期 3—5 月，果期 9—11 月。【产地】广东、广西、海南、台湾等。亚洲热带地区。

1. 多花山壳骨　2，3. 印度锥

1, 2, 3. 线柱苣苔　4, 5. 管花兰

线柱苣苔 *Rhynchotechum ellipticum*

【科属】苦苣苔科 线柱苣苔属。【常用别名】椭圆线柱苣苔。【简介】小灌木，茎高约 1 m。叶对生，椭圆形或长椭圆形，顶端急尖或短渐尖，基部宽楔形，边缘有小牙齿，两面初密被绢状柔毛。聚伞花序 2 个或较多簇生叶腋，花小，白色，二唇形。花期 5—6 月。【产地】福建、广东、广西、贵州、海南、四川、西藏、云南。亚洲热带地区。

管花兰 *Corymborkis veratrifolia*

【科属】兰科 管花兰属。【简介】地生兰。直立草本，高 1 ~ 1.5 m。叶片狭椭圆形，先端长渐尖，基部收狭成短柄并延伸为抱茎的鞘。腋生圆锥花序，具 2 ~ 6 个分枝及 10 ~ 30 朵或更多的花，花白色，由于花被片不展开而多少呈筒状，芳香。花期 6—7 月。【产地】云南、广西、台湾。亚洲和大洋洲热带地区。【其他观赏地点】野生兰园。

钳唇兰 *Erythrodes blumei*

【科属】兰科 钳唇兰属。【简介】地生兰。高 18 ~ 60 cm。叶片卵形、椭圆形或卵状披针形，具 3 条明显的主脉。总状花序顶生，具多数密生的花，子房圆柱形，扭转，被短柔毛，花较小，红褐色或褐绿色，唇瓣基部具距，前部 3 裂，中裂反折。花期 4—5 月。【产地】广东、广西、台湾和云南。

烟色足宝兰 *Salacistis fumata* (*Goodyera fumata*)

【科属】兰科 足宝兰属（斑叶兰属）。【常用别名】烟色斑叶兰。【简介】地生兰。高可达 90 cm。叶片椭圆状披针形，有时两侧不等，向先端渐狭，叶柄基部扩大成抱茎的鞘。总状花序疏生 40 余朵花，子房圆柱形，被短柔毛，花中黄色，芳香，张开，花被片反卷。花期 3—4 月。【产地】海南、台湾和云南。亚洲热带地区。

鹧鸪花 *Heynea trijuga*

【科属】楝科 鹧鸪花属。【常用别名】老虎楝。【简介】常绿乔木，奇数羽状复叶互生，有小叶 3 ~ 4 对，小叶对生，披针形或卵状长椭圆形。圆锥花序略短于叶，腋生，由多个聚伞花序组成；花小，花瓣 5，白色或淡黄色；蒴果椭圆形，种子 1 粒，具假种皮。花期 4—6 月，果期 11—12 月。【产地】广东、广西、贵州、海南和云南。印度、中南半岛和印度尼西亚。【其他观赏地点】树木园。

1, 2. 钳唇兰　3, 4. 烟色足宝兰　5, 6, 7. 鹧鸪花

网藤蕨 *Lomagramma matthewii*

【科属】鳞毛蕨科 网藤蕨属。【简介】常绿多年生草本，茎攀缘，长达 3 m 或更长。一回羽状复叶，侧生羽片 20 ~ 32 对，羽片披针形，叶脉在羽轴与叶缘之间联结成形状不规则的网眼。孢子囊群满布于能育羽片下面。花期。【产地】广东、福建、海南和云南。

买麻藤 *Gnetum montanum*

【科属】买麻藤科 买麻藤属。【简介】常绿木质大型藤本。叶长圆形，侧脉 8 ~ 13 对；雄球花穗圆柱形，具 13 ~ 17 轮环状总苞。雌球花序侧生老枝上。种子长圆形，熟时黄褐色或红褐色。花期 4—6 月，种子 8 ~ 9 月成熟。【产地】广东、广西、海南和云南。印度至中南半岛。【其他观赏地点】藤本园。

1, 2, 3. 网藤蕨　4, 5, 6. 买麻藤

毛枝崖爬藤 *Tetrastigma obovatum*

【科属】葡萄科 崖爬藤属。【简介】木质大藤本，茎扁压。叶为 5 枚掌状小叶，小叶长圆披针形或披针形。聚伞花序腋生，花瓣 4 枚，卵状三角形。花期 4—6 月，果期 8—12 月。【产地】中国华南及西南地区。印度、斯里兰卡至中南半岛。

八宝树 *Duabanga grandiflora*

【科属】千屈菜科（海桑科）八宝树属。【简介】常绿乔木，枝下垂，幼时具 4 棱。叶纸质，长矩圆形。花数朵排列成顶生伞房花序，花瓣 5 ~ 6 枚，雄蕊多数，蒴果具宿存花萼和花柱。花期 1—3 月，果期 3—5 月。【产地】云南。印度至中南半岛。【其他观赏地点】百香园、民族园。

1，2，3. 毛枝崖爬藤 4，5. 八宝树

1

2 3

1. 鸡爪簕 2，3. 弯管花

鸡爪簕 *Benkara sinensis* (*Oxyceros sinensis*)

【科属】茜草科 鸡爪簕属（钩簕茜属）。【常用别名】簕茜。【简介】常绿灌木，小枝叶腋常具成对的短刺。叶对生，纸质，卵状椭圆形。聚伞花序顶生或生于上部叶腋，多花而稠密，呈伞形状。花冠白色或黄色，高脚碟状，具有香味。花期3—5月，果期5月—翌年2月。【产地】福建、广东、广西、海南和台湾。泰国和越南。【其他观赏地点】民族园。

弯管花 *Chassalia curviflora*

【科属】茜草科 弯管花属。【简介】常绿小灌木。叶薄革质，长圆状椭圆形。聚伞花序顶生，总轴和分枝常带紫红色。花冠白色，管状，常弯曲，顶部5裂。核果扁球形。花期4—5月，果期9—10月。【产地】亚洲热带地区。

长柱山丹 *Duperrea pavettifolia*

【科属】茜草科　长柱山丹属。【简介】常绿灌木。叶长圆状椭圆形。花序密被锈色短粗毛，花冠白色，花柱长，柱头大而呈卵状，伸出花冠外。浆果扁球形。花期4—6月。【产地】海南、广西、云南等。东南亚地区。【其他观赏地点】民族园。

虎克粗叶木 *Lasianthus hookeri*

【科属】茜草科 粗叶木属。【简介】常绿灌木。叶椭圆状披针形。花多朵簇生于叶腋，无总梗。花冠白色，裂片通常5枚。核果球形，成熟后蓝色。花期5—6月，果期9—10月。【产地】云南、西藏。印度东北部、缅甸和泰国。【其他观赏地点】野生兰园。

1

2

3

1. 长柱山丹　2，3. 虎克粗叶木

腺萼木 *Mycetia glandulosa*

【科属】茜草科 腺萼木属。【简介】常绿灌木，叶纸质，长圆状倒披针形，侧脉两面明显。聚伞花序顶生，多花。花冠黄色，狭管状。花期 5—8 月。【产地】云南。泰国。

同属植物

纤梗腺萼木 *Mycetia gracilis*

【简介】常绿灌木。叶薄革质，倒披针形。聚伞花序顶生，疏松，通常有花 5 ~ 7 朵，花冠黄色，狭管状，花梗纤细。花期 8—9 月，果期 11—12 月。【产地】云南。泰国。【其他观赏地点】野生花卉园。

版纳蛇根草 *Ophiorrhiza hispidula*

【科属】茜草科 蛇根草属。【简介】多年生草本。茎、枝肉质，卧地，下部节上生根。叶卵形或阔卵形，有时近披针形。聚伞花序顶生，花冠白色，近管状。蒴果。花期 5—6 月。【产地】云南西双版纳。孟加拉国、印度和马来半岛。

1, 2. 腺萼木
3, 4. 纤梗腺萼木
5, 6. 版纳蛇根草

美果九节 *Psychotria calocarpa*

【科属】茜草科　九节属。【简介】常绿灌木，叶对生，椭圆状披针形，在近边缘处结成一明显的边脉。聚伞花序小，腋生或顶生，花冠白色。果椭圆形，橙黄色或红色。花期5—7月，果期8月—翌年2月。【产地】云南、西藏。南亚至东南亚地区。

大叶钩藤 *Uncaria macrophylla*

【科属】茜草科　钩藤属。【简介】大藤本，嫩枝具钩刺。叶对生，厚纸质，阔椭圆形，被黄褐色硬毛。头状花序单生于叶腋，或在枝顶排成聚伞状。花冠5裂，白色，花柱伸出花冠外。花期8—9月。【产地】广东、广西、海南、云南。南亚至东南亚地区。

1, 2. 美果九节　3, 4. 大叶钩藤

粗喙秋海棠 *Begonia longifolia*

【科属】秋海棠科 秋海棠属。【常用别名】圆果秋海棠。【简介】多年生草本，茎直立。叶片矩圆形，基部心形，歪斜。聚伞花序生叶腋，花白色，雌雄同株。雄花被片4枚，雌花被片6枚，蒴果近球形，无翅，光滑，顶端有长约3 mm的粗喙。花期4—5月，果期7月。【产地】中国华南和华东、华中南部。南亚至东南亚地区。【其他观赏地点】荫生园。

同属植物

勐养秋海棠 *Begonia silletensis* subsp. *mengyangensis*

【简介】多年生草本。根状茎粗壮。叶均基生，具长柄，叶片两侧极不相等，轮廓卵形或宽卵形。花粉红色，2至数朵，呈二歧聚伞状。蒴果轮廓近球形，壁厚无翅，有明显棱。花期3月，果期12月。【产地】云南南部。印度东北部。

1, 2. 粗喙秋海棠 3, 4. 勐养秋海棠

粗喙秋海棠

勐养秋海棠

见血封喉 *Antiaris toxicaria*

【科属】桑科 见血封喉属。【常用别名】箭毒木。【简介】常绿大乔木。叶椭圆形至倒卵形，幼时被浓密的长粗毛。雄花序托盘状，雌花单生，藏于梨形花托内。核果梨形。花期3—4月，果期5—6月。【产地】广东、海南、广西、云南。东南亚、大洋洲和非洲。【其他观赏地点】能源园、名人园、藤本园。

歪叶榕 *Ficus cyrtophylla*

【科属】桑科 榕属。【简介】灌木或小乔木。小枝、叶柄、榕果密被短硬毛。叶互生，排为2列，纸质，两侧极不对称，长圆形至长圆状倒卵形。榕果成对或簇生叶腋，卵圆形，成熟时橙黄色。花期5—6月。【产地】西南地区。印度、不丹、缅甸、泰国、越南等。

同属植物

黄毛榕 *Ficus esquiroliana*

【简介】小乔木或灌木。幼枝中空，被褐黄色硬长毛。叶互生，分裂或不分裂，纸质，广卵形，两面被糙毛。榕果腋生，卵状椭圆形，表面密被黄褐色长毛。花期5—7月，果期7月。【产地】华南和西南地区。越南、老挝、泰国。

1, 2. 歪叶榕　3, 4. 黄毛榕

大果山香圆 *Turpinia pomifera*

【科属】省沽油科 番香圆属。【简介】常绿乔木。一回奇数羽状复叶，小叶 3 ~ 9 枚，薄革质，矩圆状椭圆形。圆锥花序顶生，花序短于叶。花小，两性，黄绿色。花期 1—4 月，果期 6—8 月。【产地】云南和广西。印度、尼泊尔、不丹、缅甸、越南、马来西亚。

假海桐 *Pittosporopsis kerrii*

【科属】水螅花科（茶茱萸科）假海桐属。【简介】常绿灌木或小乔木，叶互生，纸质，长椭圆形。花较大，两性，排列成少花的腋生聚伞花序。花 5 基数，花瓣黄绿色或白色，核果长圆形。花期 10 月—翌年 5 月，果期 2—10 月。【产地】云南南部。中南半岛。【其他观赏地点】民族园。

1, 2, 3. 大果山香圆　4, 5. 假海桐

四数木 *Tetrameles nudiflora*

【**科属**】四数木科 四数木属。【**简介**】落叶大乔木，叶心形，边缘具粗糙的锯齿。花单性异株，先叶开放。雄花组成圆锥花序，雌花组成穗状花序，花 4 基数。蒴果。花期 4—5 月，果期 5—6 月。【**产地**】云南。南亚至东南亚地区。【**其他观赏地点**】国花园、野花园、绿石林。

阔叶蒲桃 *Syzygium megacarpum*

【科属】桃金娘科 蒲桃属。【简介】常绿乔木。叶片狭长椭圆形至椭圆形。聚伞花序顶生，有花2～6朵，花大，白色，花瓣分离，圆形。果实卵状球形。花期5—6月，果期9—10月。【产地】广东、广西、云南。泰国及越南等。【其他观赏地点】综合区。

滇赤才 *Lepisanthes senegalensis*

【科属】无患子科 鳞花木属。【简介】常绿小乔木。一回偶数羽状复叶，小叶3～6对，近革质，卵形或卵状披针形。花序腋生或近枝顶腋生，通常比叶短。花瓣4或5枚，紫红色。果椭圆形，紫红色。花期3月，果期5月。【产地】广西、云南。南亚和东南亚地区。

1，2. 阔叶蒲桃 3，4. 滇赤才

红马蹄草 *Hydrocotyle nepalensis*

【科属】五加科（伞形科）天胡荽属。【简介】多年生草本。茎匍匐，有斜上分枝，节上生根。叶片膜质，圆形或肾形，边缘通常 5 ~ 7 浅裂，基部心形。伞形花序数个簇生于茎端叶腋，花序梗短于叶柄，常密集成球形头状花序。花白色，有时有紫红色斑点。花期 5—9 月，果期 8—11 月。【产地】中国南方大部分地区。印度、不丹、尼泊尔和越南。

盾苞藤 *Neuropeltis racemosa*

【科属】旋花科 盾苞藤属。【简介】大型缠绕藤本。叶椭圆形或长圆形，革质，两面无毛。总状花序腋生，被褐色绒毛。苞片紧贴萼下，果时极增大，宽椭圆形。花冠钟形，白色。蒴果球形。花期 6—12 月，果期 8 月—翌年 4 月。【产地】海南、云南。东南亚地区。

1, 2. 红马蹄草
3, 4, 5. 盾苞藤

穿鞘花 *Amischotolype hispida*

【科属】鸭跖草科 穿鞘花属。【简介】多年生粗大草本。茎直立，叶椭圆状披针形，叶鞘密生褐黄色细长硬毛。头状花序生于茎中部节上，常有花数十朵，花萼和花瓣各 3 枚，雄蕊 6 枚，全育。蒴果三棱状卵球形。花期 7—8 月，果期 9—12 月。【产地】广东、广西、云南、福建、贵州等。东南亚地区至太平洋岛屿。

大苞鸭跖草 *Commelina paludosa*

【科属】鸭跖草科 鸭跖草属。【常用别名】大竹叶菜。【简介】多年生粗壮大草本。叶无柄，叶片披针形。总苞片漏斗状，常数个在茎顶端集成头状，蝎尾状聚伞花序有花数朵，几不伸出；花瓣蓝色。蒴果三菱状卵球形，3 室。花期 8—10 月，果期 10 月—翌年 4 月。【产地】广东、广西、云南、四川、福建、贵州等。南亚至东南亚地区。

伞花杜若 *Pollia subumbellata*

【科属】鸭跖草科 杜若属。【简介】多年生草本。茎直立，不分枝。叶大多集于茎顶端。叶片椭圆形至长卵形。花序顶生，总花序梗极短或无。蝎尾状聚伞花序长，数个集成直径近于 4 ~ 6 cm 的伞形花序。花白色，能育雄蕊 3 枚，退化雄蕊 3 枚。蒴果球状。花期 6—7 月，果期 7—10 月。【产地】云南和广西。印度东北部和不丹。

1, 2, 3. 穿鞘花 4. 大苞鸭跖草 5, 6. 伞花杜若

酸脚杆 *Pseudodissochaeta lanceata* (*Medinilla lanceata*)

【科属】野牡丹科 酸脚杆属（美丁花属）。**【简介】**常绿灌木。叶片纸质，披针形至卵状披针形，顶端尾状渐尖，3 或 5 基出脉。由聚伞花序组成圆锥花序，着生于老茎或根茎的节上；花萼钟形，具不明显的棱，花瓣 4 枚，粉白色。果坛形。花期 5—7 月，果期 6—10 月。**【产地】**云南和海南。

1　　2

泰国黄叶树 *Xanthophyllum flavescens*

【科属】远志科 黄叶树属。【简介】常绿乔木。叶片革质，披针形或长圆状披针形，全缘或呈波状。总状或圆锥花序顶生和腋生，常多分枝。花冠蝶形，两侧对称，花瓣 5 枚，白色。核果球形，幼果绿色，无毛。花期 3—4 月，果期 5—6 月。【产地】云南。中南半岛。

梭果玉蕊 *Barringtonia fusicarpa*

【科属】玉蕊科 玉蕊属。【简介】常绿乔木。叶丛生小枝近顶部，坚纸质，倒卵状椭圆形、椭圆形至狭椭圆形。穗状花序顶生或在老枝上侧生，下垂，花瓣 4 枚，白色或带粉红色，花丝粉红色。果实梭形。花期 4—7 月，果期 7—10 月。【产地】云南。【其他观赏地点】树木园、野花园。

3

1, 2. 泰国黄叶树　3. 梭果玉蕊

柊叶 *Phrynium rheedei*

【科属】竹芋科 柊叶属。【简介】常绿多年生草本。叶基生，长圆形或长圆状披针形。头状花序无柄，自叶鞘内生出，苞片长圆状披针形，紫红色。浆果成熟时红色。花期 5—7 月，果期 7—9 月。【产地】广东、广西、福建和云南。南亚至东南亚地区。【其他观赏地点】南药园。

尖苞穗花柊叶 *Stachyphrynium placentarium* (*Phrynium placentarium*)

【科属】竹芋科 穗花柊叶属（柊叶属）。【常用别名】尖苞柊叶。【简介】多年生常绿草本。叶基生，叶片长圆状披针形或卵状披针形。头状花序无总花梗，自叶鞘生出，球形。苞片长圆形，顶端具刺状小尖头，内藏小花 1 对。花白色。果长圆形，内有种子 1 枚。种子椭圆形，被红色假种皮。花期 2—5 月，果期 6—9 月。【产地】广东、广西、贵州、云南、海南。南亚至东南亚地区。【其他观赏地点】树木园。

1, 2. 柊叶 3, 4, 5. 尖苞穗花柊叶

野生花卉园

版纳植物园滇南热带野生花卉园是在中国科学院与云南省共建的重大项目“万种植物园项目”支持下，于 2004 年建成的国内第一个热带野生花卉植物专类园。该园占地 35 亩，主要收集了滇南热带地区野生花卉的种质资源，收集保存野生观赏花卉 70 科 300 余种。园景充分运用群落生态学原理，乔、灌、草、藤等类植物进行科学合理的配置，以 10 亩水域为衬托，花红水绿，景观别致。目前，该园已成为融植物种质资源保存、科学研究、科普教育、生态旅游为一体的专类园区。

1

2

3

梯脉紫金牛 *Ardisia scalarinervis*

【科属】报春花科（紫金牛科）紫金牛属。【简介】常绿小灌木，高约 30 cm。叶常聚集于茎顶端，叶片坚纸质，长倒卵形或倒披针形，边缘具密啮蚀状细齿，侧脉 25 对或更多，与中脉成直角，平展。复伞形花序，腋生或生于近茎顶端叶腋，花白色，花萼和花梗红色。果实紫色。花期 5 月，果期 10 月。【产地】云南南部。

单瓣臭茉莉 *Clerodendrum chinense* var. *simplex*

【科属】唇形科（马鞭草科）大青属。【简介】落叶灌木。叶片宽卵形或近于心形，顶端渐尖，基部截形、宽楔形或浅心形，揉之有臭味。伞房状聚伞花序紧密，顶生，花冠通常白色，有香味，可作野菜。核成熟时蓝黑色，宿萼增大包果。花期 5—11 月。另常见有重瓣臭变种。【产地】云南、广西、贵州。【其他观赏地点】南药园、沟谷林。

1，2. 梯脉紫金牛　3. 单瓣臭茉莉

同属植物

绢毛大青 *Clerodendrum villosum*

【简介】常绿灌木，小枝四棱形。叶片心形或宽卵状心形，顶端渐尖，基部心形或截形，全缘。聚伞花序组成顶生、疏散的圆锥花序，花冠白色，花瓣内侧基部常为粉红色，外面密被绢状毛，里面无毛。核果球形，成熟后黑色。花期3—4月。【产地】云南。东南亚地区。【其他观赏地点】百花园、树木园。

绢毛大青

紫矿 *Butea monosperma*

【科属】豆科 紫矿属。**【常用别名】**紫铆。**【简介】**落叶乔木，高 10 ~ 20 m。羽状复叶具 3 枚小叶，小叶厚革质，不同形，顶生的宽倒卵形或近圆形，侧生的长卵形或长圆形。总状或圆锥花序腋生或生于无叶枝的节上，花冠橘红色，后渐变黄色。荚果。花期 2—3 月。**【产地】**云南、广西。印度、斯里兰卡、越南至缅甸。**【其他观赏地点】**名人园、树木园。

劲直刺桐 *Erythrina stricta*

【科属】豆科 刺桐属。**【简介】**乔木，高 7 ~ 12 m，树干通直，小枝具皮刺。羽状复叶具 3 枚小叶，顶生小叶宽三角形或近菱形，先端尖，基部截形或近心形，全缘。总状花序长 15 cm，花 3 朵一束，鲜红色，多数，密集，花萼佛焰苞状。荚果长 7 ~ 12 cm，光滑。花期 1—3 月。**【产地】**广西、云南和西藏。印度、尼泊尔、缅甸、泰国、柬埔寨、老挝、越南。**【其他观赏地点】**百花园、国花园。

1，2. 紫矿 3，4，5. 劲直刺桐

同属植物

翅果刺桐 *Erythrina subumbrans*

【简介】乔木，高 12 ~ 15 m，具粗壮的刺。羽状复叶具 3 枚小叶，小叶卵状三角形，先端短渐尖，基部圆或宽楔形。总状花序，有褐色绒毛；花红色，花瓣不等长。荚果长 15 cm，中部以下不发育。花期 2—3 月，果期 8—9 月。**【产地】**云南。越南、老挝、菲律宾及印度尼西亚。**【其他观赏地点】**野菜园、沟谷雨林。

猫尾草 *Uraria crinita*

【科属】豆科 狸尾豆属。【简介】亚灌木，茎直立，高 1 ~ 1.5 m。奇数羽状复叶小叶 3 ~ 7 枚，长椭圆形、卵状披针形或卵形，先端略急尖、钝或圆形，基部圆形至微心形。总状花序顶生，粗壮，密被灰白色长硬毛，苞片大，花冠紫色。荚果略被短柔毛，荚节 2 ~ 4 个。花果期 4—9 月。【产地】福建、江西、广东、海南、广西、云南及台湾等。南亚地区至澳大利亚。

弯瓣木 *Marsypopetalum littorale*

【科属】番荔枝科 弯瓣木属。【常用别名】陵水暗罗。【简介】灌木或小乔木，高达 5 m。叶革质，长圆形或长圆状披针形，顶端渐尖，基部急尖或阔楔形。花绿色至黄色，与叶对生。果卵状椭圆形，聚生，成熟时红色。花期 4—7 月，果期 7—12 月。【产地】广东、海南。越南。

狗牙花 *Tabernaemontana divaricata*

【科属】夹竹桃科 狗牙花属。【简介】灌木，高达 3 m。叶坚纸质，椭圆形或椭圆状长圆形，短渐尖，基部楔形。聚伞花序腋生，通常双生，近小枝端部集成假二歧状，着花 6 ~ 10 朵，花冠白色。蓇葖果极叉开或外弯。花期 6—11 月，果期秋季。【产地】云南。印度、孟加拉国、尼泊尔、泰国、缅甸。

1, 2. 弯瓣木　3, 4. 狗牙花

红芽木 *Cratoxylum formosum* subsp. *pruniflorum*

【科属】金丝桃科（藤黄科）黄牛木属。【简介】落叶乔木，高达 12 m。叶片长圆形，先端钝形或急尖，基部圆形，两面被毛。花序为花 5 ~ 8 朵聚集而成的团伞花序，被毛，花粉红色，雄蕊束 3 束。蒴果椭圆形。花期 4—5 月，果期 6—8 月。【产地】广西、云南。柬埔寨、缅甸、泰国、越南。【其他观赏地点】名人名树园。

同属植物

黄牛木 *Cratoxylum cochinchinense*

【简介】落叶乔木，高达 18 m，树干下部有簇生的长枝刺，小枝对生。叶片椭圆形至长椭圆形，先端骤然锐尖或渐尖，基部钝形至楔形。聚伞花序腋生或顶生，花瓣粉红色、深红色至红黄色，雄蕊束 3 束。蒴果椭圆形。花期 4—5 月。【产地】广东、广西、云南。东南亚地区。

1　　2　　3

1. 红芽木　2, 3. 黄牛木

短柄苹婆 *Sterculia brevissima*

【科属】锦葵科（梧桐科）苹婆属。【简介】灌木，高达 2 m。叶集生于小枝顶端，纸质，倒披针形或倒披针状狭椭圆形，顶端渐尖或钝状急尖，基部逐渐变狭而尖锐，叶柄短。花序柔弱，为总状花序或圆锥花序，腋生且下垂，花粉红色，中部以下紫色。蓇葖果椭圆形，红褐色。花期 9 月—翌年 1 月，果期 1—5 月。【产地】云南南部。【其他观赏地点】沟谷雨林。

同属植物

家麻树 *Sterculia pexa*

【简介】乔木，小枝粗壮。叶为掌状复叶，有小叶 7 ~ 9 枚，小叶倒卵状披针形或长椭圆形。花序集生于小枝顶端，为总状花序或圆锥花序，花萼白色，钟形。蓇葖果红褐色，矩圆状椭圆形并略呈镰刀形。花期 10 月，果期 1—5 月。【产地】广西、云南。泰国、老挝、越南。

1, 2. 短柄苹婆
3, 4, 5. 家麻树

毛冠可爱花 *Eranthemum austrosinense* var. *pubipetalum*

【**科属**】爵床科 喜花草属。【**简介**】多年生草本，高约 0.7 m。叶片纸质，椭圆形，先端急尖或渐尖，基部楔形。穗状花序顶生或腋生，密被短柔毛，苞片黄白色，脉绿色，花冠蓝紫色。花期 12 月—翌年 2 月。【**产地**】广西、贵州和云南。【**其他观赏地点**】荫生园、榕树园、沟谷林。

枪刀药 *Hypoestes purpurea*

【**科属**】爵床科 枪刀药属。【**简介**】多年生草本。叶卵形或卵状披针形，顶端尖，基部楔形，下延，全缘，纸质，长 4 ~ 8 cm。花序穗状，腋生，直立；花冠紫红色，上唇线状披针形，下唇倒卵形，3 浅裂，雄蕊 2 枚，伸出花冠。花期 10—11 月。【**产地**】广东、广西、海南等。东南亚地区。

1　2

3　4

1, 2. 毛冠可爱花　3, 4. 枪刀药

火焰花 *Phlogacanthus curviflorus*

【科属】爵床科 火焰花属。【简介】常绿大灌木，高达 3 m。叶椭圆形至矩圆形，顶端尖至渐尖，基部宽楔形，下延。聚伞圆锥花序穗状，顶生，花冠紫红色，花冠管略向下弯，冠檐二唇形。蒴果圆柱形。花期 11 月—翌年 1 月，果期翌年 2—3 月。【产地】西藏和云南。不丹、印度、老挝、缅甸、泰国、越南。【其他观赏地点】南药园、沟谷雨林、百花园。

灵枝草 *Rhinacanthus nasutus*

【科属】爵床科 灵枝草属。【常用别名】白鹤灵芝、灵芝草。【简介】多年生草本，叶椭圆形或卵状椭圆形，稀披针形，顶端短渐尖或急尖，有时稍钝头，基部楔形，边全缘或稍呈浅波状。圆锥花序，花冠白色，上唇线状披针形，下唇 3 深裂至中部。蒴果。花期 3—4 月。【产地】云南。菲律宾。【其他观赏地点】野花园。

1, 2. 火焰花 3, 4. 灵枝草

1

2

3

艳芦莉 *Ruellia elegans* (*Ruellia rosea*)

【科属】爵床科　芦莉草属。**【常用别名】**玫瑰芦莉、红花芦莉。**【简介】**多年生草本，成株呈灌木状，株高 60 ~ 90 cm。叶椭圆状披针形或长卵圆形，叶绿色，微卷，对生，先端渐尖，基部楔形。花腋生，花冠筒状，5 裂，鲜红色。花期 2—8 月。**【产地】**巴西。**【其他观赏地点】**百花园、树木园。

云南兰花蕉 *Orchidantha yunnanensis*

【科属】兰花蕉科　兰花蕉属。**【简介】**丛生草本，高达 50 cm。叶长椭圆形，两端渐尖，具长柄。穗状花序从根茎生出，花紫色，开花时散发恶臭。花期 2—3 月。**【产地】**云南。**【其他观赏地点】**荫生园。

1. 艳芦莉　2, 3. 云南兰花蕉

中越关木通 *Isotrema faviogonzalezii* (*Aristolochia faviogonzalezii*)

【科属】马兜铃科 关木通属（马兜铃属）。【常用别名】中越马兜铃。【简介】常绿木质藤本。叶片心形，背面密被灰白色绒毛。花被管具深紫色条纹，檐部扩大成五边形，边缘深紫色，向外反卷，喉部浅粉色，上部具深紫色斑点。花期5—7月。【产地】云南南部。越南。

虾子花 *Woodfordia fruticosa*

【科属】千屈菜科 虾子花属。【简介】常绿灌木。叶对生，近革质，披针形。短聚伞状圆锥花序，萼筒花瓶状，鲜红色，花瓣小而薄，淡黄色。蒴果。花期3—5月，果期7—10月。【产地】广东、广西及云南。东南亚及马达加斯加。【其他观赏地点】民族园、藤本园。

1. 中越关木通 2，3，4. 虾子花

中越关木通

虾子花

1　2

3

4

爱地草 *Geophila repens*

【科属】茜草科 爱地草属。【简介】多年生匍匐草本，叶膜质，心状圆形。花常单生或 2 ~ 3 朵组成聚伞花序，花冠白色，5 裂。核果球形，成熟时鲜红色。花期 7—9 月，果期 9—12 月。【产地】热带地区。【其他观赏地点】全园林下阴湿处常见。

版纳龙船花 *Ixora paraopaca*

【科属】茜草科 龙船花属。【简介】常绿灌木。叶纸质，长圆状披针形，顶端渐尖，基部阔楔形。聚伞花序排成顶生的圆锥状花序，总花梗极短，花粉白色，花冠裂片收缩并向下反折。花期 4 月。【产地】云南西双版纳。【其他观赏地点】综合区。

同属植物

上思龙船花 *Ixora tsangii*

【简介】常绿灌木。叶纸质，长圆状披针形。花序顶生，为三歧式排列的聚伞花序，无总花梗。花冠白色，裂片常 4 枚。花期 5 月，果期 7—12 月。【产地】广西（上思）。

1, 2. 爱地草　3. 版纳龙船花　4. 上思龙船花

波叶龙船花 *Ixora undulata*

【简介】常绿大灌木，高 3 ~ 5 m。叶对生，长椭圆形至卵状披针形，先端渐尖，边缘略波状。聚伞花序常生于枝顶叶腋。花梗被短柔毛，花冠白色，裂片 4 枚，向后反折。花期 4—6 月，果期 5—10 月。【产地】印度、孟加拉国、缅甸。

大叶玉叶金花 *Mussaenda macrophylla*

【科属】茜草科 玉叶金花属。【简介】灌木或小乔木。叶对生，纸质，长圆形至卵形。聚伞花序顶生，花冠橙黄色，花萼裂片密被棕色柔毛，花瓣状萼片卵形，白色。花期 6—7 月，果期 8—11 月。【产地】广东、广西和台湾。东南亚地区。

1 2 3

4

1, 2, 3. 波叶龙船花 4. 大叶玉叶金花

1 2

团花 *Neolamarckia cadamba*

【**科属**】茜草科 团花属。【**简介**】落叶大乔木。树干通直，枝平展。叶对生，薄革质，长圆状椭圆形。头状花序单个顶生。花冠黄白色。花期 6—8 月，果期 8—11 月。【**产地**】广东、广西和云南。越南、马来西亚、缅甸、印度和斯里兰卡。

香港大沙叶 *Pavetta hongkongensis*

【**科属**】茜草科 大沙叶属。【**常用别名**】茜木。【**简介**】常绿灌木。叶对生，纸质，长圆形至椭圆状倒卵形，顶端渐尖，基部楔形。花序生于侧枝顶部，多花，花冠白色。果球形。花期 3—5 月。【**产地**】广东、海南、广西、云南。越南。【**其他观赏地点**】荫生园。

3 4

1, 2. 团花 3, 4. 香港大沙叶

酸味秋海棠 *Begonia acetosa*

【科属】秋海棠科 秋海棠属。【常用别名】无翅秋海棠。【简介】多年生草本，茎杆直立。叶片披针形或长圆状披针形，草质，叶基偏斜，叶缘有锯齿。聚伞花序生叶腋，花粉红色，雌雄异株。雄花花被片 4 枚，雄蕊多数；雌花单朵腋生，花被片 5 ~ 6 枚。花期 7—8 月，果期 9—11 月。【产地】云南、西藏。泰国、缅甸。【其他观赏地点】荫生园。

同属植物

厚叶秋海棠 *Begonia dryadis*

【简介】多年生草本。根状茎伸长，横走，无地上茎。叶片两侧极不相等，轮廓卵形及宽卵形。花粉红色，数朵排列成二歧聚伞状，苞片大型，膜质。雌雄同株。花期 11—12 月，果期 12 月—翌年 1 月。【产地】云南南部。

1，2，3. 酸味秋海棠 4，5. 厚叶秋海棠

1

2　3

显脉金花茶 *Camellia euphlebia*

【科属】山茶科 山茶属。【简介】常绿灌木或小乔木。叶厚革质，椭圆形，侧脉 10 ~ 12 对，明显下陷，密生细齿。花单生叶腋，黄色，花瓣 8 ~ 9 枚，倒卵形。花期 11 月—翌年 2 月，果期 11—12 月。【产地】广西。越南。

同属植物

中越金花茶 *Camellia indochinensis* (*Camellia parvipetala, Camellia limonia*)

【常用别名】中越山茶、小瓣金花茶、柠檬金花茶。【简介】常绿灌木或小乔木。叶薄革质或近膜质，椭圆形。花单生于枝顶，白色或淡黄色，直径 3 cm，花瓣 8 ~ 9 枚；雄蕊与花瓣等长。花期 11—12 月。【产地】广西。越南。

1. 显脉金花茶　2，3. 中越金花茶

1　　2

3

裂果薯 *Schizocapsa plantaginea*

【科属】薯蓣科（蒟蒻薯科）裂果薯属。**【常用别名】**水田七。**【简介】**多年生草本。叶片狭椭圆状披针形，顶端渐尖，基部下延，沿叶柄两侧成狭翅。总苞片 4 枚，卵形或三角状卵形，伞形花序有花 8 ~ 20 朵，花被裂片 6 枚，青绿色。蒴果。花期 4—8 月，果期 8—11 月。**【产地】**广东、广西、贵州、云南等。泰国、越南、老挝。**【其他观赏地点】**南药园、民族园。

箭根薯 *Tacca chantrieri*

【科属】薯蓣科（蒟蒻薯科）蒟蒻薯属。**【常用别名】**老虎须。**【简介】**常绿多年生草本。叶片长圆形或长圆状椭圆形。伞形花序有花 5 ~ 7 朵，总苞片 4 枚，暗紫色，小苞片线形，长约 20 cm。花被裂片 6 枚，紫褐色，雄蕊 6 枚。浆果肉质。花期 4—7 月，果期 8—11 月。**【产地】**华南和西南。南亚、东南亚地区。**【其他观赏地点】**奇花园、南药园、沟谷林。

1, 2. 裂果薯　3. 箭根薯

聚花草 *Floscopa scandens*

【**科属**】鸭跖草科 聚花草属。【**简介**】多年生常绿草本。叶片椭圆形至披针形。圆锥花序多个，组成大型扫帚状复圆锥花序。花瓣蓝紫色。蒴果卵圆状。花果期 7—11 月。【**产地**】中国长江以南大部分地区。南亚、东南亚地区至大洋洲。【**其他观赏地点**】百花园。

野牡丹 *Melastoma malabathricum* (*Melastoma candidum*)

【**科属**】野牡丹科 野牡丹属。【**常用别名**】印度野牡丹。【**简介**】常绿小灌木。叶片坚纸质，卵形或广卵形，全缘，7 基出脉。伞房花序，有花 3 ~ 5 朵，花瓣玫瑰红色或粉红色。蒴果坛状球形。栽培的变种有白花野牡丹 var. *alba*，花白色。花期 5—7 月，果期 10—12 月。【**产地**】云南、广西、广东、福建、台湾。中南半岛。【**其他观赏地点**】百花园。

1, 2. 聚花草 3. 野牡丹 4. 百花野牡丹

野生兰园

兰科是被子植物中一个极为庞大的家族，全世界有 800 多属 27 500 多种，广泛分布于各种陆地生态系统中。中国的兰花资源十分丰富，目前已记载的野生兰科植物约有 190 属 1 600 种，是世界兰科植物分布中心之一。西双版纳是我国兰科植物种类最丰富的地区，根据最新的野外调查，目前记录有兰科植物近 490 种，约占国产种的 1/3 和云南省的 1/2。

兰科植物多为珍稀濒危植物，许多物种具有重要的观赏价值、药用价值和文化价值，是植物保护中的“旗舰”类群。兰花作为雨林生态系统的重要组成部分，它们不仅与传粉昆虫有着相互依赖的关系，还为雨林中栖息的其他生物提供食物和庇护所，此外，主要由附生兰构建而成的空中花园是热带雨林的标志性景观，展示了热带雨林丰富的生物多样性和蓬勃的生命力。版纳植物园长期致力于兰科植物的保护和研究工作，在我国兰科植物保护和研究中扮演着重要角色。

版纳植物园野生兰园占地面积 6.6 亩，于 2000 年建立，以保护和研究兰花资源为宗旨，主要从事兰科植物的引种驯化、保存培育及生物学特性等方面的研究，现收集保存石斛属、万代兰属、鹤顶兰属、贝母兰属、指甲兰属、蜘蛛兰属、万代兰属、石豆兰属、钻喙兰属、虾脊兰属、竹叶兰属等野生兰科植物近 100 种。

多花脆兰 *Acampe rigida*

【**科属**】兰科　脆兰属。【**简介**】附生兰。具多数 2 列的叶，叶近肉质，带状，先端钝并且不等侧 2 圆裂，基部具宿存而抱茎的鞘。花黄色带紫褐色横纹，不甚开展，具香气，萼片和花瓣近直立，萼片长圆形，花瓣狭倒卵形，唇瓣白色。蒴果。花期 8—9 月，果期 10—11 月。【**产地**】广东、香港、海南、广西、贵州、云南。东南亚地区至非洲热带地区。【**其他观赏地点**】荫生园、名人园。

窄唇蜘蛛兰 *Arachnis labrosa*

【科属】兰科 蜘蛛兰属。【简介】附生兰。茎伸长，达 50 cm，质地硬。叶革质，带状，先端钝并且具不等侧 2 裂，基部具抱茎的鞘。花序斜出，长达 1 m，具分枝，圆锥花序疏生多数花，淡黄色带红棕色斑点，开展，萼片和花瓣倒披针形。花期 8—9 月。【产地】广西、海南、台湾。不丹、印度、日本、缅甸、越南。

银带虾脊兰 *Calanthe argenteostriata*

【科属】兰科 虾脊兰属。【简介】地生兰。假鳞茎粗短，近圆锥形，具 2 ~ 3 枚鞘和 3 ~ 7 枚在花期展开的叶。叶上面深绿色，带 5 ~ 6 条银灰色的条带，椭圆形或卵状披针形，先端急尖。总状花序具 10 余朵花，花张开，黄绿色。花期 4—5 月。【产地】广东、广西、贵州和云南。【其他观赏地点】荫生园。

1

2　3　4

1，2. 窄唇蜘蛛兰　3，4. 银带虾脊兰

1, 2. 高斑叶兰　3. 大序隔距兰　4, 5. 尖喙隔距兰

高斑叶兰 *Cionisaccus procera* (*Goodyera procera*)

【科属】兰科　高斑叶兰属（斑叶兰属）。【简介】地生兰。高 20 ~ 80 cm，具 6 ~ 8 枚叶。叶片长圆形或狭椭圆形，先端渐尖，基部渐狭，具柄。总状花序具多数密生的小花，似穗状，花小，白色带淡绿，芳香。花期 3—4 月。【产地】中国南方各地。亚洲热带地区。

大序隔距兰 *Cleisostoma paniculatum*

【科属】兰科　隔距兰属。【简介】附生兰，茎直立，扁圆柱形。叶革质，2 列互生，扁平，狭长圆形或带状，长 10 ~ 25 cm。花序生于叶腋，远比叶长，多分枝；圆锥花序具多数花；花开展，萼片和花瓣在背面黄绿色，内面紫褐色，边缘和中肋黄色；距黄色，圆筒状，劲直，末端钝。花期 5—9 月。【产地】云南、广东、广西、海南、江西、福建等。印度至中南半岛。

同属植物

尖喙隔距兰 *Cleisostoma rostratum*

【简介】附生兰。茎伸长，近圆柱形。叶 2 列互生，革质，扁平，狭披针形，长 9 ~ 15 cm，先端急尖。花序出自茎上部，比叶短，不分枝；花序轴纤细，总状花序疏生许多花；花开展，萼片和花瓣黄绿色带紫红色条纹；唇瓣紫红色，3 裂；距近似漏斗，劲直，等长于萼片，末端钝。花期 7—8 月。【产地】云南、广西、海南、贵州等。中南半岛。

1 2

3

长鳞贝母兰 *Coelogyne ovalis*

【科属】兰科 贝母兰属。**【简介】**附生兰。根状茎匍匐，较长。叶披针形或卵状披针形，先端渐尖或钝。花葶从已长成的假鳞茎顶端发出，基部套叠有数枚圆筒形的鞘，总状花序通常具 1 ~ 2 朵花，绿黄色，仅唇瓣有紫红色斑纹，侧裂片和中裂片常稍有流苏。花期 8—11 月。**【产地】**西藏和云南。不丹、印度、缅甸、尼泊尔、越南。

同属植物

禾叶贝母兰 *Coelogyne viscosa*

【简介】附生兰。假鳞茎卵形或圆柱状卵形，顶端生 2 枚叶。叶线形，禾叶状，革质。总状花序具 2 ~ 4 朵花，花白色，仅唇瓣带褐色与黄色斑，唇盘上有 3 条纵褶片。蒴果近倒披针状长圆形或狭倒卵状长圆形。花期 1—2 月，果期 9—11 月。**【产地】**云南。印度、老挝、马来西亚、缅甸、泰国、越南。**【其他观赏地点】**荫生园。

1, 2. 长鳞贝母兰 3. 禾叶贝母兰

滇金石斛 *Dendrobium albopurpureum* (*Flickingeria albopurpurea*)

【**科属**】兰科 石斛属（金石斛属）。【**简介**】附生兰。茎多分。叶革质，长圆形或长圆状披针形，先端钝并且微 2 裂。花序出自叶腋，具 1 ~ 2 朵花，白色，唇盘从后唇至前唇基部具 2 条密布紫红色斑点的褶脊。花期 6—7 月。【**产地**】云南。老挝、泰国、越南。

同属植物

美花石斛 *Dendrobium loddigesii*

【**简介**】附生兰。茎柔弱，常下垂，细圆柱形。叶纸质，2 列，互生于整个茎上，长圆状披针形，通常长 2 ~ 4 cm。花粉红色，每束 1 ~ 2 朵侧生于具叶的老茎上部；中萼片卵状长圆形，先端锐尖；侧萼片披针形，先端急尖，基部歪斜；花瓣椭圆形，与中萼片等长；唇瓣近圆形，上面中央金黄色，周边淡紫红色，边缘具短流苏，两面密布短柔毛。花期 4—5 月。【**产地**】云南、广东、广西、海南、贵州等。中南半岛。【**其他观赏地点**】荫生园。

1

2

1. 滇金石斛　2. 美花石斛

勺唇石斛 *Dendrobium moschatum*

【常用别名】杓唇石斛。**【简介】**附生兰。叶革质，2 列，互生于茎的上部，长圆形至卵状披针形。总状花序出自去年生具叶或落叶的茎近端，下垂，长约 20 cm，疏生数朵至 10 余朵花。花杏黄色，唇瓣圆形，边缘内卷而形成勺状。花期 5—6 月。**【产地】**云南。印度至中南半岛。**【其他观赏地点】**荫生园。

刀叶石斛 *Dendrobium terminale*

【简介】附生兰。茎近木质，扁三菱形。叶 2 列，疏松套叠，厚革质或肉质，两侧压扁呈短剑状或匕首状。花序具 1 ~ 3 朵花，花小，黄白色，唇瓣近匙形，先端 2 裂，前端边缘波状皱褶。花期 9—11 月。【产地】云南。印度、马来西亚、缅甸、泰国、越南。

无耳沼兰 *Dienia ophrydis* (*Malaxis latifolia*)

【科属】兰科 无耳沼兰属（原沼兰属）。【常用别名】阔叶沼兰。【简介】地生兰。具肉质茎。叶通常 4 ~ 5 枚，斜卵状椭圆形。总状花序长 5 ~ 15 cm，具密而多的花，花紫红色至绿黄色，花瓣线形，唇瓣近宽卵形。花期 5—8 月。【产地】福建、台湾和云南。

1　　2

3　　4

1，2. 刀叶石斛　3，4. 无耳沼兰

1

香花毛兰 *Eria javanica*

【科属】兰科　毛兰属。【简介】附生兰。假鳞茎圆柱形，近顶端着生 2 枚叶。叶椭圆状披针形或倒卵状披针形，花序近顶生，长达 50 cm，具多数花；花序轴、花梗及子房均具锈色短毛；花白色，芳香；中萼片、侧萼片及花瓣均为长披针形，先端长渐尖；唇瓣轮廓为卵状披针形，3 裂，唇盘上具 3 条近纵贯的褶片。花期 8—10 月。【产地】云南南部和台湾。印度至东南亚地区。【其他观赏地点】荫生园。

小花盆距兰 *Gastrochilus kadooriei*

【科属】兰科 盆距兰属。【简介】附生兰。茎下垂。叶在茎上排成 2 列，披针形，略弯曲，背面有紫红色斑点。伞形花序腋生，小花 4 ~ 5 朵，花黄色，具紫红色斑点。花期 2—3 月。【产地】云南。越南。

2

1. 香花毛兰　2. 小花盆距兰

1. 无茎盆距兰
2, 3. 滇南翻唇兰

1

2　3

同属植物

无茎盆距兰 *Gastrochilus obliquus*

【简介】附生兰。茎粗短，具 3 ~ 5 枚叶。叶稍肉质或革质，长圆形至长圆状披针形。花序近伞形，1 ~ 4 个，出自茎的基部侧旁，常具 5 ~ 8 朵花，花芳香，萼片和花瓣黄色带紫红色斑点。花期 10—11 月。【产地】四川和云南。不丹、印度、老挝、缅甸、尼泊尔、泰国、越南。

滇南翻唇兰 *Hetaeria affinis* (*Hetaeria rubens*)

【科属】兰科　翻唇兰属。【简介】地生兰。高 25 ~ 45 cm。叶具柄，叶片稍偏斜的卵形或椭圆形，先端急尖，基部钝，具 5 条绿色脉。总状花序具多数花，子房圆柱形，不扭转，被密的腺状柔毛，萼片绿色，花瓣白色，唇瓣葫芦状卵形。花期 2—3 月。【产地】云南。不丹、印度、缅甸、泰国、越南。

1　　2

3　　4　　5

长茎羊耳蒜 *Liparis viridiflora*

【科属】兰科 羊耳蒜属。【简介】附生兰。假鳞茎稍密集，通常为圆柱形，顶端生 2 枚叶。叶线状倒披针形或线状匙形。总状花序，外弯，具数十朵小花，花绿白色或淡绿黄色，较密集，中萼片边缘外卷，花瓣狭线形。花期 9—12 月。【产地】福建、云南、广东、广西、海南、四川、台湾。亚洲热带地区。

剑叶鸢尾兰 *Oberonia ensiformis*

【科属】兰科 鸢尾兰属。【简介】附生兰。叶 5 ~ 6 枚，2 列套叠，两侧压扁，肥厚，剑形。总状花序较密集地着生百余朵小花，下垂，花黄色，唇瓣轮廓为卵状宽长圆形，边缘啮蚀状。蒴果倒卵状椭圆形。花期 9—11 月。【产地】广西和云南。印度、老挝、缅甸、尼泊尔、泰国、越南。

单花曲唇兰 *Panisea uniflora*

【科属】兰科 曲唇兰属。【简介】附生兰。假鳞茎较密集，顶端生 2 枚叶。叶线形，先端渐尖。花葶短，花单朵，淡黄色，萼片狭卵状长圆形，花瓣长圆状椭圆形或狭椭圆形，唇瓣倒卵状椭圆形。花期 10 月—翌年 5 月。【产地】云南。不丹、柬埔寨、印度、老挝、缅甸、尼泊尔、泰国、越南。【其他观赏地点】绿石林。

1, 2. 长茎羊耳蒜　3, 4. 剑叶鸢尾兰　5. 单花曲唇兰

1. 湿唇兰
2，3. 宿苞石仙桃

1 2 3

湿唇兰 *Phalaenopsis hygrochila* (*Hygrochilus parishii*)

【科属】兰科 蝴蝶兰属（湿唇兰属）。【简介】附生兰。茎粗壮，长 10 ~ 20 cm，上部具 3 ~ 5 枚叶。叶长圆形或倒卵状长圆形，先端不等侧 2 圆裂。花序 1 ~ 6 个，长达 35 cm，疏生 5 ~ 8 朵花，花大，稍肉质，萼片和花瓣黄色带暗紫色斑点。花期 2—4 月。【产地】云南。印度、老挝、缅甸、泰国、越南。

宿苞石仙桃 *Pholidota imbricata*

【科属】兰科 石仙桃属。【简介】附生兰。假鳞茎密接，近长圆形，顶端生 1 叶。叶长圆状倒披针形，先端短渐尖或急尖，基部楔形。总状花序下垂，长达 30 cm，密生数十朵花，花小，白色。蒴果倒卵状椭圆形。花期 7—9 月，果期 10 月—翌年 1 月。【产地】四川、西藏、云南。亚洲热带地区和大洋洲。【其他观赏地点】能源园。

湿唇兰

宿苞石仙桃

钻喙兰 *Rhynchostylis retusa*

【科属】兰科 钻喙兰属。【简介】附生兰。具发达而肥厚的气根。茎直立，不分枝，密被套叠的叶鞘。叶肉质，2 列，彼此紧靠，宽带状，长 20 ~ 40 cm。总状花序腋生，下垂；密生许多花；花白色而密布紫色斑点，开展。花期 5—6 月，果期 6—7 月。【产地】云南和贵州。南亚至东南亚地区。【其他观赏地点】荫生园。

1

掌唇兰 *Staurochilus dawsonianus*

【科属】兰科 掌唇兰属。【简介】附生兰。茎直立，质地硬，长达 50 cm。叶稍肉质，斜立，2 列互生于整个茎上，狭长圆形。花序与叶对生，多分枝，疏生多数花，花肉质，开展，花瓣和萼片淡黄色，内面（上面）具栗色横纹。花期 5—7 月，果期 9—10 月。【产地】云南。老挝、缅甸、泰国。

2

3

1. 钻喙兰　2，3. 掌唇兰

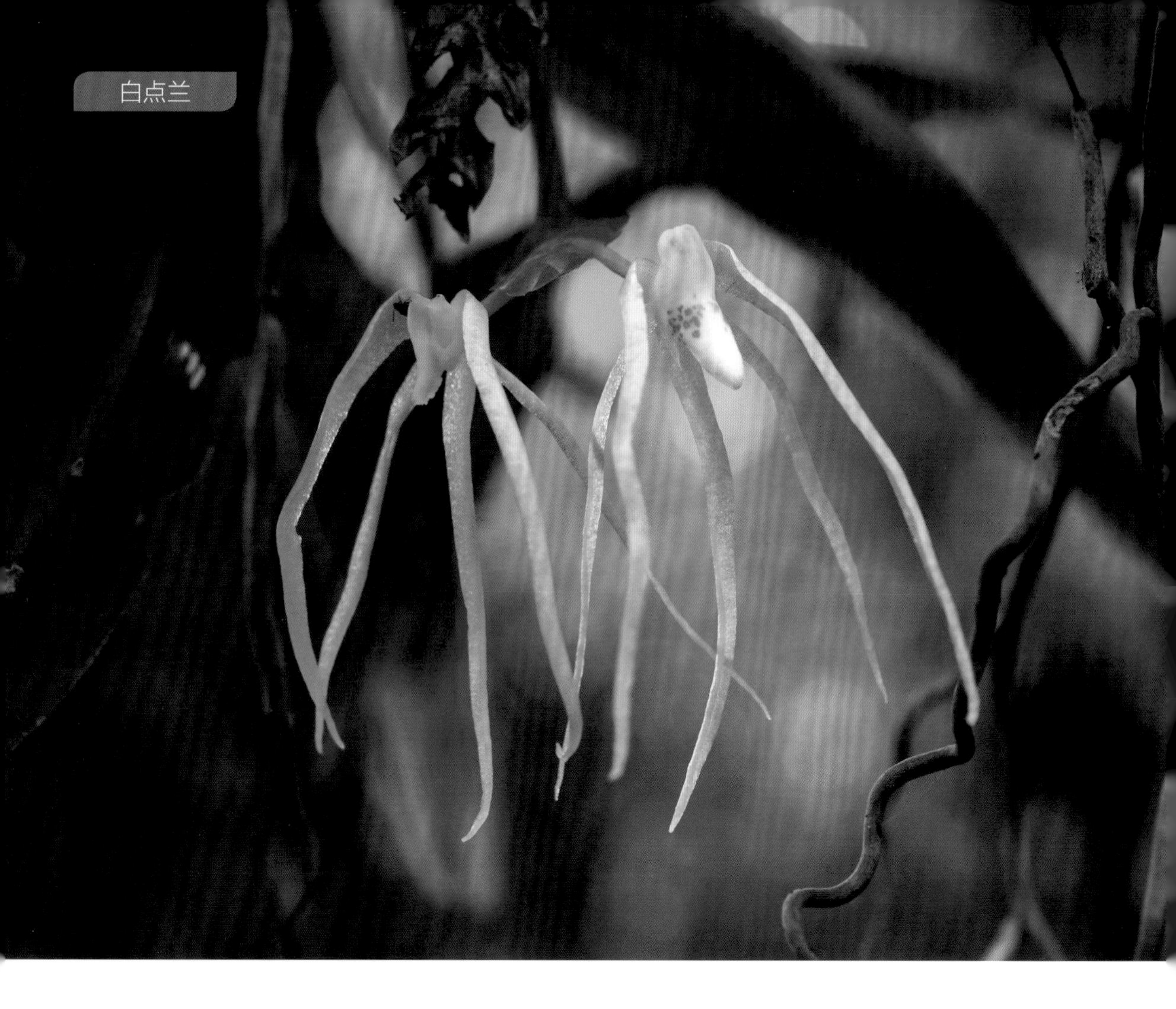

白点兰 *Thrixspermum centipeda*

【科属】兰科 白点兰属。【简介】附生兰。茎粗壮，质地硬。叶 2 列互生，长条形，长 6 ~ 24 cm。花序常数个向外伸展或斜立，花序柄扁平，常在两侧边缘具透明的翅；花白色或奶黄色，后变为黄色，质地厚，不甚开展；萼片、花瓣均为狭镰刀状披针形；唇瓣基部凹陷呈浅囊，3 裂。花期 6—7 月。【产地】云南、广西、海南等。南亚至东南亚地区。【其他观赏地点】荫生园。

白柱万代兰 *Vanda brunnea*

【科属】兰科 万代兰属。【简介】附生兰。茎长约 15 cm。叶带状，先端具 2 ~ 3 个不整齐的尖齿状缺刻。花序出自叶腋，1 ~ 3 个，不分枝，疏生 3 ~ 5 朵花，白色花梗细长，花质地厚，萼片和花瓣内面黄绿色或黄褐色带紫褐色网格纹，唇瓣 3 裂，侧裂片白色，蕊柱白色。花期 1—2 月。【产地】云南。越南、缅甸、泰国。

芳线柱兰 *Zeuxine nervosa*

【科属】兰科 线柱兰属。【简介】地生兰。植株矮小，高 20 ~ 40 cm。叶片卵形或卵状椭圆形，上面绿色或沿中肋具 1 条白色的条纹，先端急尖。总状花序细长，具数朵疏生的花，子房圆柱形，扭转，花较小，甚香，中萼片红褐色或黄绿色，唇瓣白色，呈“Y”字形。花期 2—3 月。【产地】云南和台湾。亚洲热带地区。

1

2　　3　　4

1. 白柱万代兰　2, 3, 4. 芳线柱兰

野生天南星园

天南星科是一个全球广布但以热带地区为集中分布的典型热带植物科，全世界有 140 属 3500 ~ 3700 种，常为多年生的常绿草本和附生藤本，比较典型的特征是花序外面有佛焰苞包围，花常为单性花且雌雄同株，雌雄花常密集排列组成肉穗花序，雄花序位于雌花序之上，与佛焰苞一同组成佛焰花序。不少种类可供观赏、药用和食用，具有重要的经济价值。

版纳植物园野生天南星园占地面积 12 亩，以收集、保存我国南方和东南亚野生的天南星科植物资源为主要目标。现收集保存芋属、海芋属、广东万年青属、魔芋属、崖角藤属、千年芋属等野生天南星科植物近 60 种。

越南万年青 *Aglaonema simplex*

【科属】天南星科 广东万年青属。**【简介】**常绿多年生草本。茎深绿色，直立。叶在茎上部多密集，一般 5 ~ 6 枚叶。叶卵状长圆形，先端尾状渐尖。肉穗花序直立，与佛焰苞近等长。浆果长圆形，成熟时红色。花期 4—6 月，果期 9—10 月。**【产地】**云南。东南亚地区。

海芋 *Alocasia odora*

【科属】天南星科 海芋属。**【常用别名】**滴水观音。**【简介】**常绿多年生草本。茎上茎粗壮。叶盾状着生，阔卵形。顶端急尖，基部广心状箭形，总花梗圆柱状，通常成对由叶鞘中抽出，佛焰苞管下部粉绿色，上部黄绿色，肉穗花序比佛焰苞短。浆果，成熟时红色。花期 4—8 月，果期 6—10 月。**【产地】**华南至西南地区。南亚至东南亚。**【其他观赏地点】**全园林下阴湿处常见。

1，2，3. 越南万年青　4，5，6. 海芋

同属植物

尖尾芋 *Alocasia cucullata*

【常用别名】姑婆芋。**【简介】**常绿多年生草本。地上茎直立，黑褐色。叶片深绿色，背稍淡，宽卵状心形，先端骤狭具凸尖，基部圆心形。佛焰苞管部长圆柱形，绿色；檐部舟状，淡黄色或白色。肉穗花序比佛焰苞短。浆果近球形。花期 5 月。**【产地】**华南至西南地区。南亚至东南亚地区。**【其他观赏地点】**荫生园、南药园。

李氏香芋 *Colocasia lihengiae*

【科属】天南星科 芋属。**【简介】**陆生多年生草本植物，有匍匐茎和直立的根状茎。叶 4 ~ 6 片；叶柄浅绿色或红紫色，叶片盾状，箭形心形。佛焰花序 4 ~ 6 个，芳香，佛焰苞金黄色，开花时反折。肉穗花序上雄下雌，无附属结构。花期 7—9 月。**【产地】**云南。越南。

1, 2. 尖尾芋　3, 4. 李氏香芋

1　　2　　3

4　　5

大千年健 *Homalomena pendula*

【科属】天南星科　千年健属。【简介】常绿多年生草本。地上茎直立，常单生。叶片膜质至纸质，叶片圆心形或长圆状心形。佛焰苞绿色，展开呈舟状，肉穗花序比佛焰苞短。花期 5—7 月，果期 8—9 月。【产地】东南亚地区。

刺芋 *Lasia spinosa*

【科属】天南星科 刺芋属。【常用别名】野茨菇。【简介】常绿多年生草本，叶柄有刺，高可达 1 m。叶片形状多变，幼株上的戟形，成年植株过渡为鸟足羽状深裂。佛焰苞上部螺旋状旋转，肉穗花序圆柱形，黄绿色。浆果倒卵圆状。花期 2—4 月。【产地】云南、广西、广东、西藏及台湾。东南亚地区。【其他观赏地点】野菜园、南药园、荫生园。

1，2. 大千年健　3，4，5. 刺芋

1 2 3 4

大野芋 *Leucocasia gigantea* (*Colocasia gigantea*)

【科属】天南星科 大野芋属（芋属）。【简介】常绿多年生草本。无明显地上茎。叶柄淡绿色，具白粉，叶片长圆状心形，长可达 2 m。花序柄近圆柱形，常 5 ~ 8 枚并列于同一叶柄鞘内。佛焰苞管部绿色，檐部粉白色，舟形展开。肉穗花序短于佛焰苞。花期 4—6 月，果期 8—10 月。【产地】云南、广西、广东、福建和江西。中南半岛。【其他观赏地点】藤本园、荫生园。

红苞喜林芋 *Philodendron erubescens*

【科属】天南星科 喜林芋属。【简介】常绿附生藤本。叶片长卵圆形，大型，质稍硬，具光泽，全缘。叶柄、叶背和新梢为红色。佛焰苞内外均为红，肉穗花序白色，浆果。花期 10—11 月。【产地】巴西。【其他观赏地点】藤本园、荫生园。

龟背竹 *Monstera deliciosa*

【科属】天南星科 龟背竹属。【简介】常绿附生藤本。叶片大，轮廓心状卵形，厚革质，边缘羽状分裂，侧脉间有 1 ~ 2 个较大的空洞。佛焰苞舟状，苍白带黄色。肉穗花序近圆柱形，淡黄色。浆果。花期 7—9 月，果翌年成熟。【产地】墨西哥。【其他观赏地点】藤本园、树木园。

1. 大野芋 2. 红苞喜林芋 3, 4. 龟背竹

大野芋

石柑子 *Pothos chinensis*

【科属】天南星科 石柑属。【简介】常绿附生藤本。叶片纸质，椭圆形，披针状卵形至披针状长圆形，先端渐尖至长渐尖，常有芒状尖头。花序腋生，佛焰苞卵状，绿色，肉穗花序短，椭圆形至近圆球形，淡绿色、淡黄色。浆果红色。花期10—11月，果翌年成熟。【产地】台湾、湖北、广东、广西、四川、贵州、云南。越南、老挝、泰国。【其他观赏地点】荫生园。

同属植物

螳螂跌打 *Pothos scandens*

【简介】常绿附生藤本。叶形多变，叶片纸质，披针形至线状披针形，基部钝圆，先端渐尖。叶柄多少具耳。佛焰苞极小，紫色，舟状。肉穗花序淡绿色、淡黄至黄色，近圆球形或椭圆形。浆果红色或黄色。花期4—6月，果期翌年成熟。【产地】云南。东南亚地区。【其他观赏地点】荫生园。

1, 2. 石柑子　3, 4. 螳螂跌打

爬树龙 *Rhaphidophora decursiva*

【科属】天南星科 崖角藤属。【常用别名】过江龙。【简介】常绿附生藤本。幼枝上叶片圆形，先端骤尖，全缘。成熟枝叶片轮廓卵状长圆形、卵形，表面绿色，发亮，背面淡绿色，裂片 6 ~ 15 对。花序腋生，佛焰苞肉质，二面黄色，边缘稍淡，肉穗花序，圆柱形。浆果。花期 5—8 月，果期翌年成熟。【产地】福建、台湾、广东、广西、贵州、云南及西藏。东南亚地区。【其他观赏地点】树木园、荫生园。

同属植物

狮子尾 *Rhaphidophora hongkongensis*

【简介】常绿附生藤本。叶片通常两侧不等大，镰状椭圆形，或长圆状披针形，全缘。花序顶生和腋生。佛焰苞绿色至淡黄色，卵形，渐尖，蕾时席卷，花时脱落。肉穗花序圆柱形。浆果黄绿色。花期 4—8 月，果翌年成熟。【产地】广东、广西、贵州、海南、福建和台湾。东南亚地区。【其他观赏地点】藤本园。

1

2

1. 爬树龙 2. 狮子尾

1 2 3

4 5

毛过山龙 *Rhaphidophora hookeri*

【简介】常绿附生藤本。叶片纸质，不等侧的长圆形，全缘。叶两面无毛，但中肋背面常被柔毛。佛焰苞肉质，外面绿色，内面黄色，长圆状卵形，具长 1.5 cm 的凸尖。肉穗花序无柄。花期 3—7 月。【产地】广东、广西、贵州、四川、西藏和云南。南亚至东南亚地区。【其他观赏地点】树木园、荫生园。

大叶崖角藤 *Rhaphidophora megaphylla*

【简介】常绿附生藤本。茎圆柱形，粗壮。叶革质，极大，卵状长圆形，长 50 ~ 70 cm。佛焰苞狭长，席卷，蕾时长 20 ~ 27 cm，绿白色，花时舟状展开，淡黄色，肉质。肉穗花序无梗，圆柱形。花期 6—8 月。【产地】云南南部。老挝、泰国和越南。【其他观赏地点】树木园、名人园。

1, 2, 3. 毛过山龙　4, 5. 大叶崖角藤

广西落檐 *Schismatoglottis calyptrata*

【科属】天南星科 落檐属。【简介】多年生草本。叶片纸质，长圆形，先端锐尖，基部深心形。佛焰苞绿色，管部长 5 ~ 7 cm，纺锤形。檐部卷成角状，长 7 ~ 8 cm，后期张开。肉穗花序，雌雄花序紧密相连。花期 6 月。【产地】广西、台湾等。东南亚地区及太平洋热带岛屿。

蕉叶白鹤芋 *Spathiphyllum cannifolium*

【科属】天南星科 白鹤芋属。【简介】多年生常绿草本。叶基生，叶片长椭圆状披针形，先端渐尖，叶脉明显，叶柄长，深绿色，基部呈鞘状，叶全缘。花葶直立，高出叶丛，佛焰苞直立向上，大而显著，稍卷，白色或微绿色，肉穗花序圆柱状，乳黄色。花期 5—8 月。【产地】南美洲热带地区。【其他观赏地点】荫生园、奇花园。

泉七 *Steudnera colocasiifolia*

【科属】天南星科 泉七属。【简介】多年生草本。叶片薄革质，盾状卵圆形，先端锐尖或渐尖。花序生于叶基部，佛焰苞外面黄色，基部紫色，卵状披针形或长圆披针形，先端长尾状渐尖。初直立，后反卷。花期 3—4 月。【产地】云南、广西。中南半岛。【其他观赏地点】沟谷林。

1, 2, 3. 广西落檐　4. 蕉叶白鹤芋　5. 泉七

泉七

春羽 *Thaumatophyllum bipinnatifidum* (*Philodendron bipinnatifidum, P. selloum*)

【科属】天南星科 鹅掌芋属（喜林芋属）。【常用别名】羽叶喜林芋、羽裂蔓绿绒。【简介】常绿附生藤本。具短茎，成年株茎常匍匐生长，老叶不断脱落，新叶主要生于茎的顶端，轮廓为宽心脏形，羽状深裂，裂片宽披针形。佛焰苞外面绿色，内面黄白色，肉穗花序总梗甚短，白色。浆果。花期3—5月。【产地】南美洲。【其他观赏地点】荫生园、树木园。

金钱蒲 *Acorus gramineus*

【科属】菖蒲科（天南星科） 菖蒲属。【常用别名】石菖蒲、洗手香。【简介】常绿草本，高20～30 cm。叶基对折，线性，有浓烈香味。肉穗花序黄绿色，圆柱形，果黄绿色。花期5—6月，果期7—8月。【产地】中国南方地区。亚洲。【其他观赏地点】南药园。

马蹄犁头尖 *Typhonium trilobatum*

【科属】天南星科 犁头尖属。【简介】多年生草本。叶形变化较大，老株叶片轮廓宽心状卵形，3浅裂或深裂；幼株叶片呈3深裂戟形。花序生于叶基部，佛焰苞紫红色带绿色，檐部长卵状披针形，渐尖，附属器紫红色，长圆锥形。花期4—6月。【产地】广东、广西和云南。印度至中南半岛。

1, 2. 春羽　3. 金钱蒲　4, 5. 马蹄犁头尖

野生姜园

姜科植物全世界有 60 属约 1300 种，广布于世界热带和亚热带地区，但其种类多样性分化中心在亚洲热带地区，是典型的亚洲热带植物科。我国有姜科植物 20 属约 226 种，主要分布于西南和东南地区，其中尤以云南、海南、广东、广西为盛。姜科植物常为多年生草本，喜温暖、半阴和湿润的生长环境，少有病虫害，对光照和水分的变化有较高的忍受能力，适宜粗放管理，在热带和亚热带地区的园林中也有较多应用。

姜科植物中有许多种类均为著名的药材和香料，如砂仁、益智、豆蔻、姜黄等，不少种类还可观赏，因而具有很高的经济价值。近年来随着森林的砍伐，姜科植物赖以生存的环境受到严重破坏，许多种类已十分稀少，一些生境较窄、地理分布范围较小的特有种、地方种已处于濒危状态。对姜科植物资源的保护和合理开发利用已刻不容缓。版纳植物园野生姜园占地面积 30 亩，重点保护中国热带地区的姜科植物，并对亚洲热带地区的姜科植物进行广泛引种和收集，目前该园区已收集保存山姜属、砂仁属、豆蔻属、凹唇姜属、姜黄属、姜花属、舞花姜属、姜属、山柰属等野生姜科植物以及近缘的闭鞘姜科植物约 200 种。

闭鞘姜 *Cheilocostus speciosus* (*Costus speciosus*)

【科属】闭鞘姜科 闭鞘姜属（宝塔姜属）。【常用别名】水蕉花。【简介】高 1 ~ 3 m。叶片长圆形或披针形，顶端渐尖或尾状渐尖，基部近圆形。穗状花序，苞片卵形，革质，红色；花萼革质，红色，花冠管裂片长圆状椭圆形，白色或顶部红色，唇瓣宽喇叭形，白色，雄蕊花瓣状。花期 6—9 月，果期 9—11 月。【产地】台湾、广东、广西、云南等。亚洲热带地区。【其他观赏地点】野菜园、民族园、国花园。

丛毛宝塔姜 *Costus comosus*

【科属】闭鞘姜科 宝塔姜属。【常用别名】红苞闭鞘姜、宝塔姜。【简介】多年生草本。高 1 ~ 2 m。叶片深绿色，在茎上近螺旋状向上生长，叶长椭圆形，先端尖，基部渐狭，无柄。花序呈塔状，由深红色苞片呈覆瓦状排列，管状花金黄色。花期 4—9 月。【产地】中美洲。【其他观赏地点】荫生园。

1, 2. 闭鞘姜　3, 4. 丛毛宝塔姜

同属植物

橙苞宝塔姜 *Costus productus*

【简介】多年生草本，高约 40 cm。叶在茎上螺旋排列，椭圆形，先端尾尖，两面被毛。花序顶生，密集，苞片红色，花冠橙红色。花期 3—10 月。【产地】中美洲、南美洲。【其他观赏地点】树木园、荫生园。

大苞宝塔姜 *Costus dubius*

【常用别名】大苞闭鞘姜。【简介】多年生草本植物，高可达 1 ~ 2 m。叶片圆形或披针形，先端尖，基部楔形，呈螺旋状排列。穗状花序，高约 20 cm，苞片绿色，花白色，上有黄色斑块。花期 4—9 月。【产地】非洲热带地区。【其他观赏地点】南药园、荫生园。

1, 2. 橙苞宝塔姜　3, 4, 5. 大苞宝塔姜

1 2

3

彩旗宝塔姜 *Costus lucanusianus*

【常用别名】非洲彩旗闭鞘姜。**【简介】**多年生草本，高可达 3 m。叶螺旋状排列，叶片椭圆形，全缘，绿色。花序顶生，苞片卵形，绿色，花瓣粉红色，上具黄色斑块。花期 5—9 月。**【产地】**非洲热带地区。**【其他观赏地点】**南药园、荫生园。

纹瓣宝塔姜 *Costus pictus*

【常用别名】纹瓣闭鞘姜。**【简介】**多年生草本。叶螺旋状排列，倒卵状椭圆形，先端尾尖，边缘波浪状。花序顶生，苞片绿色，排列紧密，花黄色，具紫红色条纹。花期 6—8 月。**【产地】**中美洲。**【其他观赏地点】**荫生园。

1, 2. 彩旗宝塔姜　3. 纹瓣宝塔姜

1　2　3

4　5　6

西洋宝塔姜 *Costus atlanticus*

【常用别名】鳞甲闭鞘姜。【简介】多年生草本。叶螺旋状排列，倒卵状椭圆形，先端渐尖。花生茎顶端，鳞片常带紫红色，排列紧密，花粉红色。花期6—8月，果期10—11月。【产地】南美洲。

穗花宝塔姜 *Costus spicatus*

【常用别名】穗花闭鞘姜。【简介】与西洋宝塔姜相似，明显不同之处是花朵的唇瓣是黄色的。花期6—8月。【产地】西印度群岛。【其他观赏地点】荫生园。

竹节宝塔姜 *Costus stenophyllus*

【常用别名】竹节闭鞘姜。【简介】多年生草本，茎细而直。叶鞘上部紫色，下部灰白色，叶片线状披针形，螺旋状排列。花茎从地面伸出，高达40 cm，花黄色。花期5—7月。【产地】哥斯达黎加。【其他观赏地点】荫生园、百竹园、民族园。

1，2. 西洋宝塔姜　3. 穗花宝塔姜　4，5，6. 竹节宝塔姜

金毛宝塔姜 *Costus villosissimus*

【常用别名】长毛闭鞘姜、柔毛闭鞘姜。**【简介】**多年生草本植物，高可达 2 m，全株被黄色柔毛。叶长圆形，先端尖，基部渐狭，无柄。花着生于茎顶，鲜黄色。花期 6—9 月。**【产地】**哥斯达黎加、哥伦比亚。

云南地莴笋花 *Parahellenia yunnanensis*

【科属】闭鞘姜科 地莴笋花属（宝塔姜属）。**【简介】**多年生草本，高达 4 m，上部有分枝。叶倒卵状长圆形，先端具短尖头，基部渐窄或近圆。穗状花序自根茎生出，苞片覆瓦状排列，顶端紫红色，具锐利硬尖头。花黄色，喇叭形。花期 7—8 月，果期 9—11 月。**【产地】**云南、广西、广东。**【其他观赏地点】**沟谷雨林。

1, 2. 金毛宝塔姜　3, 4. 云南地莴笋花

云南草蔻 *Alpinia blepharocalyx*

【科属】姜科 山姜属。【简介】丛生草本，株高 1 ~ 3 m。叶片披针形或倒披针形，长 45 ~ 60 cm，叶背密被长柔毛，叶柄长达 2 cm。总状花序直立，长 20 ~ 30 cm，花序轴被粗硬毛，小苞片椭圆形，脆壳质，花冠肉红色。果椭圆形，被毛。花期 3—4 月，果期 7—12 月。【产地】云南。孟加拉国、印度、老挝、缅甸、泰国、越南。

同属植物

老挝山姜 *Alpinia laosensis*

【简介】丛生草本，高 1.2 ~ 2 m。叶片披针形，长 20 ~ 30 cm，宽 7 ~ 10 cm，顶端急尖，基部钝，叶舌全缘，被绒毛或无毛。圆锥花序，第二级分枝多且短，花呈蝎尾状聚伞花序排列，花冠紫红色。果枣红色，芳香。花期 6—7 月，果期 9—11 月。【产地】云南。亚洲热带地区。

1, 2, 3. 云南草蔻
4, 5. 老挝山姜

1

2

3

4

黑果山姜 *Alpinia nigra*

【简介】丛生草本，高 1.5 ~ 3 m。叶片长 25 ~ 40 cm，宽 6 ~ 8 cm，顶端及基部急尖，无柄，叶舌长 4 ~ 6 mm。圆锥花序顶生，分枝开展，花在分枝上作近伞形花序式排列，花粉红色。果圆球形，干时黑色。花期 6—7 月，果期 8—12 月。【产地】云南。不丹、印度、斯里兰卡、泰国。【其他观赏地点】野菜园。

华山姜 *Alpinia oblongifolia*

【简介】丛生草本，高约 1 m。叶长 20 ~ 30 cm，宽 3 ~ 10 cm，顶端渐尖或尾状渐尖，基部渐狭，叶舌膜质，2 裂。狭圆锥花序，分枝短，花白色。果球形。花期 5—7 月，果期 8—12 月。【产地】东南部至西南部。老挝、越南。

1, 2. 黑果山姜　3, 4. 华山姜

益智 *Alpinia oxyphylla*

【简介】高 1 ~ 3 m。叶片披针形，顶端渐狭，具尾尖，基部近圆形。总状花序在花蕾时全部包藏于一帽状总苞片中，花萼筒状，花冠裂片长圆形，后方的 1 枚稍大，白色，唇瓣粉白色而具红色脉纹。蒴果。花期 3—5 月，果期 4—9 月。**【产地】**广东、海南、广西。**【其他观赏地点】**姜园、南药园、混农林。

宽唇山姜 *Alpinia platychilus*

【简介】丛生草本，株高 2 m。叶片长约 60 cm，宽约 16 cm，近无柄，叶舌长 1 cm，被黄色长柔毛。总状花序直立，花序轴极粗壮，花冠白色，唇瓣黄色染红，顶端 2 裂。花期 6 月，果期 9 月。**【产地】**云南南部。

1. 益智　2, 3. 宽唇山姜

无毛砂仁 *Amomum glabrum*

【科属】姜科 豆蔻属。【简介】散生草本，高 0.8 ~ 1.5 m，全株无毛。叶披针形，长 25 ~ 55 cm，宽 4 ~ 5 cm，叶舌 2 裂，长 3 ~ 4 mm。花序从根茎生出，花白色，唇瓣倒卵形，边缘皱，中下部黄色，具红色斑点。花期 4—5 月。【产地】云南。

同属植物

单叶豆蔻 *Amomum monophyllum* (*Elettariopsis monophylla*)

【常用别名】单叶拟豆蔻。【简介】草本，几无地上茎。叶单生，稀成对，叶椭圆形或卵形，基部不对称，叶柄长约 14 cm。头状花序 4 ~ 5 枚，从根茎生出，花白色。花期 4—5 月。【产地】海南。老挝。【其他观赏地点】荫生园。

1, 2. 无毛砂仁　3, 4. 单叶豆蔻

1 2 3 4

银叶砂仁 *Amomum sericeum*

【简介】粗壮草本，高 1 ~ 3 m。叶片披针形，长 48 ~ 65 cm，宽 7 ~ 15 cm，叶背被紧贴的银色绢毛。穗状花序近球形，花冠白色，唇瓣长圆形，中脉黄色，有红色条纹。蒴果倒圆锥形或倒卵圆形，具 3 ~ 5 棱。花期 4—5 月，果期 7—9 月。【产地】云南南部。印度、缅甸、尼泊尔。

金氏凹唇姜 *Boesenbergia kingii*

【科属】姜科 凹唇姜属。【简介】散生草本，高 40 ~ 50 cm，几无地上茎。叶阔椭圆形，大型，先端渐尖，基部圆形，稍不对称。花序生基部，具 1 ~ 2 朵花，花冠细长，花外部白色，唇瓣内侧鲜红色。花期 6—7 月。【产地】云南。印度、缅甸、泰国。【其他观赏地点】南药园。

1, 2. 银叶砂仁　3, 4. 金氏凹唇姜

同属植物

大花凹唇姜 *Boesenbergia maxwellii*

【简介】多年生草本。叶片卵形，绿色，基部心形；花朵单独由根茎发出，花粉白色；花冠管长达 4 cm，裂片披针形，两侧的 2 枚较狭；侧生退化雄蕊卵圆形，短于侧裂片；唇瓣倒卵圆形，近基部深红色，外侧粉红色，边缘具不规则齿。花期 7—8 月。【产地】云南南部。泰国、缅甸、老挝。【其他观赏地点】绿石林。

大花凹唇姜

顶花莪术 *Curcuma yunnanensis*

【科属】姜科 姜黄属。【简介】多年生草本。叶阔披针形至长圆形，正面沿中脉常具紫色条带，两面均无毛。植株秋季开花，花葶自叶鞘中抽出，苞片卵形至倒卵形，顶端钝，下部绿色，顶端红色，上部较长呈紫红色；花萼紫红色，顶端 3 裂，唇瓣黄色。花期 8—9 月。【产地】云南。【其他观赏地点】国花园、民族园。

茴香砂仁 *Etlingera yunnanensis*

【科属】姜科 茴香砂仁属。【简介】茎丛生，高约 1.5 m。叶片披针形，叶舌卵形，长约 1 cm，不裂。总花梗由根茎生出，花序头状，贴近地面，唇瓣中央紫红色，边缘黄色，揉之有茴香味。花期 4—5 月。【产地】云南南部。【其他观赏地点】南药园。

1

2

3

4

1, 2. 顶花莪术 3, 4. 茴香砂仁

毛舞花姜 *Globba barthei*

【科属】姜科　舞花姜属。【简介】丛生草本，高 30 ~ 60 cm，全株被毛。叶片椭圆形或长圆形。圆锥花序顶生，稍弯垂，下部苞片内有珠芽，花橙黄色。花期 6—7 月。【产地】云南南部。菲律宾、柬埔寨、老挝。

同属植物

瑞丽舞花姜 *Globba ruiliensis*

【简介】丛生草本，高 0.6 ~ 1 m。叶片长圆形或卵状披针形，顶端尾尖，基部急尖。圆锥花序顶生，长 15 ~ 20 cm，苞片早落，花黄色，各部均具橙色腺点。蒴果椭圆形，直径约 1 cm，无疣状凸起。花期 6—9 月。【产地】云南。

1，2. 毛舞花姜　3，4，5. 瑞丽舞花姜

1　　2　　3

双翅舞花姜 *Globba schomburgkii*

【**简介**】高 30 ~ 50 cm。叶片 5 ~ 6 枚，椭圆状披针形，顶端尾状渐尖，基部钝。圆锥花序下垂，有 2 至多朵花，在苞片内仅有珠芽，珠芽卵形，表面疣状。花黄色，萼钟状，具 3 齿，花冠裂片卵形，唇瓣黄色。花期 8—9 月。【**产地**】云南。中南半岛。【**其他观赏地点**】姜园、荫生园。

姜花 *Hedychium coronarium*

【**科属**】姜科 姜花属。【**常用别名**】白姜花、蝴蝶花。【**简介**】高 1 ~ 2 m。叶片长圆状披针形或披针形，顶端长渐尖，基部急尖。穗状花序顶生，椭圆形，苞片呈覆瓦状排列，卵圆形，花芬芳，白色，花冠管纤细，唇瓣倒心形，白色。花期 8—9 月。【**产地**】四川、云南、广西、广东、湖南和台湾。东南亚地区至澳大利亚。【**其他观赏地点**】姜园。

同属植物

普洱姜花 *Hedychium puerense*

【**简介**】从生草本，高 1.2 ~ 2 m。叶片椭圆状披针形，长达 65 cm，舌叶 1.8 ~ 3.8 cm，密被绒毛。苞片狭窄卵形，花冠筒白色，长 5.2 ~ 6 cm，唇瓣白色。花期 8—9 月。【**产地**】云南。

4　　5　　6

1, 2, 3. 双翅舞花姜　4, 5. 姜花　6. 普洱姜花

紫花山柰 *Kaempferia elegans*

【科属】姜科 山柰属。**【简介】**根茎匍匐。叶2～4片一丛，叶片长圆形，顶端急尖，基部圆形，质薄，叶面绿色，叶背稍淡。头状花序，苞片绿色，花淡紫色，花冠管纤细，唇瓣2裂至基部。花期5—9月。**【产地】**四川。印度至马来半岛、菲律宾。**【其他观赏地点】**树木园、姜园。

同属植物

海南三七 *Kaempferia rotunda*

【简介】根茎块状，根粗。叶片长椭圆形，叶面淡绿色，中脉两侧深绿色，叶背紫色。头状花序有花4～6朵，先开花，后出叶，花白色，唇瓣蓝紫色，近圆形。花期4—5月，**【产地】**广东、广西、海南、台湾。印度、印度尼西亚、马来西亚、缅甸、斯里兰卡、泰国。**【其他观赏地点】**南药园、荫生园、国花园。

荽味草果 *Lanxangia coriandriodora* (*Amomum coriandriodorum*)

【科属】姜科 草果属（豆蔻属）。**【常用别名】**荽味姜、荽味砂仁。**【简介】**丛生草本，高1～2 m。叶片长椭圆形，两端渐尖，长30～40 cm，叶柄长2～3 cm，叶舌长约1 cm。花序从根茎上生出，近头状，花每次开一轮，橘红色。花期4—5月。**【产地】**云南南部。泰国。

1, 2. 紫花山柰　3, 4. 海南三七　5. 荽味草果

紫花山柰

海南三七

窄唇姜 *Larsenianthus careyanus*

【科属】姜科 窄唇姜属。【简介】丛生草本，高 1 ~ 1.5 m。叶椭圆形，先端渐尖，基部宽楔形，叶舌膜质，长约 2 cm，长于叶柄。穗状花序顶生，苞片开展，边缘白色，花白色，唇瓣狭长。花期 7—9 月。【产地】印度、孟加拉国和缅甸。

疣果野草果 *Meistera muricarpa* (*Amomum muricarpum*)

【科属】姜科 野草果属（豆蔻属）。【常用别名】疣果豆蔻。【简介】丛生草本，高 1.5 ~ 2 m。叶椭圆状披针形，长 25 ~ 30 cm，宽 5 ~ 8 cm，先端尾尖，基部圆形。花序从根茎生出，密集，花冠外部橘红色，内侧黄色。果实球形，密被疣刺。花期 4—9 月，果期 6—11 月。【产地】广东、广西。菲律宾、越南。【其他观赏地点】绿石林。

1, 2, 3. 窄唇姜　4, 5. 疣果野草果

土田七 *Stahlianthus involucratus*

【科属】姜科 土田七属。【简介】丛生草本，高 15 ~ 30 cm。叶片倒卵状长圆形或披针形，绿色或染紫。花 10 ~ 15 朵聚生于钟状的总苞中，花白色，唇瓣倒卵状匙形。花期 4—5 月。【产地】云南、广西、广东、福建。印度、缅甸、泰国。【其他观赏地点】民族园、南药园。

砂仁 *Wurfbainia villosa* (*Amomum villosum*)

【科属】姜科 砂仁属（豆蔻属）。【简介】散生草本，株高 1.5 ~ 3 m。叶片线形至长披针形，叶舌半圆形。穗状花序从根茎生出，总花梗长 4 ~ 8 cm，花冠白色，唇瓣圆匙形，顶端具 2 裂、反卷。蒴果椭圆形，成熟时紫红色，表面被柔刺。花期 5—6 月，果期 8—9 月。【产地】福建、广东、广西和云南。【其他观赏地点】百香园、南药园、荫生园、民族园。

同属植物

双花砂仁 *Wurfbainia biflora*

【简介】散生草本，高约 1 m。叶倒披针形，先端短尾尖，基部楔形，叶舌短，长约 2 mm。花序从根茎生出，通常具 2 花，花白色，唇瓣近圆形，先端反卷，中部具黄色斑纹。花期 5—6 月。【产地】马来西亚、印度尼西亚。

1，2. 土田七　3，4. 砂仁　5，6. 双花砂仁

黄斑姜 *Zingiber flavomaculosum*

【**科属**】姜科 姜属。【**简介**】丛生草本，高 1 ~ 1.5 m。叶窄披针形或长椭圆形，叶舌 2 裂，长 4 ~ 5 cm。头状花序从根状茎生出，花紫色，具黄色斑点。果实成熟后开裂，红色。花期 7—9 月，果期 10—11 月。【**产地**】云南。【**其他观赏地点**】南药园、名人园。

黄斑姜

同属植物

圆瓣姜 *Zingiber orbiculatum*

【简介】丛生草本，高 1.4 ~ 2 m，茎被白粉。叶针形，长 45 ~ 60 cm，宽 7 ~ 9 cm，舌状绿色白色，长 1.3 ~ 1.5 cm。头状花序从根状茎生出，贴地面花白色，唇瓣白色，近圆形。果实成熟后开裂，红色。花期 6—9 月，果期 11—12 月。【产地】云南。【其他观赏地点】野菜园、民族园。

弯管姜 *Zingiber recurvatum*

【简介】草本，高 2 ~ 3 m。叶无柄，椭圆状披针形，叶舌 2 裂，长 8 ~ 11 mm。花序从根状茎生出，红色，花冠红色，唇瓣具红白相间斑纹。花期 8—9 月。【产地】云南。

红球姜 *Zingiber zerumbet*

【简介】多年生常绿草本。根茎块状，内部淡黄色；叶片披针形至长圆状披针形；花序球果状，顶端钝，长 6 ~ 15 cm，苞片覆瓦状紧密排列，初时淡绿色，后变红色；花冠淡黄色。花期 7—9 月，果期 10—11 月。【产地】广东、广西、云南、台湾等。南亚至东南亚地区。【其他观赏地点】荫生园。

1, 2, 3. 圆瓣姜　4. 弯管姜　5. 红球姜

野生食用植物园

野生食用植物支撑着人类度过了漫长的史前期，今天仍是世界上许多民族用以度荒的重要食物。许多野生食用植物具有丰富的营养成分、药用保健成分和独特风味，已形成相应产业。野生种类保留更丰富的遗传基因，是栽培作物育种中最为重要的基因资源。其中最为著名的案例便是袁隆平利用野生稻中雄性不育基因攻克了杂交水稻的关键技术而解决了中国人的粮食问题。

野生食用植物园（简称“野菜园”）由中国科学院科技创新项目支持，在原野生蔬菜植物专类园的基础上，于 2009 年开始，历经 3 年建成。本园区面积约 120 亩，收集保存野生食用及栽培植物近缘种 450 种，按照所食用植物的部位将该园划分为野生食果区、野生食花区、野生食茎叶区和野生食根区，除此以外，还有许多野生栽培植物近缘种点缀于各区内。这是目前世界上收集保存野生食用植物种类最多、面积最大的专类园区。

酸薹菜 *Ardisia solanacea*

【科属】报春花科（紫金牛科）紫金牛属。**【常用别名】**酸苔菜。**【简介】**灌木或乔木，高 6 m 以上。叶片坚纸质，椭圆状披针形或倒披针形，顶端急尖、钝或近圆形，基部急尖或狭窄下延。复总状花序或总状花序，腋生，花瓣粉红色。果扁球形。花期 2—3 月，果期 8—11 月。**【产地】**云南、广西。斯里兰卡、新加坡。**【其他观赏地点】**民族园、野花园。

1, 2, 3, 4. 赤苍藤
5. 水香薷

赤苍藤 *Erythropalum scandens*

【科属】赤苍藤科（铁青树科）赤苍藤属。【简介】常绿藤本，具腋生卷须。叶纸质至近革质，卵形，顶端渐尖，基出脉 3 条。花序分枝及花梗均纤细，花小，黄绿色。核果椭圆状，全为增大呈壶状的花萼筒所包围，成熟时淡红褐色，常不规则开裂为 3 ~ 5 瓣。花期 4—5 月，果期 7—9 月。【产地】云南、贵州、西藏、广西、广东。东南亚地区。【其他观赏地点】藤本园。

水香薷 *Elsholtzia kachinensis*

【科属】唇形科　香薷属。【简介】多年生草本。茎平卧，被柔毛。叶卵圆形或卵圆状披针形，先端钝，基部宽楔形，边缘在基部以上具圆锯齿。穗状花序于茎及枝上顶生，由具 4 ~ 6 朵花的轮伞花序组成，花紫色，密集。花期 9 月—翌年 1 月。【产地】江西、湖南、广东、广西、四川及云南。缅甸。

1　　2

3

云南石梓 *Gmelina arborea*

【**科属**】唇形科（马鞭草科）石梓属。【**常用别名**】滇石梓。【**简介**】落叶乔木，高达 15 m。叶片厚纸质，广卵形，顶端渐尖，基部浅心形至阔楔形。聚伞花序组成顶生的圆锥花序，花萼钟状，花冠黄色，外面密被黄褐色绒毛，二唇形，上唇全缘或 2 浅裂，下唇 3 裂。花期 4—5 月，果期 5—7 月。【**产地**】云南。南亚至东南亚地区。【**其他观赏地点**】民族园。

大穗崖豆 *Millettia macrostachya*

【**科属**】豆科 崖豆藤属。【**简介**】乔木，高约 10 m。羽状复叶，小叶 3 ~ 5 对，纸质，阔长圆状或倒卵状椭圆形，先端锐尖，基部阔楔形或钝。总状圆锥花序腋生，粗壮挺直，花 3 ~ 7 朵簇生节上，淡红色至淡紫色。荚果线形，无毛。花期 3 月，果期 8 月。【**产地**】云南。

1, 2. 云南石梓　3. 大穗崖豆

猪腰豆 *Padbruggea filipes* (*Afgekia filipes*)

【科属】豆科 猪腰豆属(绢丝花属)。【简介】大型攀缘藤本，长达20 m。羽状复叶，小叶8～9对，近对生，长圆形，先端钝，渐尖至尾尖，基部圆钝，两侧不等大。总状花序生于老茎或当年侧枝上，先花后叶，花冠堇青色至淡红色。荚果大型，纺锤状长圆形，密被银灰色绒毛，表面具明显斜向脊棱。花期2—4月，果期9—11月。【产地】广西、云南。【其他观赏地点】藤本园。

臭菜 *Senegalia pennata* subsp. *insuavis* (*Acacia pennata*)

【科属】豆科 儿茶属(广义金合欢属)。【常用别名】羽叶金合欢。【简介】攀缘、多刺藤本，小枝和叶轴均被锈色短柔毛。二回羽状复叶，总叶柄基部及叶轴上部羽片着生处稍下均有凸起的腺体1枚；羽片8～22对；小叶30～54对，线形。头状花序圆球形，排成腋生或顶生的圆锥花序，花白色。果带状，边缘呈浅波状。花期8—10月，果期翌年4月。【产地】云南、广东、福建。亚洲和非洲热带地区。【其他观赏地点】绿石林。

1, 2, 3. 猪腰豆　4, 5. 臭菜

红瓜 *Coccinia grandis*

【科属】葫芦科 红瓜属。【简介】草质藤本。叶片阔心形，常有 5 个角或稀近 5 个中裂，先端钝圆，基部弯缺近圆形。雌雄异株，雌花、雄花均单生，花冠白色或稍带黄色。果实纺锤形，熟时深红色。花期 5—7 月，果期 8—12 月。【产地】广东、广西和云南。广布亚洲和非洲热带地区。【其他观赏地点】藤本园。

云南木鳖 *Momordica subangulata* subsp. *renigera*

【科属】葫芦科 苦瓜属。【简介】草质藤本。叶片膜质，卵状心形或宽卵状心形，边缘有小齿或角，基部心形，弯缺近方形，卷须丝状，不分歧。雌雄异株，花单生于叶腋，苞片圆肾形，花萼裂片顶端微凹，花冠黄色。果实卵球形或卵状长圆形，外面密被柔软的长刺。花期 6—8 月，果期 8—10 月。【产地】云南、贵州、广东、广西。东南亚地区。

1, 2, 3. 红瓜　4. 云南木鳖

1, 2, 3. 糖胶树　4, 5. 南山藤

糖胶树 *Alstonia scholaris*

【科属】夹竹桃科 鸡骨常山属。【常用别名】灯架树、面条树。【简介】乔木，高达 20 m。叶 3 ~ 8 片轮生，倒卵状长圆形、倒披针形或匙形，稀椭圆形或长圆形，顶端圆形，钝或微凹，稀急尖或渐尖，基部楔形。花白色，花冠高脚碟状。蓇葖果 2 枚，细长，线形。花期 6—11 月，果期 10 月—翌年 4 月。【产地】广西和云南。东南亚地区和澳大利亚。【其他观赏地点】能源园、名人园、树木园、南药园。

南山藤 *Dregea volubilis*

【科属】夹竹桃科 南山藤属。【简介】木质大藤本，枝条具小瘤状凸起。叶宽卵形或近圆形，顶端急尖或短渐尖，基部截形或浅心形。花多朵，组成伞形状聚伞花序，腋生，倒垂，花冠黄绿色，夜吐清香。蓇葖果披针状圆柱形，双生。花期 3—5 月，果期 7—12 月。【产地】贵州、云南、广西、广东及台湾等。亚洲热带地区。【其他观赏地点】荫生园、棕榈园、藤本园。

1　　2

3　　4　　5

红叶木槿 *Hibiscus acetosella*

【科属】锦葵科 木槿属。【常用别名】红叶槿。【简介】草本，高达 2 m。叶互生，紫红色，3 ~ 5 深裂，裂片先端钝尖或圆形。花单生叶腋，紫红色，萼片肉质。蒴果圆锥形。花期 10—12 月。【产地】非洲。【其他观赏地点】奇花园、民族园、南药园。

同属植物

玫瑰茄 *Hibiscus sabdariffa*

【常用别名】洛神花。【简介】一年生直立草本，高达 2 m，茎淡紫色。叶异型，下部的叶卵形，不分裂，上部的叶掌状 3 深裂。花单生于叶腋，小苞片 8 ~ 12，红色，肉质，花黄白色，内面基部深红色。蒴果卵球形。花期 8—9 月。【产地】非洲。【其他观赏地点】南药园。

1，2. 红叶木槿　3，4，5. 玫瑰茄

铜锤玉带草 *Lobelia angulata*

【科属】桔梗科 半边莲属。【简介】多年生草本，茎平卧，有白色乳汁。叶互生，叶片圆卵形、心形或卵形，边缘有牙齿。花单生叶腋，花冠紫红色至黄白色，裂片 5 枚，二唇形。浆果紫红色，椭圆状球形。花果期几乎全年。【产地】中国南部地区。

糯米香 *Strobilanthes tonkinensis*

【科属】爵床科 马蓝属。【简介】多年生草本，植株干时散发出糯米香气。叶对生，常不等大，被短糙状毛，先端急尖，基部楔形下延，边缘具圆锯齿。穗状花序单生，顶生或腋生，花序轴被柔毛及腺毛，花冠新白色，裂片风车状。蒴果圆柱形。花期 3—4 月。【产地】云南和广西。泰国和越南。

1, 2. 铜锤玉带草 3, 4. 糯米香

金荞麦 *Fagopyrum dibotrys*

【科属】蓼科 荞麦属。【常用别名】野荞麦。【简介】多年生草本，地上茎直立，叶三角形，托叶鞘筒状，膜质，褐色。花序伞房状，顶生或腋生；花小，花被 5 深裂，白色。嫩茎叶可作蔬菜食用。花期 7—9 月，果期 8—10 月。【产地】中国大部分地区。印度、尼泊尔、越南、泰国。【其他观赏地点】南药园。

尼泊尔水东哥 *Saurauia napaulensis*

【科属】猕猴桃科 水东哥属。【简介】常绿小乔木。叶薄革质，椭圆形或倒卵状矩圆形，侧脉 30 ~ 40 对。圆锥花序腋生，花钟状，粉红色，顶部反卷。浆果近球形。花期 7—12 月。【产地】广西、贵州、四川和云南。印度、尼泊尔至中南半岛。

1, 2. 金荞麦 3, 4. 尼泊尔水东哥

1 2 3 4

南洋橄榄 *Spondias dulcis*

【科属】漆树科 槟榔青属。【常用别名】食用槟榔青、加椰芒。【简介】落叶乔木。叶互生，奇数羽状复叶，小叶对生，9 ~ 25 对，椭圆形或倒卵状长圆形，边缘有细锯齿。圆锥花序，小花白色。核果椭圆形或椭圆状卵形，成熟时金黄色。花期 3—5 月，果期 8—12 月。【产地】太平洋诸岛。

旋花茄 *Solanum spirale*

【科属】茄科 茄属。【简介】直立灌木。叶互生，椭圆状披针形。聚伞花序螺旋状，腋生，花冠白色。浆果球形，成熟时橘黄色。花期 7—9 月，果期 10 月—翌年 3 月。【产地】云南、广西、湖南。印度、孟加拉国、缅甸及越南。【其他观赏地点】南药园、民族园、藤本园。

1，2. 南洋橄榄　3，4. 旋花茄

1, 2. 水茄
3. 蕺菜　4. 水芹

1

2

3

4

同属植物

水茄 *Solanum torvum*

【简介】灌木，小枝具皮刺。叶互生，卵形至椭圆形，边缘常 5 ~ 7 浅裂。伞房花序腋生，花冠白色。浆果球形，成熟时由绿色转为黄色。花果期可达全年。【产地】亚洲和美洲热带地区。

蕺菜 *Houttuynia cordata*

【科属】三白草科　蕺菜属。【常用别名】鱼腥草。【简介】多年生草本。地下有匍匐根状茎。叶卵形或阔卵形，基部心形。总苞白色，花瓣状。穗状花序，小花密集排列成圆柱形。花期 4—7 月。【产地】中国长江以南大部分地区。亚洲东部和东南部地区。【其他观赏地点】南药园。

水芹 *Oenanthe javanica*

【科属】伞形科 水芹属。【简介】多年生草本，基生叶一至二回羽状分裂，末回裂片卵形至菱状披针形。复伞形花序顶生，有花 20 余朵，小花白色。花期 6—7 月，果期 8—9 月。【产地】东亚、南亚和东南亚地区。

薄叶山柑 *Capparis tenera*

【科属】山柑科 山柑属。【简介】常绿灌木或藤本。叶椭圆形或倒卵形。花 2 ~ 3 朵排成一列，腋生。花瓣 4 枚，白色，内外均被绒毛。雄蕊 14 ~ 18 枚，花丝细长。浆果球形，成熟时红色。花期 2—4 月，果期 6—8 月。【产地】云南。泰国、缅甸、印度至非洲。【其他观赏地点】树木园、南药园。

树头菜 *Crateva unilocularis*

【科属】山柑科 鱼木属。【简介】落叶小乔木。小叶薄革质，掌状三出复叶。总状花序，花瓣 4 枚，白色或黄色，雄蕊多数，花丝极长。花期 3—7 月，果期 7—8 月。【产地】广东、广西及云南。东南亚地区。【其他观赏地点】南药园、民族园。

1

2 3

1. 薄叶山柑 2，3. 树头菜

1

2

3

1，2. 大果藤黄　3. 野芋

大果藤黄 *Garcinia pedunculata*

【科属】藤黄科　藤黄属。【简介】常绿大乔木，高约 20 m；叶片坚纸质，椭圆形，长 15 ~ 25 cm，侧脉整齐。花杂性，异株，4 基数；雄花序顶生，圆锥状聚伞花序，花梗粗壮，花瓣黄色，雄蕊合生成 1 束，几无花丝；雌花通常成对或单生于枝条顶端；花梗粗壮，子房近圆球形，柱头辐射状，8 ~ 10 裂。果大，成熟时扁球形，直径 10 ~ 20 cm，黄色，光滑。花期 8—12 月，果期 12 月—翌年 1 月。【产地】云南、西藏。印度和孟加拉国北部地区。

野芋 *Colocasia antiquorum*

【科属】天南星科　芋属。【常用别名】滇南芋。【简介】常绿多年生草本。块茎球形。叶片薄革质，盾状卵形，基部心形。佛焰苞苍黄色，管部淡绿色，长圆形；檐部狭长，线状披针形，先端渐尖。肉穗花序短于佛焰苞。花期 5—9 月。【产地】云南。印度、缅甸、老挝和泰国。【其他观赏地点】荫生园。

田基麻 *Hydrolea zeylanica*

【科属】田基麻科　田基麻属。【简介】一年生草本。茎直立或平卧。叶披针形或椭圆状披针形，先端短尖或渐尖，基部楔形，全缘，两面无毛；短总状花序顶生，被腺毛；花冠辐状，蓝色，冠檐裂片卵形。蒴果卵圆形，为宿萼包被。花期 2—3 月。【产地】广东、广西、海南、云南、福建等。南亚至东南亚地区、非洲和大洋洲热带地区。

大果藤黄
田基麻

刚毛白簕 *Eleutherococcus trifoliatus*

【**科属**】五加科　五加属。【**常用别名**】刺五加。【**简介**】常绿灌木，新枝疏生皮刺。叶有小叶 3 枚，小叶片纸质，椭圆状卵形至椭圆状长圆形。多个伞形花序组成顶生复伞形花序或圆锥花序。花黄绿色，5 基数。果实扁球形，黑色。花期 8—11 月，果期 9—12 月。【**产地**】中国南方大部分地区。印度、日本和东南亚地区。【**其他观赏地点**】民族园、南药园。

刺通草 *Trevesia palmata*

【**科属**】五加科　刺通草属。【**简介**】常绿小乔木。叶为大型单叶，直径达 60 ~ 90 cm，革质，掌状深裂，裂片 5 ~ 9 枚，幼树的叶掌状深裂更深，基部有叶状阔翅将各小叶状裂片连成整片。大型圆锥花序由多个伞形花序组成。花淡黄绿色，萼有锈色绒毛，花瓣 6 ~ 10 枚，雄蕊和花瓣同数。果实卵球形。花期 10—12 月，果期翌年 5—7 月。【**产地**】云南、贵州和广西。印度至中南半岛。【**其他观赏地点**】南药园、沟谷林。

1, 2. 刚毛白簕　3, 4. 刺通草

守宫木 *Breynia androgyna*

【科属】叶下珠科（大戟科） 黑面神属。【常用别名】树仔菜、甜菜。【简介】常绿灌木。叶片薄纸质，卵状或长圆状披针形。雄花 1 ~ 2 朵腋生，或几朵与雌花簇生于叶腋。雌花通常单生于叶腋，花萼裂片红色。蒴果扁球状或圆球状。花期 4—7 月，果期 7—12 月。【产地】广东、广西、海南和云南。南亚至东南亚地区。【其他观赏地点】野菜园、民族园。

毛叶猫尾木 *Markhamia stipulata* var. *kerrii*

【科属】紫葳科 猫尾木属。【简介】常绿小乔木。奇数羽状复叶，小叶 7 ~ 11 枚，长椭圆形至椭圆状卵形，背面或有时两面被黄锈毛。顶生总状聚伞花序，有花 4 ~ 10 朵，花冠黄白色。蒴果。花期 9—12 月，果期翌年 1—3 月。【产地】广东、广西、云南。中南半岛。【其他观赏地点】沟谷林。

1, 2, 3. 守宫木　4, 5. 毛叶猫尾木

守宫木

火烧花

火烧花 *Mayodendron igneum*

【科属】紫葳科 火烧花属。【简介】常绿乔木。二回羽状复叶，小叶卵形至卵状披针形，顶端长渐尖，基部阔楔形，偏斜，全缘。花序有花 5 ~ 13 朵，花萼佛焰苞状，花冠橙黄色至金黄色，筒状。蒴果长线形，下垂。花期 2—5 月，果期 5—9 月。【产地】台湾、广东、广西、云南。越南、老挝、缅甸、印度。【其他观赏地点】名人园、民族园、南药园、沟谷林。

木蝴蝶 *Oroxylum indicum*

【科属】紫葳科 木蝴蝶属。【常用别名】千张纸、海船。【简介】常绿小乔木。二至四回大型羽状复叶。总状聚伞花序，花大、紫红色，花冠肉质。蒴果，种子具翅，薄如纸。花期夏季，果期秋季。花期 6—8 月，果期 9 月—翌年 1 月。【产地】福建、台湾、广东、广西、四川、贵州及云南。东南亚地区。【其他观赏地点】名人园、民族园。

1　　2

3

1. 火烧花　2，3. 木蝴蝶

牛尾菜 *Smilax riparia*

【科属】菝葜科 菝葜属。【简介】多年生草质藤本，茎中空。叶卵形至矩圆形，背面绿色。伞形花序总花梗较纤细，花绿色，盛开时花被片外折。浆果。花期 6—7 月，果期 10 月。【产地】中国大部分地区。日本、朝鲜半岛及菲律宾。

菜蕨 *Diplazium esculentum* (*Callipteris esculenta*)

【科属】蹄盖蕨科 双盖蕨属。【常用别名】食用双盖蕨、水蕨菜。【简介】常绿多年生草本。叶长 60 ~ 120 cm，叶柄褐禾秆色，基部疏被鳞片，向上光滑。叶片三角形或阔披针形，顶部羽裂渐尖。下部羽片有柄，一回羽状分裂。上部羽片近无柄，线状披针形，边缘有齿或浅羽裂。孢子囊群多数，线形，生于羽片背面小脉上。嫩叶可作野菜。【产地】亚洲热带和亚热带地区。【其他观赏地点】民族园、榕树园。

1

2

3

1, 2. 牛尾菜 3. 菜蕨

绿石林

绿石林景区位于版纳植物园东部山地区，占地面积 3 375 亩，自然环境优美，森林覆盖率在 90% 以上，景区内千姿百态的象形奇石和郁郁葱葱的雨林形成的树石交融的景观比比皆是，构成了世间少有的“上有森林，下有石林”的奇观，故有“绿石林”之称。

绿石林景区同时也是西双版纳国家级自然保护区 5 个子保护区（勐养、勐仑、勐腊、尚勇、曼稿）中勐仑片区的一部分，为喀斯特地貌保存完好的原始热带季节性湿润林，属东南亚热带北缘石灰岩山垂直带上的一种植物类型，森林植被是在热带地区受石灰岩基质影响而形成的山地季雨林，具有极其多样的动植物组成。

绿石林景区生长有超过 1 000 种高等植物，上层乔木多为落叶树种，如四数木、槟榔青等，其他优势的伴生树种有棒柄花、闭花木、缅桐、轮叶戟、油朴、清香木等植物。这里也是多种珍稀濒危动物，如双角犀鸟、灰叶猴、峰猴、长臂猿等的原始栖息地，同时具有丰富的热带兰科植物资源，是开展这些珍稀濒危动植物回归和综合保护的示范基地。

1

2

3

缅甸树萝卜 *Agapetes burmanica*

【**科属**】杜鹃花科 树萝卜属。【**简介**】附生常绿灌木，高 1.5 ~ 2 m；根膨大成块状或萝卜状。叶片革质，长圆状披针形总状花序短，生于老枝上，有花 3 ~ 5 朵，花冠圆筒形，长 5 ~ 6 cm，玫瑰红色，具暗紫色横纹，裂片狭三角形，开花时平展，淡绿色；雄蕊，被白色疏柔毛，具长喙。果熟时大，花萼宿存。花期 9—12 月，果期 12 月—翌年 1 月。【**产地**】云南和西藏。缅甸。【**其他观赏地点**】荫生园。

克氏百部 *Stemona kerrii*

【**科属**】百部科 百部属。【**简介**】多年生草质藤本，茎缠绕，叶互生，卵圆状心形，花梗纤细，花被片 4 枚，黄绿色，略带粉红色。雄蕊 4 枚，花丝极短。蒴果。花期 5—6 月。【**产地**】云南南部。泰国北部和越南。

1. 缅甸树萝卜　2, 3. 克氏百部

南垂茉莉 *Clerodendrum henryi*

【科属】唇形科（马鞭草科）大青属。【简介】落叶小灌木。叶片纸质，椭圆状披针形、披针形或椭圆形，顶端渐尖或尾状，基部楔形或宽楔形，全缘、微波状或有不规则的钝齿。聚伞花序排列成短圆锥状，微下垂，花冠淡黄色至白色。核果成熟时黑色，宿存萼增大，紫色，向外反折。花期9月—翌年1月。【产地】云南西南部。【其他观赏地点】百花园、民族园。

辣莸 *Garrettia siamensis*

【科属】唇形科（马鞭草科）辣莸属。【简介】落叶灌木，嫩枝四棱形。叶片纸质，对生，单叶或为3小叶，卵形，顶端渐尖至尾状尖。聚伞花序二歧或三歧分枝，腋生或聚成具叶的顶生圆锥花序，花小，白色。花期7—8月，果期9—12月。【产地】云南东南部。泰国。

1, 2. 南垂茉莉　3, 4. 辣莸

轮叶戟 *Lasiococca comberi* var. *pseudoverticillata*

【科属】大戟科　轮叶戟属。【简介】常绿小乔木，高 5 ~ 10 m。叶革质，互生或在枝的顶部近轮生或对生，长圆状倒披针形或长椭圆形。花雌雄同株，雄花序腋生，雌花单生于叶腋，有时在无叶的短枝上 3 ~ 6 朵排成近伞房花序。蒴果近球形，果皮具小瘤。花期 4—6 月，果期 6—7 月。【产地】海南、云南。印度、越南、泰国。【其他观赏地点】树木园。

版纳野独活 *Miliusa thorelii*

【科属】番荔枝科　野独活属。【简介】灌木至小乔木，高 1 ~ 5 m。叶革质，椭圆形，先端短尾尖，基部阔楔形至圆形。花 3 ~ 5 朵簇生于无叶小枝上，内轮花被片黄色，基部橘红色，先端反卷。花期 4—5 月。【产地】云南。老挝、缅甸。

1, 2, 3. 轮叶戟　4, 5. 版纳野独活

1

2

3

多花白头树 *Garuga floribunda* var. *gamblei*

【科属】橄榄科　嘉榄属。【简介】乔木，高 20 ~ 26 m。羽状复叶，有小叶 9 ~ 19 枚，小叶椭圆形至长披针形，膜质至坚纸质，基部圆形，偏斜，边缘具疏锯齿。圆锥花序侧生和腋生，集于小枝近顶部，花黄色。果近球形，基部无宿存的花萼。花期 3—4 月，果期 8—9 月。【产地】广东、广西、海南、云南。孟加拉国、不丹、印度。

锈毛风筝果 *Hiptage ferruginea*

【科属】金虎尾科　风筝果属。【简介】攀缘灌木。叶对生，革质，椭圆形，先端短尾尖，基部宽楔形。总状花序腋生，密被锈毛，花萼无腺体，花粉红色。翅果 3 裂。花期 3 月，果期 4—5 月。【产地】云南。

1, 2. 多花白头树　3. 锈毛风筝果

锈毛风筝果

全缘刺果藤 *Ayenia integrifolia* (*Byttneria integrifolia*)

【科属】锦葵科（梧桐科） 刺果麻属（刺果藤属）。【简介】木质大藤本。叶全缘，广卵形或椭圆状卵形，顶端长渐尖或短尖，基部心形或浅心形，两面几无毛，基生脉 5 条。聚伞花序伞房状，花白色，雄蕊 5 枚，与退化雄蕊互生。蒴果圆球形，具尖利的硬刺。花期 9—10 月，果期 12 月—翌年 2 月。【产地】云南。缅甸和泰国。

滇南芒毛苣苔 *Aeschynanthus austroyunnanensis*

【科属】苦苣苔科 芒毛苣苔属。【简介】攀缘小灌木，茎长约 1 m。叶对生，薄革质，椭圆形或狭椭圆形，顶端急尖或微钝，基部宽楔形或楔状圆形。花 1 ~ 2 朵簇生于腋生的短枝上，红色，花冠筒细筒状。蒴果长线形。花期 8—9 月，果期 9—12 月。【产地】云南。

1 2

3

1, 2. 全缘刺果藤 3. 滇南芒毛苣苔

1 2

齿叶吊石苣苔 *Lysionotus serratus*

【科属】苦苣苔科 吊石苣苔属。【简介】亚灌木，常附生。叶 3 枚轮生或对生，椭圆状卵形至狭长圆形，顶端渐尖或短渐尖，基部宽楔形或楔形，边缘有牙齿或波状小齿。花序生茎顶部叶腋，有细长梗，花冠淡紫色或白色，筒细漏斗状。蒴果线形，长 7 ~ 8 cm。花期 8—9 月，果期 9 月—翌年 1 月。【产地】广西、贵州、西藏、云南。不丹、印度、缅甸、尼泊尔、泰国、越南。

钩序苣苔 *Microchirita hamosa*

【科属】苦苣苔科 钩序苣苔属。【简介】一年生草本。最下部叶单生，上部叶对生；花序腋生，花序梗与叶柄合生，常有 1 ~ 5 朵花，无苞片；花梗簇生，下部的钩状弯曲。花萼 5 裂达基部，裂片线形或狭线形。花冠白色，喉部黄色。蒴果长约 3 cm。花期 7—10 月。【产地】广西和云南。印度至东南亚地区。

1. 齿叶吊石苣苔 2. 钩序苣苔

喜鹊苣苔 *Ornithoboea henryi*

【科属】苦苣苔科 喜鹊苣苔属。【简介】多年生草本。叶对生，叶片膜质，宽卵形或近椭圆形，边缘具圆锯齿，两面被短柔毛。聚伞花序，具 7 ~ 9 朵花；花萼裂片披针形，两面被短柔毛，向外反折。花冠淡蓝紫色，长约 1 cm，上唇微 2 裂，下唇长 3 裂至中部，裂片相等，中央裂片内面具白色髯毛。花期 8—9 月。【产地】云南南部。

锈色蛛毛苣苔 *Paraboea rufescens*

【科属】苦苣苔科 蛛毛苣苔属。【简介】多年生草本，叶对生，长圆形或狭椭圆形，叶柄及背面密被锈色或灰色毡毛。花冠钟形，紫色，檐部二唇形，上唇比下唇短。蒴果线形，成熟时螺旋状卷曲。花期 6—8 月。【产地】华南及西南地区。泰国和越南。

1, 2. 喜鹊苣苔 3, 4. 锈色蛛毛苣苔

云南叉柱兰 *Cheirostylis yunnanensis*

【**科属**】兰科　叉柱兰属。【**简介**】地生兰。根状茎匍匐，呈毛虫状。叶片卵形，先端急尖，基部近圆形，叶柄下部扩大成抱茎的鞘。总状花序具 2 ~ 5 朵花，子房圆柱状纺锤形，被毛，花白色，唇瓣前部极扩大，扇形，2 裂，边缘具 5 ~ 7 枚不整齐的齿。花期 2—4 月。【**产地**】广东、广西、贵州、海南、湖南、四川、云南。印度、缅甸、泰国、越南。

毛莛玉凤花 *Habenaria ciliolaris*

【**科属**】兰科　玉凤花属。【**常用别名**】毛葶玉凤花。【**简介**】地生兰。叶片椭圆状披针形至长椭圆形，先端渐尖或急尖，基部收狭抱茎。总状花序具 6 ~ 15 朵花，花葶具棱，棱上具长柔毛，子房圆柱状纺锤形，扭转，花绿白色，唇瓣 3 深裂，裂片丝状。花期 7—9 月，果期 9—11 月。【**产地**】中国南方各地。越南。

1

2

3

4

1，2. 云南叉柱兰
3，4. 毛莛玉凤花

1 2

3

版纳玉凤花 *Habenaria medioflexa*

【科属】兰科 玉凤花属。【简介】地生兰。茎直立，具 4 ~ 5 枚叶，叶片长椭圆形至披针形。总状花序具 9 ~ 18 朵花；花较大，萼片和花瓣黄绿色；中萼片卵形，兜状；侧萼片极张开；花瓣白色，线形，长 5 mm；唇瓣白色，分裂成许多极狭的丝状裂条；距黄绿色，细圆筒状，长达 3.5 cm，较子房长得多。花期 9 月。【产地】云南南部。泰国、越南、柬埔寨。

羽状地黄连 *Munronia pinnata*

【科属】楝科 地黄连属。【简介】矮小亚灌木，茎通常不分枝。叶为奇数羽状复叶，被短柔毛，小叶通常 3 ~ 5 枚，顶生小叶较大，卵形至椭圆状卵形。聚伞花序腋生，通常有花 3 朵；花瓣白色，裂片 5 枚；雄蕊管顶端 10 裂，花药 10 枚。蒴果扁球形。花期 5 月，果期 8 月。【产地】华南和西南等地区。南亚和东南亚地区。

1, 2. 版纳玉凤花 3. 羽状地黄连

1. 清香木
2, 3. 距花万寿竹

1

2

3

清香木 *Pistacia weinmanniifolia*

【科属】漆树科　黄连木属。**【简介】**常绿小乔木。偶数羽状复叶，互生，叶轴有窄翅，小叶 6 ~ 16 枚，革质，矩圆形。圆锥花序腋生；花雌雄异株。核果球形，成熟时红色。花期 12 月—翌年 1 月，果期 4—6 月。**【产地】**广西、贵州、四川、云南和西藏。缅甸。**【其他观赏地点】**百香园、树木园。

距花万寿竹 *Disporum calcaratum*

【科属】秋水仙科（百合科）万寿竹属。**【简介】**多年生草本。地下横走的根状茎，地上茎直立，上部多分枝。叶纸质，卵形或椭圆形。伞形花序有花 10 多朵，花紫色，花被片 6 枚，基部有明显突出的距，浆果近球形。花期 6—7 月，果期 8—11 月。**【产地】**云南南部。越南、泰国、缅甸和印度。

阔叶风车子 *Combretum latifolium*

【科属】使君子科 风车子属。【简介】常绿木质大藤本。叶对生，革质，阔椭圆形或卵状椭圆形。总状花序腋生或组成顶生圆锥花序，密被柔毛。花小，黄绿色。花瓣4枚，与萼齿等长，雄蕊8枚。果具4翅，光亮而有脉纹，成熟时棕红色。花期1—4月，果期6—10月。【产地】云南南部。南亚地区、东南亚地区。【其他观赏地点】荫生园、藤本园。

毛咀签 *Gouania javanica*

【科属】鼠李科 咀签属。【简介】木质藤本。小枝、叶柄、花序轴、花梗和花萼外面被棕色密短柔毛。叶互生，纸质，卵形或宽卵形。花细小，杂性同株，5基数，排成细长顶生的聚伞圆锥花序。蒴果，具3个圆形翅。花期7—9月，果期11月—翌年3月。【产地】华南和西南。南亚和东南亚地区。

1, 2. 阔叶风车子　3, 4. 毛咀签

同属植物

咀签 *Gouania leptostachya*

【简介】木质藤本。当年生枝无毛或被疏短柔毛。叶互生，纸质，卵形或卵状矩圆形。花细小，白色，杂性同株，5 基数，排成细长顶生的聚伞圆锥花序。蒴果，具 3 个圆形翅。花期 8—9 月，果期 10—12 月。【产地】广西和云南。南亚和东南亚地区。【其他观赏地点】沟谷雨林。

黄独 *Dioscorea bulbifera*

【科属】薯蓣科 薯蓣属。【简介】多年生缠绕草质藤本。地下具卵圆形块茎。茎左旋，光滑无毛。单叶互生，叶片宽卵状心形或卵状心形，叶腋常有球形珠芽。雌、雄花序穗状，下垂，常数个丛生于叶腋。蒴果，具三棱。花期 7—10 月，果期 8—11 月。【产地】东亚、南亚、东南亚以及大洋洲和非洲。

1, 2. 咀签　3, 4. 黄独

匍匐球子草 *Peliosanthes sinica*

【科属】天门冬科（百合科）球子草属。【简介】常绿多年生草本。根状茎匍匐。叶 3 ~ 4 枚，矩圆状椭圆形或椭圆形。总状花序，每个苞片内着生 1 朵花；花紫色，花被片近基部合生，花丝合生成厚的肉质环。花期 4 月，果期 10 月。【产地】广西和云南。

心翼果 *Cardiopteris quinqueloba*

【科属】心翼果科（茶茱萸科）心翼果属。【简介】多年生草质藤本，具白色乳汁。单叶互生，全缘或分裂，具长柄，心形或心状戟形。稀疏的二歧聚伞花序腋生，花两性或杂性，细小，5 基数。果具阔而多横纹的膜质翅，倒心形，压扁。花期 5—11 月，果期 10 月—翌年 3 月。【产地】海南、广西、云南。东南亚地区。

1, 2. 匍匐球子草　3, 4. 心翼果

叠叶楼梯草 *Elatostema salvinioides*

【科属】荨麻科 楼梯草属。【常用别名】迭叶楼梯草。【简介】多年生草本。叶排成2列，旱季时排列紧密，互相覆压，雨季时伸长，排列稀疏；叶片草质，斜长圆形或狭椭圆形。花序雌雄异株。雌、雄花序单生叶腋，无梗，有3～5朵花。花期4—5月，果期5—6月。【产地】云南南部。老挝、缅甸和泰国。

1 2

3

帚序苎麻 *Boehmeria zollingeriana*

【科属】荨麻科 苎麻属。【简介】常绿灌木。叶片卵形或宽卵形，茎上部叶狭卵形或狭椭圆形，顶端渐尖或呈尾状，基部圆形或浅心形。雄团伞花序生当年枝下部叶腋，雌团伞花序生当年枝上部叶腋并多数组成分枝或不分枝的长穗状花序，后者长达 50 cm。花期 8—9 月，果期 9—10 月。【产地】广西、贵州、云南等。印度至东南亚地区。

紫麻 *Oreocnide frutescens*

【科属】荨麻科 紫麻属。【简介】常绿灌木，小枝褐紫色。叶草质，卵形或狭卵形，边缘有锯齿或粗牙齿。花序生于老枝上，几无梗，呈簇生状，雌雄同株。瘦果卵球状，肉质花托白色，熟时则增大呈壳斗状，包围着果的大部分。花期 3—5 月，果期 6—10 月。【产地】长江以南地区。印度北部至东南亚地区。

1. 帚序苎麻 2，3. 紫麻

闭花木 *Cleistanthus sumatranus*

【科属】叶下珠科（大戟科） 闭花木属。【简介】常绿乔木。叶片纸质，卵形或卵状长圆形，顶端尾状渐尖。花雌雄同株，单生或 3 至数朵簇生于叶腋内。蒴果卵状三菱形。花期 3—8 月，果期 4—10 月。【产地】广东、海南、广西和云南。东南亚地区。【其他观赏地点】能源园、综合区。

参考文献

[1] 中国科学院中国植物志编辑委员会．中国植物志 [M]. 北京：科学出版社，1993.

[2] WU Z Y, RAVEN P H, HONG D Y. Flora of China[M]. Beijing: Science Press; St. Louis: Missouri Botanical Garden Press，2013.

[3] 徐晔春，龚理，杨凤玺．华南植物园导赏图鉴 [M]. 重庆：重庆大学出版社，2020.

[4] 朱华，闫丽春．云南西双版纳野生种子植物 [M]. 北京：科学出版社，2012.

[5] 朱华，王洪，李保贵，等．西双版纳热带季节雨林的研究 [J]. 广西植物，1998，18（4）: 370-383.

[6] 朱华，李延辉，许再富，等．西双版纳植物区系的特点与亲缘 [J]. 广西植物，2001，21（2）: 127-136.

[7] 中国科学院西双版纳热带植物园植物保育数据库．

[8] 全球植物图片搜索．

[9] 多识植物百科．

[10] Plants of the World online.

[11] 澳大利亚国家标本馆世界国花．